約耳再談軟體

More Joel on Software

First published in English under the title
More Joel on Software: Further Thoughts on Diverse and Occasionally Related Matters That Will Prove of Interest to Software Developers, Designers, and Managers, and to Those Who, Whether by Good Fortune or Ill Luck, Work with Them in Some Capacity
by Avram Joel Spolsky

This edition has been translated and published under licence from
APress Media, LLC, part of Springer Nature.

給 *Jared*，

כי אהבת נפשו, אהבו

願你深愛自己的靈魂

目錄

Part Ⅲ 設計的影響

Part Ⅳ 大型專案的管理

Part Ⅴ 程式設計方面的建議

Part VI 軟體事業的開展

Part VII 軟體事業的經營

Part VIII 軟體的發佈

Part IX 軟體的修訂

JOEL、APRESS、部落格和部落書（BLOOKS）

「很久很久以前，在一個遙遠的銀河系……」好啦好啦，其實是在 2000 年底，也就是 Apress 出版社正式運營的第一年。當時我們還只是一家很小的電腦圖書出版社，知名度並不高，那年我們只計畫出版幾本書——當時 Apress 出版社一整年所出版的圖書數量，大概就跟現在一個月出版的數量差不多吧。

當時我正在努力學習如何經營出版社，照理說我應該多花一點時間去學習一些出版相關的知識，但我那時顯然花了太多的時間，去看一些程式設計相關的網站。總之，有一天我偶然發現這個名叫「*Joel on Software*」的網站，而經營這個網站的傢伙，看來擁有很強烈的見解，而且也有著非比尋常、相當聰明的寫作風格，很願意去挑戰一般傳統的智慧。更特別的是，他當時正在寫一系列文章，探討當時大多數的使用者介面 UI 有多麼爛——其中最主要的原因就是程式設計師對於使用者真正想要的東西，根本就沒什麼概念（套一句約耳和我都很愛講的紐約話，就是「bupkis」——真的是啥都沒有）。我和其他許多人一樣，都被這一系列的文章，還有約耳偶爾隨性的文筆給吸引了。

然後我突然想到：我自己就是出版商，也喜歡讀他的東西，那我何不幫他出本書呢？於是我就寫信給約耳，向他自我介紹了一番，而他一開始雖然抱持懷疑的態度，但我最後還是說服了他，因為我跟他說，如果將他那些關於使用者界面的文章集結成冊，大家就會大買特買，然後他和我就可以賺到很多很多錢了。（當然，這是很久很久以前的事了——當時我們都還年輕，而且顯然比現在窮多了；現在他的 FogBugz 公司算是相當成功，他自己也成為了大家都很渴望邀請到的演講者，如今賺大錢對他來說容易多了。）

總之，後來約耳又添加了一些新的內容，讓整本書變得更吸引人，而我也覺得這樣似乎更有市場，結果 Apress 出版社突然就發現，好像要開始準備出版第一本全彩書了。接著，《*User Interface Design for Programmers*》（程式設計師的使用者介面設計）就在 2001 年 6 月 21 日正式問世，如今它被公認為有史以來第一本「部落書」（blook）。而讓整個電腦書籍出版業和我自己都有點震驚的是，它甚至成了一本跨時代的暢銷書。順帶一提，這本書還沒絕版，而且一直都很暢銷，依舊值得一讀。（不過，且讓我暫時撇開朋友的身分，改用出版社的身分來詢問一下，約耳呀，目前修訂版進展如何呢？）

不過（現在）有些人會質疑，這本書並不能算是很純粹的部落書，因為書裡添加了「太多」原本網站上沒有的全新內容，所以只能說是傳統書和部落書的混合體——不過我倒認為，這並不影響這本書做為業界先驅的地位。

幾年之後，「Joel on Software」反倒成為了世界上最受程式設計師歡迎的部落格；這當然是因為約耳一直都在寫一些非常有趣的文章——其中最有名的也許就是「微軟為什麼會輸掉 API 戰爭」這篇經典文章；就我所知，這篇文章確實某種程度扭轉了微軟的開發方向。

然後我心裡突然又冒出另一個念頭：我們或許可以把這些文章其中最好的幾篇集結出版成書，除了多放入一篇約耳自認為很合適的「前言」之外，實際上就不再放其他新內容了。《約耳趣談軟體》（*Joel on Software*）這本書裡 98% 的內容，其實在網路上都能看得到，當時（2004 年底）大家都認為，Apress 出版這本書簡直就是瘋了，但目前這本書已經印了十刷，到如今依然是暢銷書呢。

這或許是因為約耳的文章就像松露巧克力，大家在消化他的見解時，紙本書閱讀起來還是比瀏覽器閱讀更讓人感到愉快吧。

但約耳並沒有停止認真思考，一直想著如何才能做好程式設計、怎麼樣才能聘請到優秀的程式設計師，而且他也沒有停止運用他的洞見，去挑戰一些傳統的智慧。所以我再次說服他繼續推出續集，好把 2004 年底前一本書問世以來，「約耳最好的文章」再次集結出版成書。

所以，你現在手裡拿的就是約耳的第二本精選集，內容包含約耳的各種洞見、偶爾隨性的一些想法，以及偶爾出現的咆哮文——全都藏在約耳那著名的妙筆之中。他的文章在書裡幾乎沒什麼改動（這倒是幫我省了不少編輯的工作），不過這本集結「約耳最好的文章」的「部落書」，印刷文字的對比度肯定遠遠高於你的螢幕或甚至你的 Kindle 電子書，閱讀起來應該很舒適才對。（約耳，我希望你也喜歡這本新的續作，就像你喜歡上一本一樣。）

這本書就像上一本書一樣，封面和副標題都有點不尋常。這是因為約耳和我都是藏書家（好啦，約耳是藏書家；我則是藏書狂啦），我們都非常喜歡 17、18 世紀的一些經典書籍印刷商，為了讓書籍（還有書名）更加生動而採用的一些做法。《約耳趣談軟體》的封面其實是向 Burton 的《*Anatomy of Melancholy*》（憂鬱剖析）致敬；而本書則是向 Hobbes 的《*The Leviathan*》（大巨人）裡很著名的卷首插畫致敬，其中的「巨人」是由許多「個人」所組成，約耳和我都認為，對照「程式設計」這件事，這確實是個很不錯的隱喻：許多的「個人」可以構建出巨大的成果——但「個人」才是其中真正的關鍵。

最後，請容我說一下個人的想法：雖然約耳現在聲名大噪，但是他依然是一個腳踏實地的人；套句我們常說的話，他就是個真正的好人（mensch），我很自豪能有這樣的一位好麻吉。

Gary Cornell
Apress 出版社共同創辦人

作者簡介

Joel Spolsky 是全球公認軟體開發方面的專家。他的網站「*Joel on Software*」（www.joelonsoftware.com）深受全世界軟體開發者歡迎，並已被翻譯成 30 多種語言。他也是紐約市 Fog Creek Software 公司（現已改名為 Glitch 公司[譯註]）的創辦人，而他所建立的軟體產品 FogBugz，則是一個很受歡迎的軟體團隊專案管理系統。約耳曾經在微軟工作，當時他身為 Excel 團隊的成員，負責 VBA 的設計工作，後來他又到了 Juno 線上服務公司，開發一套好幾百萬人使用的網路客戶端程式。他之前曾寫過三本書：《*User Interface Design for Programmers*》（程式設計師使用者介面設計，Apress，2001 年）、《約耳趣談軟體》（*Joel on Software*，Apress，2004 年）和《*Smart and Gets Things Done*》（聰明搞定事情，Apress，2007 年），而且他也在《*The Best Software Writing I*》（最佳軟體寫作 I，Apress，2005 年）這本書擔任編輯工作。約耳擁有耶魯大學資訊科學學士學位。他在以色列服役時擔任的是傘兵，而且他是 Kibbutz Hanaton 的創辦人之一。

譯註　好吧，現在都 2023 年了。我還是稍作補充一下好了。Joel Spolsky 也是 Stack Overflow 的創辦人。這個在程式設計領域無人不知無人不曉的網站，就是他與 Jeff Atwood 在 2008 年所共同創辦的。

I 人的管理

1

我的「比爾蓋茲」審查會初體驗

2006 年 6 月 16 日，星期五

很久之前，Excel 有個非常尷尬的程式設計語言（甚至連個正式名稱都沒有）。我們都把它稱之為「Excel 巨集」（Excel Macro）。這是一個功能嚴重失調的程式語言，它沒有變數（必須把值存在工作表的儲存格內）、沒有局部變數，也無法調用副程式：簡單地說，這東西根本完全無法維護。雖然它有一些像是「Goto」之類的高級功能，但實際上卻沒有標記（label）可用。

這東西唯一的優點，就是它至少比 Lotus 的巨集稍微合理一點，因為 Lotus 巨集只不過是把我們「輸入資料到工作表的儲存格內」這整個過程所要按下的一系列按鍵，變成一個長長的字串而已。

我是在 1991 年 6 月 17 日加入到微軟的 Excel 團隊，當時我的職稱是程式經理（Program Manager），而我負責的工作，就是必須想出辦法解決這個問題。而且我知道，我的解決方式勢必要用到 Basic 這個程式語言。

Basic？這東西也太「基礎」了吧！

其實我花了不少時間與各個開發團隊進行協調。當時 Visual Basic 1.0 剛問世，這東西確實蠻酷的。另外還有個代號為 MacroMan 的團隊（很遺憾他們搞錯了努力的方向），以及另一個代號為 Silver 的團隊（他們想把物件導向的概念導入 Basic）。這個 Silver 團隊被告知，他們的產品有一個客戶：就是 Excel 團隊。而 Silver 團隊的行銷經理 Bob Wyman（對啦，就是那個 Bob Wyman）只有一個客戶，他必須把自家的技術賣給一個人：就是我啦。

正如我所說的，MacroMan 團隊由於努力的方向錯誤，後來花了好一番功夫，到最後還是收掉了。Excel 團隊則說服了 Basic 團隊，讓他們瞭解到我們真正需要的其實是 Excel 專用的 Visual Basic for Excel。我花了點功夫，在 Basic 裡添加了四個小功能。首先，我請他們加了一個叫做 Variant 的 union（聯合）資料型別；這東西可用來包含任何其他的資料型別；如果沒有這個東西，你就必須使用到 switch 語句，才能把試算表儲存格的內容保存到變數中。另外，我請他們添加「晚期綁定」的功能（late binding；這東西後來被稱為 IDispatch，又名 COM Automation），因為 Silver 最初的設計要求大家一定要很深入去瞭解型別系統，但那些會去寫巨集程式的人，根本就不想去理會型別系統之類的東西。另外我還把兩個小小的語法功能，添加到這個語言之中：一個是從 csh 裡偷來的 `For Each`，另一個則是從 Pascal 裡偷來的 `With` 語法。

然後我便開始坐下來寫 Excel Basic 的規格，完成了一份好幾百頁的龐大文件。整份規格完成時，我想大概有 500 頁吧。（「這不就是瀑布式開發嗎？」你竊笑著說。是啊是啊，你就別說了吧。）

當時我們有一個叫做「比爾蓋茲審查會」（BillG review）的程序。基本上每個重要的主要功能，都必須通過比爾蓋茲的審查。我被告知要送一份規格副本到他的辦公室，準備接受審查。這整份規格基本上用掉了一整包的雷射列印紙。

我急急忙忙把規格列印出來，就送到他的辦公室去了。

那天稍晚我有一點空檔，於是就開始研究起 Basic 的日期和時間函式，主要是想看一下這些函式，足不足夠讓大家在 Excel 裡完成所有想做的事情。

在大多數現代的程式設計環境中，日期都是用實數的形式來表示。其中數字的整數部分都是以過去某個約定日期（也就是所謂的 epoch 起算日）開始起算，計算出從那天之後所經過的天數。舉例來說，Excel 的起算日就是 1900 年 1 月 1 日，因此今天（2006 年 6 月 16 日）這個日期，就可以用 38884 這個數字來表示。

我開始研究起 Basic 和 Excel 裡的各種日期和時間函式，進行各種測試，然後就發現 Visual Basic 文件裡有個奇怪的東西：Basic 的起算日其實是 1899 年 12 月 31 日，而不是 1900 年 1 月 1 日，但不知道為什麼，「今天」這個日期在 Excel 和 Basic 裡的值卻是相同的。

嗯？

我想，我應該去找個年紀夠大的 Excel 開發者，也許他會記得這其中的緣由。看來 Ed Fries 好像知道答案。

「哦。」他跟我說：「你去檢查一下 1900 年 2 月 28 日。」

「是 59。」我說。

「現在再試試 3 月 1 日。」

「是 61！」

「那 60 咧？」Ed 問我。

「1900 年 2 月 29 日！這年是閏年！1900 可以被 4 整除！」

「猜得好，但還是不對喲。」Ed 這樣說，於是我又想了一下。

哎呀！我去查了一下。只要是能被 100 整除的年份，除非同時也能被 400 整除，否則就不是閏年了。

所以，1900 年並不是閏年。

「原來 Excel 有問題！」我驚呼。

「呃……也不是這樣啦。」Ed 說：「我們會這樣做，主要是因為我們必須能夠匯入 Lotus 123 的工作表。」

「所以，這是 Lotus 123 的問題嗎？」

「是的，但這可能是故意的。Lotus 沒辦法佔用超過 640KB 的記憶體。640KB 的空間實在不大。如果可以不管 1900 年的話，你只要查看最右邊兩位數字是否為零，就能判斷某年份是否為閏年。這樣真的是既簡單又快速。Lotus 的那些傢伙大概認為，一開始那兩個月就算出錯也沒關係吧。而 Basic 的那些傢伙看來很在意那兩個月的問題，所以就把起算日往前推了一天。」

「啊！我懂了。」我心想，難怪日期選項對話框裡有個名叫「1904 日期系統」的勾選框呀。

隔天就是比爾蓋茲審查會的大日子。

1992 年 6 月 30 日。

過去那段日子，微軟還沒有那麼官僚。當時並不像現在公司裡有 11、12 層的管理層，我那時只需要向 Mike Conte 報告，然後他會向 Chris Graham 報告，再來是 Pete Higgins、Mike Maples，最後就是向比爾蓋茲報告。從上到下大約有六層。我們當時還會取笑通用汽車這樣的公司，笑他們竟然有八層的管理層。

在我的比爾蓋茲審查會中，大概所有層級的人全都來了（搞不好連他們的親戚朋友也都到場了），另外還有一個我們團隊裡的人，他的工作就是準確計算出比爾蓋茲罵了幾次髒話。至於罵髒話的次數，當然是越少越好囉。

比爾進來了。

我當時還覺得有點奇怪，他一樣有兩條腿、兩隻手、一個腦袋，幾乎就跟一般正常人一模一樣嘛。

然後，我看到他手裡拿著我的規格。

他手裡拿著我的規格耶！

他坐了下來，跟一個我不認識的主管開了個小玩笑，不過我其實沒聽懂。現場倒是有幾個人大笑了幾聲。

然後，比爾轉向了我。

我瞄到了我的規格，發現空白處好像寫了幾個註記。他顯然有看過第一頁了！

他真的有看過我的規格第一頁，而且還在空白處寫了一些註記！

我大概是 24 小時前才給他這份規格，所以他一定是在前一天晚上看的。

然後他開始問問題。我一一做了回答。這些問題全都很簡單，但我現在怎麼想都想不起有哪些問題了，因為我當時一直看著他，一頁一頁翻著我的規格⋯⋯

他在翻閱我的規格耶！（冷靜點呀，難道你是沒見過世面的小丫頭嗎？）

⋯⋯每一頁的空白處都有註記！規格的每一頁都有！他竟然讀完了整份該死的規格，而且還在空白處寫了一堆註記。

他讀完了整份規格！（我的天啊！）

然後，他的問題變得越來越難、越來越詳細。

他的問題感覺上好像有點隨性。不過情況發展至此，我在心裡已經把比爾當成我的好兄弟了。他真是個好人！他竟然讀完了我的規格！或許他只是想問我幾個寫在空白處的疑問而已！我一定會在我的問題追蹤工具裡，針對他的每個註記建立一個項目，然後**很快**就會把問題解決掉！

最後，殺手級問題終於來了。

「我不知道耶，你們這些傢伙，」比爾說：「**真的**有人在研究所有的細節嗎？比如說那些日期和時間相關的函式。Excel 裡有那麼多日期時間相關的函式。Basic 裡也有相同的函式嗎？這兩邊的運作方式全都是相同的嗎？

「是的。」我說：「不過 1900 年的一、二月除外。」

現場一片寂靜。

那個負責計算髒話次數的人，和我老闆交換了一個驚訝的眼神。**我怎麼會知道這種事？一、二月是什麼鬼呀？**

「好。嗯，幹得好。」比爾說。然後他收起了他那份規格副本。

⋯⋯等一下！我想要那本規格呀⋯⋯

接著他就離開了。

「四次。」罵髒話計數員正式宣布結果，然後每個人都說：「哇！這大概是我印象中最低的紀錄。看來比爾年紀大了，脾氣也越來越好了。」我要說一下，那一年他 36 歲。

後來有人給了我一些解釋：「比爾並不是真的想審查你的規格，他只是想確定你是否真的掌握到細節。他的標準做法就是越問越難，直到你承認自己不知道為止，然後他就可以大罵你沒做好準備。如果你連他最困難的問題都能回答，後面會發生什麼事根本沒人知道，因為過去從沒出現過這樣的情況。」

「如果 Jim Manzi 來參加這樣的會議，你能想像會怎麼樣嗎？」有人這樣問。「Manzi 會反問說：『什麼是日期函式呀？』」

Jim Manzi 何許人也？他可是把 Lotus 公司推向低谷的標準 MBA 企管人呀。

這倒是不錯的觀點。比爾蓋茲的技術能力真的很強。他確實很瞭解 Variant、COM 物件和 IDispatch 這些東西，也知道為什麼 Automation 與 vtable 不同，有可能會導致雙重介面（dual interface）的問題。他也很擔心日期函式的問題。如果他覺得軟體負責人確實可信賴，他就會委以重任不再多加干涉，但你絕對不能有一絲絲胡扯，因為他自己就是個程式設計師，而且是個貨真價實的超強程式設計師。

每次一看到非程式設計師想要經營軟體公司，就好像看到一個不會衝浪的人想要衝浪一樣。

「沒問題的啦！我的顧問們都很厲害！他們會站在岸邊告訴我該怎麼做啦！」他們總是這樣說，然後一次又一次從衝浪板上摔下來。這簡直就是 MBA 企管人最標準的說法，因為他們相信「管理」是一種可通用的技能。當年 Apple 的董事會認為，John Sculley 在百事可樂的經歷，對於 Apple 這家電腦公司的經營一定很有幫助，但後來 John Sculley 差點就把 Apple 逼入絕境；至於如今微軟的 Steve Ballmer，會不會成為另一個 John Sculley 呢？MBA 教派的人總是相信，就算不太瞭解公司的專業技術，你還是可以管理好整間公司。

這麼多年來，微軟確實越來越大，而且比爾本人的決策也擴展到太大的範圍；某些道德上有爭議的決策，確實讓這家公司必須花很多心力去對抗美國政府。Steve 接任 CEO 後，理論上應該可以讓比爾蓋茲花更多時間去做他最擅長的事——管理軟體開發組織；但是，這還是沒解決十一層管理層所引起的公司內部問題，還有那永無止盡的開會文化，以及不顧一切想要創造出每一種可能產品的頑固堅持（微軟已經在研發費用、法律費用和聲譽損失等方面，損失了好幾十億美元，只因為他們決定，不但要做出一個瀏覽器，而且還要免費提供給大家使用），況且這幾十年來各種草率、只求快速的招聘做法，更讓微軟員工的腦力中位數隨之下降（Douglas Coupland 在他的《*Microserfs*》一書中就提到：「光是 1992 年，公司就僱用了 3,100 人，而且你也知道，這些人並不全都是優秀的人才。」）

好吧，不多說了。畢竟這一切全都已經時過境遷。Excel Basic 現在也已經變成「Microsoft Visual Basic for Applications for Microsoft Excel」，其中一大堆的 ™ 和 ® 我都快要不知道該怎麼放了。我在 1994 年離開了微軟，我想比爾應該早就完全忘記我了吧；不過後來我在《華爾街日報》看到一篇比爾蓋茲的專訪，他在文中談到招聘有多難時，差不多就只是順帶一提這樣，他提到某個還不錯的 Excel 程式經理。他說這樣的人才可不會從樹上長出來，諸如此類的。

他該不會是在說我吧？不會吧，應該是在說別人吧。

大概就是這樣吧。

2

尋找真正優秀的開發者

2006 年 9 月 6 日，星期三

真正優秀的開發者，究竟在哪裡呢？

當你第一次想找人才填補空缺職位時，也許都會像大多數人一樣，跑去刊登一些求才廣告，或是瀏覽一些大型的人力網站，好取得一大堆的履歷。

你可能會一邊看著一份份履歷，一邊想著：「嗯，這個人也許可以用。」或是「這個人根本不行！」或者是「不知道這個人願不願意搬到水牛城工作。」不過我跟你保證，下面這種事**絕不可能**發生——「哇！這個人真是太優秀了！我們一定要把他找進來！」事實上，你或許會瀏覽成千上萬份的履歷（假設你確實很清楚怎麼讀履歷——畢竟這並不容易），但是坦白說，你這樣恐怕永遠都找不到真正優秀的軟體開發者。真的，連一個都找不到。

為什麼會這樣呢？理由如下：

真正優秀的軟體開發者（實際上，各領域最優秀的人才都一樣），**根本就不會出現在人力市場**。

而且平均來說，真正優秀的軟體開發者在他們整個職業生涯中，或許總共只會應徵四份工作。

真正優秀的大學畢業生，大概都會被一些與業界有聯繫的教授拉去公司實習，然後他們就會被公司提前錄取，不必再費心去應徵其他的工作。就算後來他們離開公司，通常也會找朋友一起創業，或是追隨某個厲害的老闆跳槽到另一家公司，或是因為某種原因，比如說他們覺得 Eclipse 很酷，就決定去找 Eclipse 相關的工作，於是就進了 BEA 或 IBM 公司；而他們之所以能進入自己想去的公司，當然是因為他們真的既聰明又優秀。

如果你真的很幸運的話，也許偶爾會在公開的就業市場看到這種優秀的人才；比如說，也許他們的另一半突然決定要去安克拉治當實習醫生；但是，實際上這些人還是只會把履歷寄給安克拉治少數幾個他們願意去工作的公司。

不過，真正優秀的開發者（實在重複太多次了），呃……真的很優秀（好吧，我又重複了），他們的雇主很快就會發現他們很優秀，到後來基本上他們想去哪裡工作就去哪裡工作，所以老實說，他們並不會寄出太多的履歷，也不會去應徵太多的工作。

這種人一聽起來就很像是你想僱用的人對吧？應該是吧。

「真正優秀的人永遠不會出現在市場上」這個規則必然的結果，就是市場上充斥著許多程度很差的人（也就是非常不適用的人）。這些人老是被公司解僱，因為他們根本無法完成自己的工作。他們所待的公司也免不了失敗——有時是因為公司僱用了太多不合格的程式設計師，這一切加起來的結果就是失敗；有時則是因為**不適任的人實在太糟糕，把整個公司都拖垮了**。是的，沒錯，就是會發生這種事。

謝天謝地，那些能力不合格的人，其實很難找到工作，不過他們還是會一直去應徵工作；他們會去 Monster.com 查看各式各樣的工作機會，一次應徵好幾百個工作，然後再看看能不能中大獎。

從數字來看，真正優秀的人才非常稀有，而且從來不會出現在就業市場中；而真正無能的人，雖然數量**同樣稀少**，但是在他們的職業生涯中，或許會去應徵成千上萬個工作。所以囉，你再回頭看看那些從 Craigslist 拿到的一大堆履歷。他們其中大多數都不會是你想僱用的人，這有什麼好奇怪的嗎？

我想有些聰明的讀者應該會說，我漏掉了最大的一群：還是有一大群很可靠、很能幹的人才對呀。這樣的人在市場上的數量比真正優秀的人多，但是又比不稱職的人少；整體來說，這樣的人在你的 1,000 份履歷中只會佔**少數**，而真正佔大多數的，恐怕是 Palo Alto 地區每一家公司招募經理都會拿到的、970 份完全相同的履歷，因為這些履歷全都來自同樣的 970 個不稱職的人，他們會嘗試去應徵 Palo Alto 地區的每一份工作，而且還會不斷寄出相同的履歷，所以實際上只剩下 30 份履歷值得考慮，但其中大概也只有極少數的人，有機會成為真正優秀的程式設計師。好吧，也許連一個都沒有。像這樣猶如大海撈針的做法，實在太困難了，不過我們還是可以來看看，怎麼做才能找到真正優秀的人才。

我究竟能不能找到真正優秀的人才呢？

可以的！呃……或許可以吧！
或者說，這還是要看你怎麼做啦！

與其把招聘這件事，視為「蒐集履歷、篩選履歷」的過程，不如把它視為一種「追蹤好手並讓他來找你談」的過程。

為了達到此目標，我有三種基本的做法：

1. 走出舒適圈
2. 善用實習的機會
3. 打造你自己的社群 *

（「打造你自己的社群」後面那個小星號，代表「很困難」的意思；這差不多就像是 George Dantzig 解開那個著名數學問題的程度；當初他因為上課遲到，沒聽到老師說那個問題無解，結果自己就把它解出來了。）

你當然也可以有自己的想法。不過，我只打算談這三個對我而言有用的做法。

走出舒適圈！

你可以想一想，你想僱用的人都在哪裡閒晃。他們會參加什麼樣的研討會？他們都在哪些地方出沒？他們會加入哪些組織？他們都會去讀哪些網站？與其到 Monster.com 求職網站去刊登廣告，還不如多利用 Joel on Software 的工作討論區，把你的搜尋範圍限縮到那些會來讀我網站的聰明人。去參加一些真正有趣的技術研討會吧。真正優秀的 Mac 開發者都會去 Apple 的 WWDC 開發者大會。真正優秀的 Windows 程式設計師，則會去參加微軟的 PDC 專業開發者大會。另外，開放原始碼也有一大堆的研討會。

關注當下最熱門的新技術。去年是 Python；今年則是 Ruby。去參加一些相關研討會吧，你在那裡就會發現一大堆對新事物充滿好奇、而且總是熱衷於改進的早期參與者。

參加活動期間，記得多到走廊四處走走，盡量和你遇到的每個人交談，多參加一些技術專題討論，或是邀請演講者出去喝杯啤酒；如果你發現某個人真的很聰明，砰！——你就可以切換到你那身經百戰的專業調情奉承模式了：「啊！真是**太有意思了**！」你可以這樣說：「哇！我真不敢相信你居然這麼**聰明**。而且竟然還長得這麼帥！你說你是在哪裡工作呀？真的嗎？**那種地方**？嗯嗯。你不覺得你還可以更好嗎？我覺得，我們公司就是想找你這種的……」

這個做法進一步延伸的話，就是要**避免**去那種普通的大型招聘討論區裡刊登求才廣告。有一年夏天，我不小心在 MonsterTRAK 刊登了暑假實習的廣告，它還提供了一個選項，只要額外支付一點點費用，就可以讓全美國每一所學校的學生都看到這個實習的機會。結果我收到好幾百份履歷，卻沒有一份可以通過第一輪篩選。我們花了一大堆錢，拿到一大堆履歷，卻幾乎找不到我們想僱用的人。過了好幾天，我才意識到「我們的履歷全都來自 MonsterTRAK」應該就是應徵者全都不適合我們公司的主要理由。同樣的，在 Craigslist 剛成立時，只有一些網路業的早期使用者會去使用這個網站，因此我們當時在 Craigslist 登廣告，確實找到了很優秀的人才，不過現在幾乎每個具有中等電腦知識的人都會使用這個網站，結果履歷的數量大幅增加，但是想找出真正優秀的履歷，越來越像是在大海裡撈針了。

善用實習的機會

既然真正優秀的人才並不會出現在就業市場，公司若想找到這樣的人才，其中一個好方法就是在這些人進入就業市場之前——也就是他們還在上大學時，就把他們先找進公司裡實習。

有些招募經理很討厭僱用實習生。因為他們認為實習生不夠成熟，而且技能也不足。某種程度上來說，這倒也沒錯。有些實習生在經驗上確實不如一些經驗豐富的員工。（但真的都是這樣嗎？！）你得在他們身上多做一點投資，多給他們一些時間，才能讓他們跟上大家的速度。不過在程式設計這塊領域，比較特別的是，真正優秀的程式設計師通常 10 歲就開始設計程式了。當同年齡的人都在踢足球時（很多孩子不會寫程式，倒是很會玩這種遊戲；他們會用腳去踢一個叫做球的球狀物體……好啦好啦，我知道這樣說很怪），他們已經在用老爸的電腦去編譯 Linux 內核了。他們並不會在操場上追著女生跑，不過倒是很會在 Usenet 跟別人論戰，還會指責那些沒有實作出 Haskell 風格型別推斷的程式語言，簡直就是墮落到了極點。他們也不會在車庫組樂團，不過他們很懂一些超酷的駭客技巧；如果鄰居偷偷用他們故意開放的 Wi-Fi 基地台來上網，網頁裡的每一張圖片全都會上下顛倒過來。哇哈哈哈哈！

所以，軟體開發領域和法律、醫學領域不大一樣，那些孩子們到了大二、大三時，有很多其實都已經是非常優秀的程式設計師了。

幾乎每個人都會去應徵**一份**工作，也就是他們的第一份工作；大多數孩子都會認為，可以等到最後一年再來擔心這個問題。事實上，大多數孩子都沒有那麼積極主動，他們只會在學校舉辦企業招募活動時，稍微花一點心思去應徵一下真正有來辦招募活動的公司。好大學的孩子們光在校內招募活動中，就能看到足夠多的好工作機會，所以他們根本不太會多花心思，主動去找那些連學校都懶得來的公司。

你當然可以去湊熱鬧，到校園辦招募活動（請別誤會我的意思，校園招募活動確實是好事），不過你也可以試著顛覆這種做法，在他們畢業的**前**一、兩年，就可以開始先去拉攏那些真正優秀的孩子。

我的 Fog Creek 公司就是用這種方式，成功找到許多優秀的人才。這整個過程會從每年的 9 月開始，我會運用我所有的資源，去追蹤全國最優秀的資訊科學相關科系學生。我會先發信給好幾百個資訊科學相關科系。在學生畢業的兩年之前，我就會開始追蹤這些資訊科學相關科系的學生名單（通常必須認識系裡的某個人，例如教授或學生，這樣才能取得名單）。然後我會給每個我能找到的學生，寫一封私人的信件。不是用電子郵件喲！實際上是一張抬頭印有 Fog Creek 的信紙，然後我會用真正的墨水在上面簽名。這顯然是很少見的做法，所以往往會引起**很多**關注。我會告訴他們，我們公司裡有個實習的機會，而我個人親自邀請他們來應徵。我也會發送 email 給一些資訊科學相關科系的教授與校友，他們通常都會有一些資訊科學專業人士的郵件地址清單，很容易就能把我的 email 轉發給需要的人。

最後我們會收到許多來應徵實習工作的履歷，接下來就可以開始進行篩選了。過去這幾年，我們每次都能收到 200 份應徵實習工作的履歷。我們通常都會把這些履歷篩選到（每個職位空缺）只剩 10 份左右，再打電話給這些人進行電話面試。電話面試通過之後，大概就會挑其中兩、三個人，讓他們飛來紐約進行面對面的面試。

來到面對面的面試階段，我們大概就很有可能僱用這個人了，所以這時我們會開始全面啟動**招募人才**的各種做法。首先會有一名身穿制服的豪華轎車司機在機場迎接他們，接過他們的行李之後，就會把他們送往飯店——那可能是他們一生中見過最酷的飯店，就坐落在市中心最時尚的區域，整天都能看到一大堆模特兒進進出出，而且房間裡還有那種被收藏在現代藝術博物館裡的現代衛浴設備（但如果想搞清楚怎麼刷牙？那就祝你好運囉！）。在飯店等候時，就能看到我們留在房間裡的一份小禮物，裡頭有一件 T 恤、一份由 Fog Creek 工作人員所撰寫的紐約徒步觀光指南，和 2005 年暑期實習生的 DVD 紀錄片。房間裡有一部 DVD 播放器，所以大家都可以看到之前的實習生玩得有多麼開心。

經過一整天的面試之後，我們會邀請學生在紐約自費多逗留幾天，如果他們想看看這個城市，我們就會安排豪華轎車到飯店接送，然後再把他們送回機場，讓他們飛回家。

雖然來到面對面的面試階段之後，大約只有三分之一的人可以通過我們所有的面試，但是讓最後可以通過面試的人確實得到正面的體驗，那是非常重要的。就算是沒有通過面試的人，回到校園後也會認為我們真的是很棒的雇主，然後告訴他們所有的朋友，他們在紐約一家豪華飯店住得超開心，於是他們的朋友就會很想來應徵下一次暑期實習的機會，只為了親身體驗這一趟旅行的機會。

在暑假實習期間，學生們通常會開始想：「好吧，這次暑假打工還不賴，是個很不錯的經驗，也許……只是也許，可以考慮轉為全職的工作。」我們還會再多做一步。我們會利用這個暑假，來決定是否要他們成為全職員工，而他們也必須利用這個暑假，決定是否要為我們工作。

所以我會給他們做真正的工作，也就是一些真正有難度的工作。我們的實習生都要負責一些真正會正式上線的程式碼。有時他們甚至要負責研究一些公司裡最酷的新東西，這甚至會讓某些正式員工感到有點嫉妒，不過這就是人生呀。有一年夏天，我們讓四個實習生組成團隊，從頭開始打造出一個全新的產品。那次的實習成果，幾個月內就把成本回收了。就算他們不是打造全新的產品，至少也要處理一些真正可以出貨的程式碼，而且還要完全負責某些主要的功能（當然會有一些經驗豐富的導師從旁協助）。

我們也必須確保他們玩得很開心。我們會舉辦各種聚會，請他們到家裡吃飯。我們會安排他們在當地相當不錯的宿舍裡免費住宿，他們可以在那裡結交到許多其他公司和學校的朋友。我們每週都會安排一些課外活動或實地考察活動：百老匯音樂劇（今年的 Avenue Q「Q 大道」大家都超愛的）、電影首映、博物館參觀、乘船環遊曼哈頓、洋基隊比賽。信不信由你，今年他們最喜歡的活動之一就是登上洛克菲勒觀景台。我的意思是，這只不過是曼哈頓市中心的一座高樓，而你可以登上它的屋頂這樣而已。你原本應該不會預期，這是一次令人驚嘆的體驗。但實際上確實很令人驚歎。有一些 Fog Creek 的員工，也會一起參與每一項活動。

暑假結束時，總會有一些實習生讓我們很信服，相信他們就是我們一定要僱用的真正優秀程式設計師。不過請注意，並不是所有人喲——有些程式設計師確實很優秀，我們很願意把他留下來，但有些人並不適合在 Fog Creek 工作，或許到別的地方會有更優秀的表現。舉例來說，我們是一家相當要求獨立自主的公司，並沒有很多中階管理層，所以大家都要完全靠自己積極主動去工作。從過去的歷史來看，有時候有些實習生只要有人指導，就可以表現得很優秀，但在 Fog Creek 公司裡，並不是每件事都會有很充分的指導，這時候有些實習生就會陷入困境，而這樣的情況實際上已經出現過好幾次了。

總而言之，只要遇到真正想僱用的人，再多等也沒什麼意義。所以我們會直接提前給他這份全職工作，條件就是等他畢業之後即可就任。我們會提供很好的待遇。我們會讓他先回到學校，和朋友交換意見，然後他就會發現自己的起薪比其他任何人都高。

在這樣的做法下，是不是會讓我們多付出一些錢呢？根本就不會。你想想看，第一年的平均工資，其實還必須考慮到這個人不適任的風險。但由於這些孩子對我們來說已經試用合格，因此就沒有不適任的風險了。我們已經知道他們能做什麼了。因此，當我們僱用他時，比起那些只面試過他的雇主，我們肯定更瞭解他。這也就表示，我們當然可以付給他更多的錢。由於我們掌握了更多的資訊，所以比起那些沒有相同資訊的雇主，我們很願意支付更多的錢。

如果我們把這件事做對了（通常我們都可以做到），這些實習生通常都會心悅誠服，接受我們所提供的職位。不過有時候還是需要多一點說服力。有時他們還是會想讓自己有所選擇，不過 Fog Creek 公司所提供的條件真的非常不錯，當他們某天早上 8:00 起床、穿上西裝要去接受 Oracle 的面試時，或許心裡就會響起一個聲音說：「Fog Creek 公司已經有一份很棒的工作在等著我，為什麼我還要一大早在 8:00 起床穿上西裝去參加 Oracle 的面試呢？」然後，我當然很希望他們就不要再費心去參加那場面試了。

順便提一下，在我繼續往下說之前，關於資訊科學和軟體開發的實習工作，我想要先澄清一些事情。如今這個時代，在我們這個國家裡，大家都知道實習工作是有薪水的，而且薪水通常都還不錯。雖然實習工作沒有薪水的情況，在出版業、音樂界等等其他領域似乎很常見，但我們的週薪是 750 美元，外加免費住宿、免費午餐、免費地鐵通票，更不用說還有搬遷費用和其他的各種福利。如果光看美元的金額，大概略低於平均水準，但我們有提供免費住宿，所以其實應該略高於平均水準才對。我想我之所以會提這件事，主要是因為我每次在我的網站談到實習時，難免總有人會感到疑惑，甚至以為我在壓榨勞工什麼的。年輕小夥子！對，就是你！給我來杯冰涼的鮮榨柳橙汁，手腳俐落點！

實習計畫確實可以建立一條尋找優秀員工的管道，但這是條相當長的管道，很多人都會在過程中迷失方向。基本上我們算了一下，大概要僱用兩個實習生，才能找進一個全職的員工；就算你僱用的實習生只剩下一年的學業，從你確定僱用到他們真正進公司那一天，大概都還是要間隔兩年的時間。這也就表示，我們每一年夏天還是要看一下辦公室有幾個空位，盡可能多僱用一些實習生。

過去這三年，我們都只把實習機會提供給一年後畢業的學生，但今年夏天我們終於意識到，這樣會錯過一些真正優秀的年輕學生，所以我們開始開放大學每個年級的學生，都可以來加入我們的實習計畫。信不信由你，我甚至想搞清楚有沒有機會讓高中生也來實習，也許他們可以在放學之後過來學習安裝電腦，順便賺一些大學學費，而我們也可以開始與下一代真正優秀的程式設計師建立聯繫，就算這樣會演變成一個長達六年的管道，也沒問題。我的眼光可是看得很遠的。

打造你自己的社群（* 困難）

這裡的基本想法就是建立一個大型的社群，把一群志同道合的聰明開發者聚集到你公司的周圍，這樣一來公司每次缺人的時候，自然就會有一群合適的對象可供你考慮了。

老實說，這就是我們 Fog Creek 公司能找到如此多優秀人才的理由：因為我有一個相當受到大家喜愛的個人網站「Joel on Software」（joelonsoftware.com）。這個網站裡比較受歡迎的一些文章，讀者可能有超過百萬人，其中大多數都是很有能力的軟體開發者。由於擁有如此大量、主動參與的讀者群，因此我每次一提到正在找人，通常就會收到一大堆非常優秀的履歷。

這個做法的後面特別標了一個星號，就表示這是一種「很困難」的做法，因為我覺得這建議就好像是在說：「如果要贏得選美比賽，就要先把自己變漂亮，再去參加選美比賽。」至於我的網站為什麼會如此受歡迎，我的網站讀者為何有那麼多優秀的軟體開發者，其實我自己也不是很明白。

我真的很希望能在這方面多給你一些協助。Derek Powazek 針對這個主題寫了一本好書（《Design for Community:The Art of Connecting Real People in Virtual Places》（社群設計：在虛擬環境下聯繫真人的藝術），New Riders，2001）。有很多公司都嘗試過各種部落格策略，但很遺憾的是，其中大多數都沒能建立起比較像樣的社群，所以我只能說這做法對我來說很有用，對你來說或許有用、但也可能沒什麼用，而且，我也不太清楚你可以做些什麼。我剛在我的網站（jobs.joelonsoftware.com）開設了一個工作討論區，你只需要支付 350 美元，就可以讓 Joel on Software 的讀者們看到你所提供的職缺。

員工推薦：小心陷阱

想找到優秀的軟體開發者，有個標準建議就是，直接去詢問你現有的開發者。其背後的理論就是，既然他們都是如此聰明的開發者，一定也認識其他聰明的開發者才對。

或許吧，但他們一定也有很多很親密的朋友，這些人可不是很優秀的開發者；這樣的做法大概有一百萬個地雷等著你去踩，所以我倒認為員工推薦的做法，其實是最弱的新員工來源之一。

當然，其中有個很大的風險就是「競業禁止條款」。如果你認為這並不重要，請想想 Crossgain 的案例——當初微軟威脅說要告這家公司，害得他們不得不解僱四分之一的員工，只因為他們全是微軟的前員工。只要是腦袋正常的程式設計師，都不應該簽署競業禁止條款，但實際上大多數人都會簽，因為大家都沒想到這個條款真的會被強制執行，而且很多人都沒有先讀合約的習慣，可能是在接受了工作之後，很快就舉家搬遷到新公司附近，結果第一天上班才知道要簽這個東西，這時候就算想再談也有點來不及了。於是，大家就這樣簽了下去，但其實這是雇主們最卑鄙的做法之一，而且這些條款往往是可以強制執行的。

因為有「競業禁止條款」這東西，所以你如果太依賴員工推薦，僱用一大群人全都來自同一家前公司（因為他們全都是**在那裡**認識的），這樣你就必須承擔一個非常大的風險。

還有另一個問題是，如果你請員工推薦一些人進公司，但又不能保證他們一定可以通過招聘流程，這樣的話員工或許就不會把自己真正的朋友推薦進來了。因為沒有人會願意說服自己的朋友，來應徵自己公司裡的工作，卻又看到他們慘遭拒絕。畢竟這多多少少會傷害朋友之間的情誼。

既然員工推薦自己的朋友有困難，而你可能也沒辦法僱用他們的老同事，因此可以被推薦進來的優秀人才，當然也就不多了。

如果負責招募的經理稍微懂一點經濟學，決定提供現金來獎勵員工推薦優秀的人才，這樣一來問題就**更嚴重**了。其實這是個很常見的做法。這個做法背後的理由如下：如果透過獵人頭公司或外部人力仲介公司，聘請一位優秀人才可能需要花費 30,000 到 50,000 美元。如果把這筆錢拿來獎勵員工，譬如員工每次介紹一個人進來就能得到 5,000 美元，或是每推薦 10 名員工就能獲得一輛昂貴的跑車，你想想看這樣可以節省多少錢。對於一般員工來說，5,000 美元確實也算是發了一筆小財。所以，這聽起來似乎是一種雙贏的做法。

問題是，突然間你就會看到一堆很奇怪的事情，譬如員工開始把他們所能想到的人全都拉來面試，而且他們都有很強烈的動機，希望這些人能被錄用，因此他們會開始教朋友們如何面試的小技巧，或是和會議室裡的面試官竊竊私語、眉來眼去，突然間，你所有的員工都在想盡辦法，把他們那些沒用的大學室友弄進公司裡來。

這樣肯定有問題。ArsDigita 當初做了一件很有名的事情，就是買了一輛法拉利放在停車場，然後宣布只要推薦十個人進公司，就可以得到這輛法拉利。結果實際上根本沒人達成，而找進來的員工品質卻因此下降，最後公司也倒掉了。不過，這可能並不是因為法拉利的緣故，實際上那輛法拉利根本就是租來的，這整件事只不過是宣傳的噱頭而已。

如果 Fog Creek 的員工推薦某人進公司，我們願意跳過最初的電話面試，不過也就只能做到這個程度而已。我還是希望被推薦的人可以通過所有面試流程，而且還是可以維持相同的高標準要求。

開發者實戰指南

開發者究竟想在工作中得到什麼東西呢？對於他們來說，究竟是什麼樣的東西可以讓某一份工作比另一份工作更具有吸引力？你要如何才能成為他們的雇主呢？繼續往下讀就對了！

3

開發者實戰指南

2006年9月7日，星期四

為了找到優秀的程式設計師，你可以到處打廣告，也可以提供一個夢幻的實習計畫，或是努力做好面試的工作，但很遺憾的是，優秀的程式設計師如果不想為你工作，他根本就不會進你的公司。本章叫做「開發者實戰指南」，目的就是要讓你知道：開發者們真正想要的究竟是什麼，他們在職場特別喜歡什麼、不喜歡什麼，如果想成為頂級開發者最愛的僱主，你需要做些什麼。

私人辦公室

去年我去耶魯大學參加了一場資訊科學研討會。其中有位演講者是矽谷的資深人士，曾創辦並帶領過許多新創公司；他在演講的過程中，把 Tom DeMarco 和 Timothy Lister 所合著的《Peopleware》（腦力密集產業的人才管理之道，Dorset House，1999）這本書高高舉了起來。

「你們一定要去讀這本書。」他說：「如果要經營一家軟體公司，這本書就是聖經。這應該是關於軟體公司經營最重要的一本書。」

我非常同意他的看法：《Peopleware》確實是一本非常棒的書。這本書最重要也最具爭議性的主題之一，就是你如果想讓程式設計師發揮極高的生產力，就必須給他們一個非常安靜的空間——大概就是「私人辦公室」吧。作者從頭到尾一直在講這件事。

演講結束之後，我去找演講者聊天。「你對《Peopleware》的看法，我真的超贊同的。」我說：「你能不能告訴我，在你的那些新創公司裡，你真的都會給軟體開發者提供私人辦公室嗎？」

「當然沒有。」他說：「那些創投們絕不會讓公司這樣做的。」

咦？

「不過這好像是那本書最重要的想法耶。」我說。

「是呀，但你總得做出取捨。對創投來說，私人辦公室看起來就像在浪費他們的錢呀。」

即使有大量的證據顯示，私人辦公室的生產力高出很多，而且我也在我的網站不斷重複提這件事，但矽谷就是有種強烈的文化，老是要你把很多程式設計師塞進一個大大的開放空間中。這樣也不是不行，我也不想勉強大家，畢竟程式設計師也有**社交需求**，只是這樣一定會折損掉一些生產力，所以這真的是很兩難的事。

我甚至聽過有一些程式設計師這樣說：「是呀，我們都是坐在那種半開放式的小隔間裡工作，而且大家都一樣——包括 CEO 也是坐在這種小隔間的座位上喲！」

「CEO？CEO 真的也坐在這種小隔間裡工作？」

「呃……他確實有個小隔間的座位，不過經你這麼一提，我發現他每次都會說有重要的會議，然後就躲進一間會議室裡去了……」

嗯嗯嗯。矽谷有個很常見的現象，就是 CEO 經常要做一場大秀，比如像大家一樣坐在半開放式的小隔間裡，不過他還是會另外準備一間自己的會議室（他會說：「這只有在討論私人問題時才會用到」但每當你走過那間會議室時，大概有一半的時間都會看到 CEO 獨自一人在裡頭，正在和他的高爾夫球友通電話，而且穿著名牌鞋的兩隻腳還翹在會議室的桌上）。

總之，關於私人辦公室究竟為什麼可以提高軟體開發者的生產力，而只想靠耳機蓋掉周圍吵雜聲的做法，為什麼終究還是會降低程式設計師的工作品質，還有提供私人辦公室給開發者為什麼並不會花更多的錢，所有這些我都不想再重新討論了。因為我已經全都談過了。今天談的是招聘，所以我們在這裡想看的是，私人辦公室對於招聘的影響。

不管你是怎麼看待生產力這件事，也不管你是怎麼看待工作空間應該要平等的主張，至少有兩件事是沒什麼爭議的：

1. 「私人辦公室」代表更高的地位。
2. 半開放式小隔間或其他共享空間的做法，會在社交上帶來種種尷尬與不便。

基於這兩個事實，因此公司若能提供私人辦公室，程式設計師當然更加有可能接受這份工作。如果有門可以關上、甚至有對外的窗戶搭配良好的視野，當然更好。

遺憾的是，這些能讓招聘變得更容易的做法，其中有一些並不在你的權限範圍內。如果公司必須靠創投的資金才能生存，大概就連 CEO 和創辦人都沒辦法擁有私人辦公室。大多數公司都要隔五到十年，才有可能搬遷或重新佈置辦公空間。比較小的新創公司，大概都負擔不起私人辦公室的花費。所以我的經驗是，除了最開明的公司之外，其他公司幾乎都會找各種藉口，就是不給開發者提供私人辦公室；就算是那些最開明的公司，大概也要間隔十年，才會討論到公司接下來要搬遷到哪裡、大家的工作環境要怎麼安排之類的問題，而且這些問題通常都是由辦公室經理秘書和大型建設公司初級助理所組成的委員會來做出決策，而這些人往往都傾向於相信學校裡所說的那些童話故事，認為空間越開放就表示公司越開放之類的，至於開發者或開發團隊的意見，則幾乎完全沒機會被採納。

說來有點不好意思，但我確實一直很努力，想讓大家知道私人辦公室並不是不可能的事；所以我們所有全職程式設計師，大體上都擁有自己的私人辦公室，況且紐約市的租金可以說是世界上最高的；不過這樣的做法顯然可以讓大家在 Fog Creek 工作得很開心，如果你們還想繼續找藉口，**那就請繼續吧**，我也會讓我自己的這個競爭優勢繼續保持下去的。

實際工作環境

其實，除了私人辦公室之外，實際的工作環境更加重要。應徵者在面試當天來到你公司時，就可以看到大家工作的環境，然後想像自己在裡面工作的情況。如果辦公室坐落在很不錯的地點，辦公空間很宜人、很明亮、所有東西看起來都很新、很乾淨，他們心裡就會產生出美好的想法。如果辦公室空間很擁擠、地毯破爛不堪，牆壁也沒有好好粉刷過，只是張貼著一些划船隊的海報、上面寫著大大的「團隊合作」字樣，他們心裡就會產生出呆伯特的想法。

有很多技術人員對自己辦公室的狀況，簡直無感到了極點。事實上就算很清楚知道漂亮的辦公室有哪些好處的人，也有可能對自己辦公室裡特有的一些問題視而不見，因為到後來大家都習慣成自然了。

請設身處地站在應徵者的角度，很誠實地想一想：

- 關於我們公司的位置，他們會怎麼想呢？相較於宜居的科技重鎮奧斯汀（Austin），氣候相對嚴峻的水牛城（Buffalo）有什麼優勢？冬天超冷的汽車大城底特律（Detroit），大家真的想舉家搬過去嗎？如果你的公司就在水牛城或底特律，至少能不能盡量把面試安排在天氣比較好的 9 月呢？
- 他們一進辦公室，會體驗到什麼感覺呢？他們會看到什麼？他們會看到一個既乾淨又讓人興奮的地方嗎？有沒有漂亮的中庭大堂、種著茂密的棕櫚樹和噴泉？還是感覺像貧民窟裡的公立牙醫診所，只有垂死的盆栽和過期的《新聞週刊》？
- 辦公室的環境看起來如何？所有東西全都很新穎很閃亮嗎？你還在使用那種超大台、已經泛黃的打卡機嗎？辦公室裡還有那種點陣式印表機、背後拖著長長的可複印連續折疊印表紙嗎？
- 大家的辦公桌上看起來如何？程式設計師的桌上都有好幾台大尺寸平面螢幕，還是只有一台老舊的 CRT 螢幕？椅子的品牌是 Aerons 的高級貨、還是 Staples 的特賣品？

我要稍微講一下由 Herman Miller 所製造的著名 Aeron 辦公椅。它的價格大概是 900 美元。這價格比 Office Depot 或 Staples 的廉價辦公椅貴了大約 800 美元。

不過它真的比那些便宜的椅子舒服多了。如果尺寸正好合適而且做了適當的調整，大多數人都可以整天坐在上面而不會感到不舒服。椅子的靠背和座墊都是用網眼材質所製成，可以讓空氣流通，讓你比較不容易流汗。符合人體工學的設計，尤其是增添腰部支撐的新型號，表現更是出色。

而且它也比那些便宜的椅子更耐用。我們公司經營了六年，每張 Aeron 辦公椅全都完好無損：而且我敢說，應該沒有人看得出來我們在 2000 年買的椅子，和我們三個月前才買的椅子有什麼差別。它很輕易就能使用十年以上。但那些便宜的椅子，只不過用了幾個月就會開始出問題。你至少需要用四張 100 美元的椅子，才能抵得過一張耐用的 Aeron 辦公椅。

所以真正算起來，其實 Aeron 辦公椅在十年之內只會多花 500 美元，或是每年多花 50 美元。換句話說，也就是每個程式設計師每個星期多花一美元。

一捲好一點的衛生紙，大概就要一美元了。你的每一個程式設計師，大概每個星期都會用掉一捲吧。

所以升級 Aeron 辦公椅的成本，其實與你的**衛生紙**花費大致相同，而且我可以向你保證，如果你想在預算委員會討論衛生紙的問題，肯定會被嚴厲警告不要亂來，還有其他更重要的事要討論。

可歎的是，Aeron 辦公椅已經被掛上奢侈的名聲（尤其是對新創公司而言）。不知何故，它竟成為網路泡沫虛擲創投資金的一種象徵，這實在是太可惜了，如果考慮到它的耐用度，其實它並不昂貴；如果考慮到你每一天都會在上面坐八個小時，就算是具有腰部支撐和**尾翼**造型的頂級款，也還是有夠便宜，簡直就是買到賺到。

大玩具

類似的邏輯，對於開發者其他的那些大玩具，同樣也可以適用。你實在沒理由不給你的開發者配備最頂級的電腦，還有大尺寸的液晶螢幕（至少兩台 21 吋或一台 30 吋以上的大螢幕），並讓他們可以在 Amazon.com 自由訂購任何想要的技術相關書籍。這些東西全都可以帶來明顯的生產力提升，更重要的是，對於人才招募來說，這些全都是非常好用的招募輔助工具；其實目前大多數的公司還是把程式設計師視為可互換的齒輪、甚至只把他們當成打字員——為什麼要那麼大的螢幕？15 吋的 CRT 螢幕又怎麼樣？想當年我小時候……

開發者的社交生活

軟體開發者和一般普通人沒什麼不同。我當然知道，現在大家對於開發者都有一些刻板的印象，以為他們全都是一些患有亞斯伯格症的技客，根本無法調適各種人際關係，但實際狀況絕非如此，就算是患有亞斯伯格症的技客，也非常關心工作環境裡的社交面向，其中包括以下這幾個問題：

公司內部怎麼對待程式設計師？

公司會把他們視為重要人物，還是普通的打字員？公司的管理層是由工程師或前程式設計師所組成的嗎？開發者去參加研討會時，搭飛機坐的是頭等艙嗎？（我才不管這是不是在浪費錢。只要是明星，都坐頭等艙。這樣的事你就趕快習慣吧。）如果搭飛機來面試，有沒有豪華轎車到機場接送，還是要自己找路來辦公室？如果其他條件全都相同，開發者當然比較喜歡把他當明星來對待的公司。如果你的 CEO 是個愛抱怨的前銷售人員，總搞不懂這些傲嬌的開發者為什麼一直在要求一些護腕墊、大螢幕、舒適的椅子之類的東西，心裡還想著「這些人自以為是誰呀？」，那你的公司在態度上恐怕就要稍微調整一下了。如果你不懂得尊重，肯定找不到優秀的開發者。

同事都是些什麼樣的人？

程式設計師在面試當天，都會密切關注一件事，那就是他們所遇到的人。他們都是一些很好的人嗎？更重要的是：他們都很聰明嗎？我自己有次在 Bellcore（貝爾實驗室的一個分支機構）做暑期實習，而我所遇到的每一個人全都一次又一次告訴我同樣的事情：「在 Bellcore 工作，最棒的就是人啦。」

也就是說，如果你的公司裡確實有那種脾氣暴躁的開發者，至少別安排他去當面試官；如果你有那種個性開朗、很善於社交、屬於郵輪總監類型的那種人，就可以多安排他們去當面試官。你要時時不斷提醒自己，當應徵者回到家裡、

不得不決定要去哪裡工作時，如果他想起所遇到的每個人好像都很悶悶不樂，那他肯定不會對你的公司留下什麼正面的印象。

順便提一下，Fog Creek 公司最初的招聘規則，其實是從微軟那裡偷學過來的，就是「要夠聰明、能把事情做好」。不過在公司創辦之前，我們就意識到應該再添加第三個規則：「不能是個混蛋。」回想起之前我還在微軟時，「不能是個混蛋」並非錄取的必要條件；雖然我敢很肯定的說，他們在口頭上一定會說大家彼此保持友善非常重要，但實際上他們絕不會因為某人是個不友善的混蛋而不予錄用；事實上，「是個混蛋」有時反而成了進入管理高層的先決條件。從經營的角度來看，這好像也沒什麼，但從招聘的角度來看，這確實不太好，畢竟誰願意在一家能容忍混蛋的公司裡工作呢？

獨立自主的程度

我在 1999 年打算辭去 Juno 的工作、準備開始創辦 Fog Creek 軟體公司之前，人力資源部給我安排了一場標準的離職面談，而我也不知道怎麼回事，竟然掉入陷阱，把公司管理上所有的錯誤，全都告訴了人力資源部；雖然我非常瞭解，這些事對我來說可能沒有任何好處（實際上恐怕只會造成傷害），但我還是照實說了；我主要的抱怨，就是 Juno 那種「肇事逃逸」型的管理風格。其實大部分情況下，經理們都會讓大家安靜完成自己的工作，但是三不五時，他們就會插手到某些枝末細節的小事，堅持按照他們的方式來完成，不能有任何藉口，然後他們又會轉往其他的一些工作，繼續進行這種微觀管理，而不會留下來看各種可笑的結果。舉例來說，我還記得有一次，公司連續兩三天把我搞得特別煩，因為從我的經理到公司的 CEO，每個人都想來湊一腳，告訴我

Juno 註冊問卷裡一定要使用某種方式來輸入日期。他們根本就沒接受過 UI 設計師的訓練，也沒花足夠的時間與我討論這些問題，嘗試去瞭解為什麼在某些特定情況下，我的做法才是正確的；這一切全都不重要：管理層根本沒打算在那個問題上退讓，甚至也沒打算花時間聽我的論點。

基本上，如果你想要僱用聰明人，你就必須讓他們把自己的技能，好好運用到工作上。經理們如果願意（通常都很樂意），當然可以提出一些建議，但是一定要很小心，盡量避免讓「建議」變成一種「命令」，因為在技術問題方面，管理層的理解程度多半比不上第一線的工作人員（尤其是我所說的那種你很想僱用的優秀人才）。

開發者都很希望自己被僱用，是因為自己靠技能而被視為專家，可以在自己的專業領域中，真正做出重要的決策。

可以不搞政治嗎？

事實上，只要有兩個人以上聚在一起，就一定會有「政治」問題。這其實是很正常的。我所說的「不搞政治」，實際上指的是「不用去搞那些不正常的政治問題」。程式設計師都有很強烈的正義感。程式碼只有「會動」和「不會動」兩種情況。究竟有沒有問題，吵來吵去其實沒有什麼意義，因為你只要測一下程式碼就知道答案了。程式設計的世界非常公正，秩序也非常森嚴，實際上有許多人之所以進入程式設計的領域，正是因為他們比較喜歡把時間花在一個很公正、有秩序的地方，而在嚴格講求對錯的領域，你只要是對的，就可以戰勝一切。

如果想吸引程式設計師，這就是你必須建立的環境。如果程式設計師開始抱怨「政治」問題，他的意思其實很明確，就是出現了「個人考量凌駕技術考量」的情況。如果開發者被告知，只因為老闆喜歡的緣故，就一定要採用某種程式語言，而不能針對手頭上的工作選用最佳的程式語言，這真的會讓人感到非常氣憤。如果升遷是根據交際能力而非技術能力，這更是令人抓狂。對於開發者來說，如果在公司裡職位比他們高的人，或是人際關係比他們好的人堅持某種做法，他們就必須被迫去做某些技術上其實比較差的選擇，大概沒有什麼情況會比這個更讓開發者感到火大的了。

反過來說，如果可以靠著技術上的優勢，贏得一場本來因為政治因素可能會輸掉的爭論，這真的會讓人感到非常心滿意足。我剛到微軟工作時，當時有個大方向錯誤、名叫 MacroMan 的專案正在進行，目標就是要建立一種圖形化巨集程式語言。對於真正的程式設計師來說，這個程式語言實在很讓人沮喪，因為圖形化的做法天生就不適合用來實作迴圈或條件判斷；而它對於非程式設計師來說也沒什麼用，因為我認為那樣的人本來就不習慣用演算法來思考，根本就不會想去搞懂 MacroMan 這個東西。當我在質疑 MacroMan 時，我的老闆跟我說：「火車要脫軌可沒那麼容易。你還是算了吧。」不過我還是一直吵吵吵——當時的我才剛從大學畢業，在微軟幾乎沒什麼人脈——後來，大家還是聽取了我的論點，最終 MacroMan 專案也被收掉了。我究竟是誰並不重要，重要的是，我說的是對的。這大概就是可以讓程式設計師真正感到欣慰的那種「非政治化」組織吧。

總而言之，如果想留住程式設計師，甚至吸引其他的程式設計師，就要更關注你公司裡的社交動態，創造出一個健康、愉快的工作場所，這絕對是至關重要的事。

我要做的是什麼樣的工作？

某種程度來說，吸引開發者最佳的方式之一，就是讓他們做一些有趣的工作。這或許是最難改變的部分：因為你的工作本身如果是幫砂石業製作軟體，那你就真的別想太多，因為你的工作就是這樣，你真的不用去假裝自己是很酷、很吸引開發者的網路新創公司。

開發者很喜歡的另一種東西，就是開發一些足夠簡單或足夠流行的東西，因為這樣他們就可以在感恩節向艾瑪阿姨解釋自己在做什麼了。當然囉，身為核子物理學家的艾瑪阿姨，應該還是不太瞭解砂石業裡的 Ruby 程式設計吧。

最後一點就是，有許多開發者都蠻重視自己所屬公司的社會價值。社群網路公司、部落格公司的工作，因為有助於把大家聚在一起，而且好像真的比較不會污染環境，所以這種公司很受歡迎；而像是軍火商或是有道德爭議、可能牽涉到會計欺詐的公司等等，這樣的工作就比較不那麼受歡迎了。

比較遺憾的是，其實我也不太清楚，一般的招募經理在這方面能有什麼比較好的做法。你也許可以嘗試改變你的產品系列，製作出一些比較「酷」的東西，不過這終究無法走得太遠。雖然如此，但我還是看到某些公司在這方面做了一些事情：

讓頂尖的新人挑選自己所要參與的專案

多年來，Oracle 公司一直有一個叫 MAP（Multiple Alternatives Program；多備選方案計畫）的計畫。這個計畫針對的是大學畢業生各班級裡最頂尖的應徵者。他們的構想是這些人可以先進入 Oracle 公司，花一兩週時間到處看看，參訪所有職位有空缺的團隊，然後再選出自己想從事的職位。

雖然 Oracle 內部可能更加清楚知道這種做法是否可行，但我認為這是個不錯的好主意。

採用一些非必要、但很酷的新技術

一般認為，紐約的一些大型投資銀行，對程式設計師來說是個相當艱難的工作環境。工作條件惡劣、工時超長、環境吵雜、老闆又很專橫霸道；程式設計師顯然只是三等公民，而真正在銷售、交易金融工具的那些睪固酮分泌旺盛的「猴子」，他們才是公司裡的皇室成員，坐擁三千萬美元紅利，還能享用所有的起司漢堡（而且通常都是正好坐在旁邊的程式設計師去買的）。無論如何，這就是刻板印象，所以為了留住最好的開發者，投資銀行有兩個策略：一是給程式設計師一大筆錢，二則是基本上允許程式設計師自由發揮，採用自己想學的任一種熱門新程式語言，一遍又一遍重寫所有的東西。你想用 Lisp 重寫整個交易應用程式嗎？沒問題。只要給我一個該死的起司漢堡就行了。

有些程式設計師並不關心所使用的是什麼程式語言，但是他們大多數都希望有機會使用一些讓人興奮的新技術。目前或許是 Python 或 Ruby on Rails；三年前則是 C#，而更早之前則是 Java。

在此，我並不是要告訴你，別使用最好的工具來完成工作，也不是要告訴你，每兩年就要使用最熱門的語言，把所有東西全部重寫過一次；但如果你能找到某些做法，讓開發者有機會用比較新的語言、框架和技術，獲取一些新經驗，他們一定會更開心。就算你不敢輕易重寫公司的核心應用，但你總有一些內部專用的工具或是一些不太重要的新應用，有什麼理由不用它作為學習專案，去採用一些令人興奮的新語言呢？

我認同這家公司嗎？

大部分的程式設計師找工作，絕不只是為了繳房租而已。他們不只是想要一份「普通的工作」：他們還想要感覺到自己做的是有意義的工作。他們希望可以認同自己的公司。尤其是年輕的程式設計師，特別容易被某種意識形態的公司所吸引。有許多公司會特別積極去參與「開放原始碼」或「自由軟體」的活動（這兩者並不相同），對一些懷有理想主義的開發者來說，這就很有吸引力。還有一些公司會參與社會公益，或是生產一些某種程度上有益於社會的產品。

身為招募人員，你的工作就是確認公司理念，並確保每個應徵者都能理解。

有些公司甚至會努力創造出自己的意識形態運動。37signals 這家芝加哥地區的新創公司，就非常強烈認同「簡單」（simplicity）的理念：比如像 Backpack 這樣簡單、易用的應用程式，還有簡單易用的程式設計框架 Ruby on Rails。

對於 37signals 來說，「簡單」就是一種「主義」，實際上也可說是一種國際性的政治運動。簡單不只是簡單，哦不，它是夏日的時光，它是美妙的音樂，它是和平、正義、幸福，是頭髮上插著鮮花的漂亮女孩。Rails 的創造者 David Heinemeier Hansson 說，他們的故事是「一個關於美麗、幸福和激勵的故事。讓你為你的工作和你的工具感到自豪與喜悅。這樣的故事並不只是一種時尚，而是一種趨勢。這個故事可以讓激情、熱情這樣的詞，成為開發者所認可的詞彙，而無須尋找其他藉口。真正喜歡自己所做的事，而不必感到尷尬」（www.loudthinking.com/arc/2006_08.html）。把 Web 程式設計框架提升為「美麗、快樂和激勵」這樣的東西，看起來好像很狂妄，不過好像也很有吸引力，而且這確實讓他們的公司與眾不同。把 Ruby on Rails 宣傳成一種幸福，實際上確實可以保證，一定會有一些開發者去尋找 Ruby on Rails 的工作。

不過在認同管理方面，37signals 只是個新手而已。相比之下，Apple 蘋果電腦公司更厲害，他們在 1984 年憑藉一支超級盃的廣告，便成功鞏固其做為反主流文化的力量，像「自由對抗獨裁」、「自由對抗壓迫」、「彩色對抗黑白」、「身穿鮮紅短褲的漂亮女人對抗被洗腦的西裝男」等等，其地位至今仍舊極為穩固。我認為這其中恐怕含有奧威爾式（Orwellian）的諷刺意味：大公司運用一種甚至可說是毫無意義的方式，來操縱他們自己的公眾形象（比方說，他們是一家電腦公司，有什麼必要去反對獨裁呢？），然後成功創造出一種認同的文化，讓世界各地的電腦採購者感覺到，他們並不只是在購買電腦，而是在為一場運動而買單。當你購買 iPod 時，當然是在支援甘地對抗英國殖民主義。購買每一台 MacBook，都是在對抗獨裁和飢餓！

隨便怎麼說都行。先深呼吸一下吧……本節的重點，就是思考一下你的公司有什麼理念，大家會如何看待這樣的理念，以及如何讓大家理解你公司的理念。企業品牌的管理，對招聘與行銷來說，同樣的重要。

程式設計師並不關心的一件事

除非你把其他事情都搞砸了，否則他們其實並不在乎錢這個東西。如果你之前從沒聽過、但現在開始聽到一些關於薪資方面的抱怨，這通常就是一種跡象，代表大家已經不是真的熱愛自己的工作了。如果在招募新員工時，對方要求很離譜的薪水、又不肯輕易妥協，那就表示你所面對的可能是這樣一種想法：「好吧，如果工作本身真的很糟糕，至少我也要拿到很好的報酬吧。」

這並不表示你可以少付一點工資，因為大家還是很在意公不公平，如果讓大家發現不同人做同樣的工作卻拿到不同的薪水，或是你公司裡每個人的收入都比同業低 20%，大家一定會很生氣，然後突然間錢就會變成一個大問題了。你給的薪水一定要很有競爭力，但程式設計師決定要到哪裡工作時，在他所考慮的所有因素中，薪水部分只要基本上是公平的，這個部分在考慮清單中就會被排到很後面，但如果程式設計師只能配備一台 15 吋螢幕、銷售人員還會一天到晚對他們大吼大叫，而且公司還會用小海豹來製造核武器，那麼就算薪水很高，恐怕也不會有什麼吸引力。

4

三種管理法（簡介）

2006年8月7日，星期一

如果你要領導一個團隊、一家公司、一支軍隊或一個國家，你所面臨的最主要問題，就是讓每一個人都朝著相同的方向前進；不過這只是一種禮貌的說法，實際上你就是要「讓大家去做你想做的事。」

你可以這樣想。只要你的團隊是由多個人所組成，就會有不同的人執行不同的工作。他們想要的東西，和你想要的並不相同。如果你是一家新創公司的創辦人，你很可能想快速賺大錢，因為這樣你才能早點退休，在接下來的幾十年裡參加各種女性部落客的研討會。因此，你可能會花大部分的時間，在加州創投密集的沙山路（Sand Hill Road）附近打轉，跟一些有可能收購公司的創投，談一些如何把公司轉賣給 Yahoo! 的事。程式設計師 Janice 是你的員工，她根本不關心如何把公司賣給 Yahoo!，因為她並不會因為這件事賺到錢。她比較關心的是，如何運用最新最酷的新程式語言來寫程式，因為學習新事物很有趣。於此同時，你的財務長則是一心一意想要脫離他與系統管理員 Trekkie Monster 共用的同一個小隔間，在這樣的需求驅使下，他正在努力制定一個全新的預算提案，證明你只要把公司搬到距離他家兩分鐘路程（還真巧呀！）的一個更大的辦公空間，公司就可以省下多少錢。

當然囉，讓大家朝著**你的**方向（或至少是相同方向）前進，這並不是新創公司獨有的問題。政治領導者經常在選前承諾要消除政府各種浪費、貪污與腐敗，當選之後所面臨的基本問題也是相同的。市長一定很希望能確保新的建設案可以很輕鬆獲得市議會的批准。城市建設督察員則希望能夠繼續收受他們早已習以為常的各路賄賂。

軍事領導者同樣也會面臨相同的問題。他可能要命令一整隊士兵向敵陣衝鋒，但每個士兵都寧願躲在石頭後面，讓別人去衝就好了。

下面是你可能會採用的三種常見做法：

- 軍事管理法——**命令與管控**
- 利誘管理法——**101 經濟學**
- **認同**管理法

你肯定還見過一些其他的管理法（例如充滿異國情調的「穿著 Prada 的惡魔」管理法、回教聖戰管理法、個人崇拜管理法，以及改來改去拿不定主意的蹣跚管理法），不過接下來的三章，我只會討論上面那三種流行的管理法，並探討這些做法的優缺點。

本系列的下一篇，就是：軍事管理法——命令與管控

5

軍事管理法——命令與管控

2006年8月8日，星期二

> 士兵應該要極度懼怕自己的長官，甚至比他們所面臨的所有危險都還要怕才行……善意絕對無法誘使一般士兵勇敢面對真正的危險；唯有恐懼，才能讓他做到。
>
> —腓特烈大帝（Frederick the Great）

「命令與管控」（Command and Control）的管理形式，源自於軍事管理。主要的做法就是，叫大家照你所說的去做；如果他們不做，你就對他們大吼大叫，直到他們去做為止；如果他們還是不做，你就把他們丟去關禁閉；如果這樣還不做，就把他們弄進潛艇裡剝洋蔥，而且還要跟一個從不刷牙的小愣子擠在兩立方英尺的小空間。

這樣的做法大概還有一百萬種，隨便你愛怎麼用都行。你只要租個電影，看看《小卒戰將》（*Biloxi Blues*）或《軍官與紳士》（*An Officer and a Gentleman*）就會瞭解了。

有些管理者確實是從軍隊裡學到這一套，所以就採用了這套做法。有些人則是從小在專制獨裁的家庭或國家裡長大，很自然就認為這才是讓人順從的做法。另外還有一些人，只是不知道還有其他更好的做法而已。嘿！這種做法在軍隊裡很管用，在網路新創公司裡應該也很管用才對吧！

事實證明，在高科技團隊中採用這種做法，會有三個缺點。

第一，有很多人不喜歡這樣的做法，尤其是那些自認為很聰明的軟體開發者；畢竟他們真的是非常聰明，而且很習慣自認為懂的比別人多（實際上確實也是如此），所以他們如果被某人「命令」去做某件事，真的會感到特別反感。但有人覺得反感，倒也不是不採用這種做法的充分理由……看待這個問題時，我們應該盡量保持理性。畢竟高科技團隊有很多目標，而讓所有的人皆大歡喜絕非第一要務。

命令與管控的做法，還有一個更實際的缺點，就是管理層根本沒有足夠的時間去做微觀管理，因為經理的人數根本不夠，做不到「大小事都要管」的程度。你在軍隊裡之所以能對著一大群人下命令，是因為「大家同時做同樣的事」是很常見的情況。你只要向一整隊 28 人下達「清槍！」這個命令，接著就可以去小睡一會兒，再到軍官俱樂部的陽台去喝杯冰紅茶。而在軟體開發團隊中，每個人都在做不同的事情，所以微觀管理的做法，就會變成「肇事逃逸」型的微觀管理。你可以用一連串的行動，對某個開發者進行微觀管理，但你接下來又會突然消失好幾個禮拜，因為你還要去對其他開發者進行微觀管理。像這種「肇事逃逸」型的微觀管理做法，問題在於你根本無法堅持足夠長的時間，去瞭解你的決策為什麼沒起作用，而且也沒有時間去修正你的做法。實際上，你所做的事就是，每隔一段時間就把你那可憐的程式設計師從火車原本的軌道撞出軌，然後他們只好用接下來一個禮拜的時間，把火車的每一個車廂找回來放回軌道，然後再把所有事情重新理一遍——這真的是很讓人挫折的體驗。

第三個缺點就是，高科技公司裡的個別工作者，總是比「領導者」擁有更多的資訊，因此他們確實更適合做出各種決策。舉例來說，當老闆走進辦公室時，有兩個開發者或許已經針對圖片壓縮的最佳方式爭論了兩個小時，這時候資訊最少的人就是老闆，所以你絕對不該讓他做技術上的決策。我還記得當初我的大老闆 Mike Maples，負責的是微軟應用程式，他就很懂得果斷拒絕對技術問題表達立場。到了最後，大家也都學會不要去找他做裁決。而這樣也就迫使大家必須針對問題的優缺點進行辯論；最後的解決方案，也總是比較偏向那些善辯的人……呃……我的意思是說，問題到最後總會以最好的方式解決啦。

如果「命令與管控」對於團隊管理來說是個糟糕的做法，那軍隊為什麼要使用這種做法呢？

我在士官學校時，曾聽過下面這樣的解釋。1986 年時，我曾在以色列傘兵部隊服役。現在回想起來，我也許是他們所見過最糟糕的傘兵。

身為一個士兵，有好幾條絕對必須遵守的鐵律。第一條：如果你身處地雷區，那就要**按兵不動**。有道理，對吧？在做基礎訓練時，這樣的訓練會反覆出現，直到鑽進你內心最深處。每隔一段時間，教官就會大喊一聲「地雷！」然後每個人都必須按兵不動，唯有這樣你才能養成習慣。

第二條：受到攻擊時，就要**邊開火射擊**、**邊往攻擊者方向前進**。開火射擊會讓敵方急著找掩護，這樣他們就無法向你開火了。向敵方前進就可以讓你更靠近敵人，這樣比較容易瞄準敵人，也更容易殺敵。這條鐵律確實也很有道理。

好吧，接下來就是考題了：如果你身處地雷區，敵人又開始對著你開槍，你該怎麼做？

這並不是假設的情況。如果身陷埋伏，你就是會遇到這種很麻煩的情況。

事實證明，正確的做法就是別去管地雷了，繼續邊開火、邊向敵方前進。

這背後的基本原理就是，如果你按兵不動，敵方就可以一個接一個把你們全部幹掉；但如果大家繼續往前衝，只會有一部分的人踩到地雷掛掉，所以為了更大的利益，你一定要這麼做。

問題是在這種情況下，只要是還有點理性的士兵，沒有一個會往前衝的。每個士兵都有很強的動機想要作弊：還不如就呆在原地，讓那些特別有男子氣概的阿兵哥去衝吧。這其實跟「囚徒困境」有點類似。

在生死攸關的情況下，軍隊一定非常想要確定，只要長官一喊出命令，就算是自殺式命令，士兵也會服從命令。這也就表示，士兵一定要能做到絕對服從，但這對於軟體公司來說，卻不是那麼重要。

換句話說，軍方之所以採用「命令與管控」的做法，是因為這是讓 18 歲年輕人衝過地雷區的唯一做法，但這顯然並不是適合所有情況的最佳管理法。

尤其在軟體開發團隊裡，真正優秀的開發者完全可以選擇自己想待哪裡工作，扮演士兵角色只會讓他們覺得很煩很無聊，到最後你的團隊真的會留不住人。

本系列的下一篇，我們再來看看：利誘管理法——101 經濟學

6

利誘管理法——101 經濟學

2006年8月9日，星期三

先來講個笑話吧：有個貧窮的猶太人，住在19世紀俄羅斯的貧民窟裡。有個哥薩克騎兵騎著馬向他靠了過來。

「你餵那隻雞吃什麼？」哥薩克騎兵問道。

「只是一些麵包屑。」猶太人回答說。

「你竟敢用這麼下等的食物，去餵這麼優質的俄羅斯雞！」哥薩克騎兵邊說邊用棍子打那個猶太人。

第二天，哥薩克騎兵又來了。「現在你餵什麼給那隻雞吃？」他問猶太人。

「呃，我給他上了三道菜。有剛割下來的青草、上等鱘魚魚子醬，還有一小碗撒上進口法國松露巧克力的濃奶油，做為餐後甜點。」

「太白癡了吧！」哥薩克騎兵又邊說邊用棍子打猶太人：「你竟敢把這麼好的食物，浪費在一隻卑微的雞身上！」

第三天，哥薩克騎兵又來問：「你給那隻雞餵了什麼東西吃？」

「我什麼都沒餵！」猶太人低聲下氣的說：「我給了他一個銅板，它想吃什麼就去買什麼。」

（停下來等笑聲）

（沒有人笑？）

（來點音效）

（還是沒有人笑）

（好吧，就這樣）

我之所以用「101 經濟學」這個說法，其實有點半開玩笑的意思。你如果不是美國讀者，請容我解釋一下：美國大學大多數科系都有一門編號 101 的課程，多半是針對各領域的一門基礎入門課程。「利誘管理法——101 經濟學」指的就是那些稍微只懂一些經濟學理論皮毛的人，所採用的一種其實很危險的管理風格。

「利誘管理法——101 經濟學」假設每個人都會受到金錢的激勵；如果想讓人去做你想叫他們做的事，最好的方式就是給他們經濟上的獎勵或懲罰，以創造出激勵的效果。

舉例來說，只要客服人員每說服一名客戶不要退訂服務，AOL 公司就發給客服人員一筆獎金。

軟體公司可能也會發獎金，給那些最少製造出問題的程式設計師。

這種做法其實就跟「把錢給你的雞，叫它自己去買吃的」一樣。

這其實有個很大的問題，就是「外在動機」會取代掉「內在動機」。

「內在動機」就是你自己想把事情做好的一種自然渴望。一開始的時候，大家通常都有很多的內在動機。大家其實都很想把工作做好。客服人員很希望協助大家瞭解，每個月繼續支付 24 美元給 AOL 公司，其實比較符合客戶的最大利益。軟體開發者也都很想寫出問題比較少的程式碼。

「外在動機」則是來自外部的一種動機，例如付錢請你去實現特定的目標。

內在動機比外在動機強得多。如果是自己真正想做的事，大家都會非常努力。這應該沒什麼爭議才對。

但如果你給錢叫人家去做他們自己原本就想做的事情，他們就會受到一種所謂「過度合理化效應」（Overjustification Effect）的影響：「我一定要寫出沒有問題的程式碼，因為這樣才能賺到我想要的錢。」如此一來，「外在動機」就會取代掉「內在動機」。由於外在動機的影響弱很多，所以實際的結果反而會降低大家把工作做好的渴望。一旦你一停止付錢，或是大家不那麼在乎錢了，大家就不會再努力去寫出沒問題的程式碼了。

這種「利誘管理法——101 經濟學」另一個大問題就是，大家都會比較傾向於找出局部的最大值。大家總會找出一些最佳化的做法，不一定非要去實現出你真正想要的東西，就能得到你所付出的獎勵。

舉個例子來說，你的「留客專家」（customer retention specialist）為了賺取高額獎勵，於是使出全力想要留住客人，結果幾乎都快要把客戶逼瘋了，卻只換來《紐約時報》頭版大篇幅的報導，控訴你的「客戶服務」做得有多麼的糟糕。他的行為雖然把你付錢給他的目的（客戶保留率）最大化了，但你真正關心的東西（利潤）卻沒有跟著最大化。於是你又嘗試用錢去鼓勵他追求公司的利潤（比如說，給他 13 張股票），後來你才發現，那根本不是他所能控制的東西，到最後只是浪費時間而已。

使用這種「利誘管理法——101 經濟學」，你就等於只是鼓勵大家玩弄系統而已。

假設你決定發獎金，給那些最少出問題的軟體開發者。結果測試人員每次想把問題提報出來，大家就會大吵一架。開發者通常都會想辦法說服測試人員，說那並不是真正的問題。於是測試人員便同意，以後要把問題寫入問題追蹤系統之前，都會先以「非正式」的方式向開發者回報問題。結果，問題追蹤系統就沒人用了。問題的數量果然下降了，但問題的真正數量卻沒有改變。

開發者在這方面真的很聰明。無論你想要衡量什麼東西，他們總會找出最大化的做法，而你就是永遠無法得到想要的東西。

Robert D. Austin 在《Measuring and Managing Performance in Organizations》（組織績效的衡量和管理）一書提到，導入新的績效指標，往往會歷經兩個階段。一開始，你確實可以得到你想要的東西，因為還沒人知道怎麼作弊。到了第二階段，你就會開始得到比較糟的結果，因為每個人都會想出一些能讓你所衡量的東西最大化的訣竅，而且其代價甚至有可能毀掉整個公司。

更糟糕的是，101 經濟學這一派的管理者認為，他們只要稍微調整指標，就能以某種方式避免掉這樣的問題。Austin 博士的結論則是，你根本就做不到。這是絕對行不通的。不管你多麼努力去調整指標，想要反映出你真正的想法，最後總是會適得其反。

不過，「利誘管理法——101 經濟學」最大的問題其實是，它根本就不是管理：實際上反而更像是放棄管理。這樣的做法根本就像是故意不去搞清楚，怎麼樣才能夠把事情做好。這其實是一種跡象，表示管理層根本不知道如何引導大家把事情做好，所以只好強迫系統裡的每個人，自己去想出自己的做法。

你很希望開發者寫出更可靠的程式碼，卻又不去訓練開發者的技術，只想逃避自己的責任，付錢叫大家自己去想辦法。這樣一來，每個開發者就只能靠自己去搞清楚怎麼做了。

以一些很平凡的工作為例（例如星巴克的櫃檯工作，或是在 AOL 公司接聽電話），一般員工實在不太可能靠自己想出更好的做事方法。比如你走進鄉下某家咖啡店，點一小杯特熱的豆漿焦糖拿鐵，然後你就會發現，自己必須一次又一次跟他們說你點了什麼：一次是櫃檯，一次是煮咖啡的人，然後煮咖啡的人忘了，你又要再說一次，最後收銀員那邊還要再說一次，他才知道要跟你收多少錢。根本沒有人告訴那些員工，究竟該怎麼做比較好，結果就會演變成這樣。只有星巴克把這件事搞清楚了；星巴克的標準訓練，包含一整套完整的系統，其中包括記住客人的名字、把名字寫到杯子上、用嘴巴大聲喊出來等等，這樣就能確保客戶想喝什麼飲料，只要說一次即可。這整套系統是星巴克總部發明的，效果很好，但咖啡連鎖店裡眾多的員工，卻從沒想出這樣的做法。

你的客服人員一整天大部分的時間，都在與客戶對談。他們實在沒有時間、也沒興趣、更沒有什麼訓練，能去找出更好的做事方法。留客團隊裡根本沒有人有餘力去記錄一些統計數據，進一步衡量哪些留客技術最有效，而且最不容易激怒那些部落客。他們或許只是沒那麼在意、沒那麼聰明、沒有足夠的資訊，而且光是工作本身就夠他們忙的了。

身為一個管理者，你的工作就是要制定出一整套系統。這就是你賺比較多錢的理由。

如果你小時候讀了不少 Ayn Rand 的書，或是修了一個學期的經濟學，在還沒讀到「效用並不是用金錢來衡量」之前，你可能認為，只要設個簡單的獎勵方案讓績效好的人有錢拿，這樣就是個很好的管理做法了。但這樣其實是沒用的。你還是應該好好開始做好管理的工作，別再拿銅板去餵你的雞了。

「可是，約耳！」你大叫：「上一章你才跟我們說，應該讓開發者做出所有的決策。現在你又告訴我們，管理者應該做所有的決策。這究竟怎麼回事呀？」

嗯，也不完全是這樣啦。上一章我跟你說，你的開發者（也就是整顆樹的葉子部分）擁有最多的資訊；用微觀管理方式（或是命令與管控的軍事管理做法）給他們下命令，很可能無法得到最佳的結果。而我在本章則是要告訴你，如果你要建立一個系統，就不能放棄管理的責任，你必須要訓練大家，而不能只用賄賂的方式，叫大家自己去想辦法。總體來說，管理層必須建立一整套系統，讓大家能把事情做好；這套系統必須避免用「外在動機」取代「內在動機」，而且如果是利用恐懼和大聲喝令的做法，肯定是無法走太遠的。

雖然命令與管控的軍事管理法，還有 101 經濟學的利誘管理法，這兩種做法都被我打槍了，但管理者還是有另一種做法，可以讓大家朝著正確的方向前進。我稱之為認同管理法，下一章就會詳述。

本系列的下一篇，就是：認同管理法

7

認同管理法

2006 年 8 月 10 日，星期四

如果你想讓整個團隊全都朝著相同方向努力，我們已經知道「軍事管理法——命令與管控」和「利誘管理法——101 經濟學」這兩種做法，在高科技、知識導向的團隊裡，運用起來效果都很差。

所以，就只剩下一種做法，也就是我所謂的「認同管理法」。這種做法就是讓大家認同你所要實現的目標，藉此方式來進行管理。這種做法比其他做法棘手多了，而且需要有絕佳的人際關係技巧，才有機會成功。但如果你做對了，這種做法比任何其他做法都有效。

「利誘管理法——101 經濟學」的問題在於它破壞了內在動機。認同管理法則是一種創造出內在動機的做法。

若要施行認同管理法，你就必須拿出所有的社交技巧，讓你的員工認同組織的目標，進而讓他們產生高度的積極性，然後你還要給他們提供各種所需資訊，引導他們進入組織的正確方向。

你要怎麼做，才能讓大家認同組織的目標呢？

如果組織的目標是良善的，或某種程度上確實是良善的，這樣確實有點幫助。像 Apple 就創造出一種近乎狂熱的認同感，而這一切幾乎全都源自 1984 年一個超級盃廣告裡的一段話：我們反對極權主義。這好像也不算是什麼特別大膽的立場，但它確實奏效了。至於我們 Fog Creek 公司呢，也要在這裡勇敢站出來反對殺害小貓咪。耶！

我個人很喜歡的一種做法，就是一起吃飯。我一直很堅持要與同事共進午餐；Fog Creek 公司每天都會給整個團隊提供午餐，而且大家都會圍著一張大桌子一起用餐。我實在很難誇口說，這件事的影響究竟有多大，讓我們整個公司感覺就像是個大家庭，不過我認為這至少是個還不錯的感覺。過去這六年來，公司都沒有人離職就是了。

承認接下來這件事，可能會嚇到一些暑期實習生，但是我們的實習計畫目標之一，就是要讓大家認同自己成為紐約客，因為這樣他們才會願意在大學畢業之後搬到紐約，進入我們公司做全職的工作。為了達到此目的，我們特別安排一系列讓人快累翻的暑期課外活動：兩場百老匯演出、洛克菲勒觀景台之旅、乘船環遊曼哈頓、一場洋基隊比賽、讓大家能結識更多紐約人的開放日活動，以及一次博物館之旅。Michael 和我都會在自家公寓舉辦派對，除了招待實習生之外，也是為了讓實習生想像一下住在紐約公寓裡的感覺，讓他們不僅是體驗到我們安排給他們住的宿舍而已。

一般來說，認同管理法需要建立一個有凝聚力的團隊，感覺就像是一個家庭，這樣大家才會對同事產生忠誠感與義務感。

第二個部分，則是要給大家提供各種所需的資訊，以引導組織朝向正確的方向發展。

今天稍早，Brett 進到我的辦公室討論 FogBugz 6.0 的上市日期。他有點希望在 2007 年 4 月上市；我則有點傾向在 2006 年 12 月。如果是在 4 月份出貨，我們當然就有更多的時間，對產品進行更多的打磨和改進；如果想趕在 12 月出貨，或許就不得不削減掉一些還不錯的新功能。

不過，我跟 Brett 解釋說，我們想在春季招募六個新人，如果到時 FogBugz 6.0 還沒上市，招募工作的預算方面可能就會辛苦一點。我與 Brett 結束會議的方式，就是讓他瞭解我之所以想早點出貨，是因為財務上有個明確的動機，而現在他也知道了，所以，我相信他一定會做出正確的決定（雖然不一定是我想的那個時間）。或許在 FogBugz 6.0 上市之前，舊版產品的銷售可以再衝一波；現在 Brett 已經很瞭解公司的基本財務狀況，所以他應該知道這樣的做法或許就可以讓 6.0 晚一點上市，讓新版的產品保留住更多的功能。重點是共享了資訊之後，就算情況出現了變化，我也可以確定 Brett 一定會為 Fog Creek 公司做出正確的選擇。如果我用現金獎勵來推動他，希望他把出貨時間盡量提前到 4 月之前，越早出貨獎金越多，在這樣的動機下，他很可能今晚就會把目前問題還很多的開發版直接推上市了。如果我用命令與管控的軍事化做法，要求他一定要讓沒問題的程式碼準時上市，或許他真的可以做到，只不過他一定會很討厭這份工作，最後選擇離職。

結論

有多少管理者，就有多少種不同的管理風格。我在這裡談了三種主要的風格：其中兩種是比較簡單、但功能失調的風格，還有一種是比較困難、但確實有用的風格，不過事實上，許多開發工作室更常運用一種臨場應變、「管用就好」的管理法，這樣的做法有可能整天變來變去，每個人的做法也因人而異囉。

II 給未來程式設計師的建議

8

學校只教 Java 所帶來的危害

2005 年 12 月 29 日，星期四

懶惰的孩子們呀。

做點困難的工作，有什麼問題嗎？

我一定是老了，才會不停抱怨，整天唸著「現在的孩子」怎樣怎樣的，搞不懂他們為什麼無法去做、或是不再去做一些困難的事情。

我小時候是用打孔的卡片來學習程式設計。如果犯了錯，完全沒有任何現代化的功能（例如倒退鍵）可進行修正。你只能扔掉那張卡片，重新開始。

我是從 1991 年開始面試程式設計師，通常我都會讓他們選擇自己想用的語言，來解決我出的程式設計考題。當時 99% 的人都會選擇 C 語言。

如今，大家則比較傾向於選擇 Java。

請不要誤會我的意思：Java 做為一種實作型語言，並沒有什麼問題。

等一下，我要稍微改一下上面那句話。我的意思是，**在這裡所討論的特定情況下**，Java 做為一種實作型語言，並沒有什麼問題。它其實有很多的問題，不過這件事我還是另外再找時間來談好了。

其實我想要說的是，Java 整體而言並不是一個足夠困難的程式語言，無法用來區分優秀與平庸的程式設計師。它或許是個很適合用來完成工作的程式語言，但這並不是今天的重點。我甚至會說，「Java 不夠困難」這個事實其實是它的一個特性，而不是一個問題，不過它確實有這樣的一個特質。

我下面的說法也許有點沒禮貌，但根據我微薄的經驗，指針（pointer）和遞迴（recursion）這兩個東西，在一般大學資訊科學系的傳統課程裡雖然都有教，但其實有很多人根本完全沒搞懂。

大學一開始你就會學到資料結構，學一些像是聯結串列（linked list）和雜湊表（hash table）之類的東西，其中就會大量使用到指針的概念。這些課程經常被用來當成一種自然淘汰課程：因為課程的內容真的蠻困難的，所以只要是無法通過這關考驗的人，大概就可以直接放棄學習資訊科學了；這其實是件好事，因為你如果覺得指針很困難，等你要證明不動點理論（fixed point theory）相關的東西時，你才知道什麼叫做難。

在高中就會用 BASIC 在 Apple II 寫出打磚塊遊戲的那些表現出色的孩子們全都會進入大學，選修資訊科學 101 這門資料結構課程；很多人只要一遇到指針的概念，腦袋就打結了；接下來你也知道，他們就會改修政治學，因為念法學院似乎是個更棒的好主意。其實我看過各大資訊科學系所的輟學率數據，一般都在 40% 到 70% 之間。大學方面往往會認為這樣很浪費；但我認為這只是一種必要的淘汰過程，因為那些被淘汰掉的人，如果繼續留在程式設計領域，他們的職業生涯肯定不快樂，也很難獲得成功。

對於資訊科學相關科系許多年輕的學生來說，學習函數式程式設計（functional programming）則是另一門相當艱苦的課程（其中還包括遞迴程式設計）。MIT 麻省理工學院針對這些課程設下了很高的標準，還開了一門必修課（6.001），教科書是用 Abelson 和 Sussman 合著的《Structure and Interpretation of Computer Programs》（電腦程式的結構與解譯，MIT press，1996），這一整套東西同時也被好幾十個、甚至上百個最頂級的資訊科學系所當成實質上的資訊科學入門課程。（在網路上就可以看到舊版的講座內容，而且你確實應該花點時間好好看一看。）

這些課程的難度相當嚇人。第一堂課幾乎就把整個 Scheme 都介紹完了，而且還會向你介紹一個不動點函數，再把另一個函式當作其輸入。我曾在賓州大學選修 CSE 121 這門課，當時就覺得特別辛苦，而且我記得有很多學生（幾乎是大部分）都被當掉了。課程的內容實在太難了。我還給教授寫了一封內容相當長的電子郵件，哭夭說這實在太不公平。賓州大學裡的某個人一定是聽到了我（或是其他抱怨者）的建議，因為這門課現在已經改用 Java 來教了。

事到如今，我真希望他們當初沒有採納我的建議。

這就是爭議所在。多年來，由於像我這樣懶惰的資訊科學系大學生一直不斷在抱怨，加上企業界不斷在抱怨美國大學資訊科學系的畢業生實在太少，人才不夠用已經造成各種損失，結果在過去的十年裡，一大堆非常好的學校 100% 改用 Java 來授課。Java 確實很時髦，那些愛用「grep」來篩選履歷的招聘人員似乎也很喜歡這個東西，而且最重要的是，Java 並沒有什麼特別困難的概念，困難到足以淘汰掉那些搞不懂指針或遞迴概念的學生，所以輟學率也下降了，於是資訊科學系就有了更多的學生和更多的預算，一切都太美好了。

這些改用 Java 來授課的學校教出來的學生，在實作一些指針相關的雜湊表時，永遠不會遇到奇怪的記憶體區段錯誤（segfault）。他們永遠不需要為了把一堆東西塞進有限的位元空間裡，把自己搞到都快要瘋掉。他們再也不用去思考，為什麼在一個純函數式的程式裡，變數的值永遠不會改變，卻又一直在改變！這豈不是自相矛盾嗎？！

他們的大腦不用去搞懂那些東西，主修科目還是可以得到很高的分數。

難道我只不過像是《Four Yorkshiremen》（四個約克郡人）電視節目裡那幾個脾氣暴躁的老傢伙，只會吹噓自己當年有多堅強，才度過了所有艱難的挑戰？

真是見鬼了！1900 年時，拉丁語和希臘語都屬於大學必修課，倒不是因為它有什麼用途，而是因為它被當成受過教育的人必備的能力。在某種程度上，我的論點倒是與那些支持拉丁語教學的人沒有什麼不同（四個論點我都很贊同）:「（拉丁語）可以鍛煉你的心智。訓練你的記憶力。解析拉丁文的句子可說是真正的智力難題，對於思考來說是個非常好的練習。而且對於邏輯思維來說，也是很好的入門方式。」（`www.promotelatin.org/whylatin.htm`）Scott Barker 就是這樣說的。但如今我再也找不到任何一所大學，把拉丁語列為必修課程了。指針和遞迴，難道就是資訊科學裡的拉丁語和希臘語嗎？

我承認現在所寫的程式碼，90% 不需要用到指針的概念；事實上，在正式產品的程式碼裡使用指針，其實是非常危險的事。是的。沒問題。函數式的程式設計方式，在實務上也用得不多。這點我也同意。

不過，對於一些最令人感到興奮的程式設計工作來說，這些東西還是很重要。舉例來說，如果不懂指針，你永遠搞不懂 Linux 的核心程式碼。如果沒有真正理解指針，你根本無法理解 Linux 的程式碼（實際上，任何的作業系統你大概都沒辦法搞懂）。

如果不懂函數式程式設計，你就無法發明出 MapReduce 演算法，Google 就是靠著它，才擁有如此巨大的可擴展性。「Map」和「Reduce」這兩個用語，其實就是來自 Lisp 和函數式程式設計。回想起來，只要有修過 6.001 這類程式設計課程的人，還記得純函數式的程式並不會有副作用，可以直接進行平行運算，那麼 MapReduce 的做法就很顯而易見了。Google 發明出 MapReduce，微軟卻沒有，這個事實正好可以說明微軟為什麼還在後面苦苦追趕，一心只想讓基本搜尋功能發揮作用，而 Google 卻早已轉往下一個問題了：打造天網（Skynet）——世界上最大規模的平行運算超級電腦。我認為微軟還沒有完全理解，他們在這股浪潮中究竟落後了多遠。

但指針和遞迴這兩個概念，除了表面上的重要性之外，真正的價值在於學習的過程中所建立的思維靈活性，以及修課過程中不想被淘汰的心理韌性，這兩者都是打造大型系統時必備的素質。學習指針和遞迴時，需要一定的推理能力、抽象思考能力，最重要的是，還要能夠同時從多個抽象層次上看問題。因此，理解指針和遞迴的能力，與成為優秀程式設計師的能力，可以說是直接相關。

想處理好這些概念，需要一定的思維敏捷性，可是只教 Java 的資訊科學系學生並不會接觸到那些概念，所以就算缺乏那種思維敏捷性，這樣的學生也不會被淘汰掉。身為雇主的我，已經開始看到有許多 100% 只教 Java 的學校，培養出相當多資訊科學專業的畢業生，他們簡單說就是不夠聰明，在學校只能寫一些越來越簡單的作業，出社會之後也只能寫一些 Java 會計應用之類的程式，只要遇到稍微複雜一點的工作，他們就束手無策了。這些學生在 MIT 麻省理工學院 6.001 或耶魯大學 CS 323 課程中，絕對無法倖存下來；坦白說，這就是為什麼我身為一個雇主，會認為 MIT 麻省理工學院或耶魯大學的資訊科學學位，比起杜克大學相同學位更有份量的理由之一；杜克大學最近已經全面改用 Java 了，而賓州大學則是用 Java 取代 Scheme 和 ML，來教那門差點搞死我和我朋友的 CSE 121 課程。我並不是說我不想僱用杜克大學或賓州大學裡那些聰明的孩子——我真的很想——只是如果想搞清楚他們的能力，現在就變得比較困難。我以前可以輕易分辨出聰明的孩子，因為他們能在幾秒之內完成遞迴演算法，或運用指針來實作出聯結串列操作函式，速度就跟他們在白板上寫字一樣快。但如果是那些只教 Java 的學校的畢業生，我就變得很難判斷，他們在做題目時之所以苦苦掙扎，是因為他們沒有學過，還是因為他們的腦袋裡真的沒有那種特殊的能力，足以讓他們完成出色的程式設計工作。Paul Graham 通常把這樣的人稱之為「Blub 程式設計師」（`www.paulgraham.com/avg.html`）。

學校只教 Java，就無法淘汰掉那些永遠不會成為真正優秀程式設計師的孩子；這已經夠糟糕的了，而且學校還可以辯解說，這不是他們的問題，因為企業界（或至少是那些很會用 grep 的招募人員）一直都在呼籲學校多教 Java。

但學校只教 Java 的話，就無法訓練孩子們的大腦，讓他們變得足夠熟練、敏捷與靈活，有能力進行良好的軟體設計（我指的並不是物件導向「設計」，那種設計只會讓你花一堆時間重寫程式碼，不斷重新調整你的物件層次結構，或是為了一些像是「has-a」、「is-a」之類的「假議題」而發愁）。你真的要好好接受訓練，才能同時從多個抽象層次去思考一些東西，而這樣的思維方式正好就是設計出優秀軟體架構所需要的能力。

你可能想知道，物件導向程式設計（OOP）能否代替指針和遞迴的地位，淘汰掉不適合的學生。簡單的答案就是：不行。姑且不論 OOP 物件導向程式設計的優缺點，總之它本身就是不夠難，很難淘汰掉一些資質平庸的程式設計師。學校裡所教的物件導向，主要就是記一堆像「封裝」、「繼承」之類的詞彙，然後用多選題考一下多型（polymorphism）和多載（overloading）之間的區別而已。這大概就像歷史課要記住一些特別的日期和名字一樣難而已，物件導向程式設計所構成的智力挑戰，並不足以嚇跑一年級的學生。你的物件導向程式碼如果沒寫好，你的程式**或許還是能執行**，只是有點難以維護而已。情況大概就是如此。但如果一不小心沒寫好指針相關程式碼，就會遇到記憶體區段錯誤（`Segmentation Fault`），然後你一時之間也不知道發生了什麼事，只能停下來深呼吸，再強迫自己同時從兩個不同的抽象層次去思考，想想看究竟出了什麼問題。

順帶一提，我之所以嘲笑那些用 grep 來篩選履歷的招聘人員，其實是有很充分的理由。在我所見過的人當中，只要是真的有搞懂 Scheme、Haskell 和 C 指針的人，每個人都可以在兩天之內學會 Java，而且他們所寫出來的 Java 程式碼，甚至比一些有五年 Java 經驗的人寫得更好，可是，跟人力資源部那些資質平庸的人解釋這件事，根本就是白費功夫。

話雖如此，但資訊科學的相關科系所肩負的使命呢？大學可不是職業學校呀！幫企業界訓練工作人才，不應該是他們的工作。大家都知道，那是社區大學、政府就業培訓計畫所要負責的工作。大學應該要給學生提供能持續發展的基本能力，而不是針對學生將來第一個禮拜的工作去做準備。對吧？

沒錯。資訊科學就是要教證明（遞迴）、演算法（遞迴）、語言（λ 運算）、作業系統（指針）、編譯器（λ 運算）；所以最重要的是，學校如果只教 Java 而沒有教 C 也沒教 Scheme，那就不是真正的資訊科學教育。雖然函式柯里化（currying）的概念對於現實世界可能毫無用處，不過它顯然是資訊科學系的研究生必備的先決條件。我實在不明白，大學裡資訊科學課程委員會的教授們，為什麼容許教學計畫被簡化成如此程度，這樣不但沒辦法培養出具有工作能力的程式設計師，甚至無法培養出能取得博士學位的資訊科學研究生，來跟教授們搶工作……咦？等一下。讓我想想。我大概知道為什麼了。

實際上，如果你們回頭研究一下 Java 大變革期間學術界的討論，就會發現大家最大的擔憂，就是 Java 是否足夠簡單，可用來做為一種教學語言。

我的天哪，我想，**他們就是鐵了心要進一步簡化課程的難度耶**！為什麼不乾脆用湯匙把所有東西餵給學生吃呢？就讓助教幫大家考試好了，這樣就不會有人來美國唸書了。如果課程全都經過如此精心設計，把一切全都變得如此容易，怎麼會有人能學到任何東西呢？好像還有個特別工作小組，想要弄出一個 Java 的簡單子集，可以用來教學生製作出簡化的文件，把所有 EJB/J2EE 相關的廢話全都小心隱藏起來，不讓他們脆弱的心智受到污染，這樣就不必擔心他們的小腦袋因為要上課而有什麼負擔，也不需要再去做那些簡單得要命的資訊科學練習題了。

資訊科學相關科系為什麼如此熱衷於簡化課程，最能夠說得過去的解釋就是，如果不必再花整整兩堂課的時間，去分辨 Java `int` 和 `Integer` 兩者之間的區別，這樣就有更多的時間，去教一些真正的資訊科學概念了。好吧，如果真是如此的話，6.001 其實已經提供了完美的做法：Scheme 就是一種非常簡單的教學語言，聰明的學生大概十分鐘之內就可以學會整個語言；然後你整個學期剩下的時間，就可以用來探討不動點的主題了。

學校只教 Java，我實在無法接受呀！

我還是回到〇與一的世界好了。

（你拿到了一？你這傢伙也太幸運了吧！我們拿到的都是〇耶。）

9

在耶魯大學的演講

2007年12月3日，星期一

以下是2007年11月28日發給耶魯大學資訊科學系的演講文字第一部分。

我是在1991年畢業，拿到資訊科學的學士學位。這已經是十六年前的事了。今天我要談談我在資訊科學系的大學時光，與我目前的工作兩者之間的關聯；我目前的工作包括開發軟體、寫程式碼，然後我還創辦了一家軟體公司。當然囉，要說這兩者之間有關聯，好像有點荒謬；我記得在MIT麻省理工學院資訊科學系的簡介開頭有一段話很有名，那就是Hal Abelson對於資訊科學的解釋，他說資訊科學與電腦無關，也不是一門科學；所以我在這裡拼命暗示，說資訊科學系其實是在訓練人們投入軟體開發工作，這樣的說法實在有點冒昧，不過相較於媒體研究或是文化人類學，資訊科學還是與軟體開發比較有關聯啦。

總之，我還是繼續講下去吧。我上過最有用的一門課，其實是我上過第一堂課之後立刻退選的課程。另一門則是Roger Schank開的課，這門課遭到資訊科學系所有教職員的蔑視，所以並不計入資訊科學系學位的學分。不過我倒是覺得很受用，稍後我就會詳談。

第三門課則是叫CS 322的小課程，也就是你們現在的CS 323。我還記得當時的CS 322很花功夫，所以是一個1.5學分的課程。耶魯大學的規定是，額外的半學分只能與同一個系內另外半學分相加。雖然系內還有另外兩門1.5學分的課，但那兩門課必須一起修才行。所以在這個很賊的安排下，那半學分根本就沒有用，不過 1.5 學分也算合理，因為每個禮拜要寫的習題（problem set）大概都要 40 個小時才能完成。經過多年學生的抱怨，這門課總算調整成 1 學分，並重新編號為 CS 323，只是每週的習題還是要花 40 小時就是了。除此之外，其他幾乎完全相同。我很喜歡這門課，因為我很喜歡寫程式。CS 323 最棒的就是它讓很多人看清楚，自己永遠無法成為程式設計師。這其實是一件好事。如果不是 Stan Eisenstat 教過他們，讓他們知道自己永遠無法成為程式設計師，他們的職業生涯一定會很悲慘，只能靠複製貼上一大堆的 Java 程式碼過日子。順帶一提，如果你修了 CS 323 還得到了 A，我們 Fog Creek 公司有很棒的暑期實習機會喲。下課之後快來找我吧。

就我所知，核心的課程完全沒改變。201、223、240、323、365、421、422、424、429，看來跟我 16 年前的課程幾乎一模一樣。從我進耶魯大學到現在，資訊科學專業的人數實際上是增加的，只不過網路泡沫那段期間短暫的高峰，讓人數看起來好像有點在下降。相較於我那個年代，現在倒是多出一些有趣的選修課。所以，學校還是有在進步的。

當時我一度以為，我會去念個博士學位。我的父母全都是教授。他們有許多朋友也都是學者，所以我從小就以為所有成年人到最後都會拿個博士學位。不管怎麼說，我真的很認真考慮過，想要繼續攻讀資訊科學研究所。這樣的念頭，直到我修了動態邏輯這門課才改變。這是 Lenore Zuck 教授開的課，她現在任教於伊利諾大學芝加哥分校（UIC）。

我當時並沒有堅持太久，也搞不清楚到底出了什麼問題。就我所知，動態邏輯（dynamic logic）和形式邏輯（formal logic）很相像：蘇格拉底是人，所有人都會死，所以蘇格拉底也會死。不同之處在於，動態邏輯的真值可以隨時間而改變。以前蘇格拉底是一個人，現在他是一隻貓，諸如此類的。理論上來說，這應該是一種很有趣的方式，可以用來證明電腦程式的一些東西，因為電腦程式的狀態（也就是真值）也會隨時間而改變。

第一堂課，Zuck 教授提出了一些公理和一些轉換規則，然後開始嘗試證明一件非常簡單的事情。她寫了一行程式，`f := not f`，其中的 `f` 是單一位元（bit）的布林值，每次運算就會把位元值反轉一次；她的目標就是想要證明，如果這個程式執行了偶數次，最後 `f` 的值就會與一開始的值相同。

證明的過程一路往下走。當時就是在這間教室裡，我沒記錯的話，地毯好像到現在都還沒換過。當時整塊黑板全寫滿了證明的步驟。Zuck 教授在證明的過程中，運用了歸納法、反證法、窮舉法——那節課本來就比較晚，而下課時間也超過四十分鐘了……最後在一片絕望的氣氛下，她決定採用「研究生證明法」——她只說了一句：「我真的想不起來這個步驟怎麼證明了。」然後前排有位研究生就說：「對對對，沒錯，教授，這樣是對的。」

全部講解完畢之後，她來到了證明的最後，不知道為什麼竟然得出完全相反的奇怪結果，還好剛才那位研究生又跑出來救場，說往前 63 步的地方，有個位元值因為黑板上的一個小污點而意外被反轉，改過來就沒問題了。

後來我們的作業就是，她要我們證明反過來的情況：如果把 `f := not f` 這行程式執行 n 次，結果位元值與一開始的值完全相同，那麼 n 就一定是偶數。

我花了好幾個小時，想要證明這個問題。她的原始證明步驟就擺在我的眼前，一路朝一個方向往下推導，但仔細一檢查就發現，其中漏掉許多「微不足道」的步驟，這些步驟對我來說全都是難以跨越的關卡。我在 Becton 中心的圖書館裡翻遍所有關於動態邏輯的資料，為這個問題苦苦掙扎直到半夜。不過我還是毫無進展，而且對理論資訊科學感到越來越絕望。後來我猛然一想，我只不過是要證明某個簡單的陳述，就必須寫出一頁又一頁的證明，而且過程中很容易出錯，還不如直覺的判斷；我想，動態邏輯這種東西，大概不太適合用來證明一些真正實際、有趣的電腦程式吧！因為就算只是要證明 `f := not f` 這樣的程式執行結果，在過程中出錯的機率實在比你的直覺出錯的機率高出太多了。所以這門課我就退選了，感謝老天讓我有機會試聽這門課，而且還不只如此，當下我就做出了決定，確定自己並不適合念資訊科學研究所，因此，這門課就成了我上過最有用的一門課。

說到這裡，就讓我想起我在職業生涯裡所學到的其中一件事。我們經常都可以看到，程式設計師一次又一次重新定義問題，以便可以透過某種演算法來解決問題。但後來經常出現一種情況，就是原本很容易解決的問題，反而被放著不管，大家一心一意只想去重新定義問題。到了最後，真正的問題還是沒解決，而且經過這樣一搞，問題反而變得更棘手了。我就來舉個例子好了。

你應該經常聽到「軟體工程正在面臨品質危機」這樣的說法。我個人其實並不同意這種說法——如果與大家日常生活中其他的東西相比，大多數的人大部分時間所使用的電腦軟體，品質簡直高得離譜——不過這不是重點。重點是，這種「品質危機」的說法，確實引發了許多如何製作出更高品質軟體的提議與研究。關於這方面，世界上大致可分為技客（geeks）和西裝客（suits）這兩個派別。

技客們一心只想運用軟體，以自動化方式解決品質問題。他們提出了許多像是「單元測試」、「測試驅動開發」、「自動化測試」、「動態邏輯」以及其他一些「可用來證明」程式沒有問題的做法。

西裝客則不是很關心這個問題。他們根本不在乎軟體有沒有問題，只在乎大家願不願意花錢來買軟體。

目前看來，這場技客與西裝客的戰爭，西裝客好像稍微佔了上風，畢竟預算是他們在控制；而且老實說，我也不知道這是不是壞事。因為西裝客至少認清了一件事，那就是解決軟體問題所得到的好處其實是遞減的。軟體品質一旦達到一定水準，只要足以解決客戶的問題，客戶就會付錢來買軟體了。

西裝客還對「品質」做出了更廣泛的定義。就如同你所想的一樣，他們的定義非常唯利是圖：軟體品質的定義，就是看它今年可以讓大家的獎金提高多少。但你或許會覺得很意外，透過這種方式來定義「品質」，竟然能涵蓋到更多的面向，不只是讓軟體沒問題而已。舉例來說，在這樣的定義下，就會非常重視添加更多功能，為更多人解決更多的問題，但是一般的技客往往會嘲笑這樣的做法，把這種軟體稱之為「臃腫的軟體」（bloatware）。這個定義也比較重視美感：看起來很酷的程式，一定比那種很醜的程式賣得更好。這種定義方式也很重視軟體本身帶給使用者快樂的程度。從根本上來說，這就等於是讓使用者自己來定義品質概念，讓他們自己來判斷，某個軟體能否滿足自己的需求。

至於技客比較感興趣的，則是針對「品質」比較狹義的技術定義。他們會比較專注於程式碼內所能看到的東西，而不會去看使用者的判斷。他們都是一些程式設計師，很喜歡把生活中的一切自動化，當然也很想把 QA 的過程自動化。正因為如此，所以才會跑出「單元測試」這樣的東西——請別誤會我的意思，這並不是什麼壞事，但是採用機械化方式「證明」程式是「正確的」，這確實是源自「自動化」的想法。問題在於，這樣一來只要無法自動化，就無法納入品質的定義中了。舉例來說，我們都知道使用者比較喜歡看起來很酷的軟體，但由於很難有什麼自動化的方式，可用來衡量程式看起來有多酷，因此這件事很自然就會被摒除在自動化的 QA 流程之外了。

事實上，你往往會看到一些底子特別硬的技客，放棄掉一堆很有用的品質衡量方式，基本上只保留一些可採用機械化方式衡量的做法，換句話說，也就是只去檢驗程式的行為，究竟有沒有符合規格。如此一來，「品質」這東西就可以得出一個非常狹義的技客型定義：這個程式究竟有多麼符合規格。如果把之前所定義的特定輸入送進去，送出來的是不是所定義的輸出呢？

這裡其實有個非常根本的問題。為了能夠以機械化方式證明程式是否符合某些規格，規格本身一定要訂得非常詳細。事實上，規格必須把程式所有的一切全都定義清楚；否則的話，就無法以機械化方式自動進行完整的證明了。但如果程式所有行為全都定義在規格內，倒過來說，規格裡一定包含所有可用來製作出程式的相關資訊！既然如此，有些技客就開始思考，有沒有可能「自動」把規格編譯成程式？然後他們就開始認為，自己發明了一種新的做法，不再需要去寫任何程式碼，就可以自動幫電腦寫出程式了。

這簡直就等於是軟體工程的「永動機」概念——雖然絕不可能，但瘋狂的狂想家就是會去想這種事，不管你再怎麼說也沒用。如果規格非常精準定義了程式所有的行為，其中涵蓋足夠的細節，可用來製作出程式本身，那問題就來了：你的規格要怎麼寫？如此完整的規格，寫起來就跟電腦程式一樣困難，因為寫規格的人要回答的細節問題，就跟程式設計師一樣多。如果用資訊理論的術語來說：規格所需要的 Shannon enrtopy（資訊熵）位元數量，就與程式本身一樣多。資訊熵的每一個位元，代表的就是寫規格的人或程式設計師，所做出的每一個決定。

所以結論是，如果真有某種機械化方式可用來證明程式的正確性，那麼要證明某個程式與另一個程式完全相同，這個程式所包含的資訊熵一定與另一個程式完全相同；否則的話，就表示程式一定有某些行為沒定義到。如此一來，既然寫規格和寫程式一樣困難，這樣只不過是把問題從這裡移到了那裡，根本就等於什麼也沒做。

這樣說好像很殘酷，但追求這種程式品質聖杯，確實把許多人帶向了死胡同。微軟的 Windows Vista 團隊就是一個很好的例子。顯然（這一切全都是基於部落格的一些謠言和影射）微軟有個長期政策，就是要淘汰掉所有不會寫程式碼的軟體測試人員，換成一些所謂的「測試軟體開發工程師」（SDET；Software Development Engineers in Test，也就是會寫自動化測試腳本的程式設計師）。

微軟的一些老測試人員，通常都會檢查很多東西：檢查字體是否清晰而一致、檢查對話框控制元件的位置是否合理而且有對整齊、檢查你在使用軟體時畫面是否會閃爍、UI 使用者介面切換時是否流暢；他們會考慮軟體的易用性與措辭的一致性，也會注意性能上的表現，還會檢查所有錯誤訊息的拼寫和語法正不正確；他們會花很多時間確保產品在不同情況下，使用者介面都能保持一致，因為一致的使用者介面肯定比不一致的介面更容易使用。

所有這些東西，全都無法用自動化的腳本來進行檢查。因此，特別強調自動化測試的一個最新成果，就是 Windows 的 Vista，它最後只給出極度不一致而且在各種細節上感覺很粗糙的使用者體驗。最終產品出現了許多很明顯的問題……如果根據自動化腳本的定義，這些全都不算是「問題」，但是大家普遍都認為 Vista 簡直就是 XP 的降級版本。這其實就是技客的品質定義壓過了西裝客定義的結果；我敢肯定，Windows Vista 的自動化腳本在微軟內部測試 100% 是合格的，但這根本於事無補，因為幾乎所有技術評論者全都建議大家，盡可能還是繼續使用 XP 就好。看來微軟大概是忘了寫一個自動化測試腳本，去檢查 Vista 究竟有沒有令人信服的理由，好讓大家願意從 XP 升級上來。

我並不恨微軟，真的不恨。事實上，我畢業後的第一份工作就是在微軟。當時的微軟，並不是那種大家一聽到就覺得很尊敬的工作。事實上，反倒是有點像在馬戲團裡工作的感覺。大家經常會用一種很有趣的眼神看著你。真的嗎？你在微軟工作？尤其是在校園裡，大家都認為微軟是那種很無聊又沒什麼創意的公司、只會製作出一些低劣的軟體，像是試算表什麼的，呃，我不知道啦，反正就是給一些會計人員使用的東西吧。真的是有夠悲慘的。而且這一切全都只能在一個可憐的單工作業系統裡執行，也就是所謂的 MS-DOS，這東西充滿各種愚蠢的限制，比如檔案名只能有 8 個字元，而且沒有 email、沒有 telnet，也沒有 Usenet 可用。好啦，MS-DOS 如今已不復存在，不過 Unix 和 Windows 使用者之間的文化隔閡還是非常大。這簡直就像是一場文化大戰。其中的分歧非常錯綜複雜，但其實也非常根本。對耶魯大學來說，微軟大概就是個只會用 30 年前的資訊科學，製作出商用作業系統這種大玩具的地方。對於微軟來說，「資訊科學」則成了一個負面的用語，專門用來取笑新員工，尤其是那種滿嘴奇怪的假設，老愛說 Haskell 即將成為下一代主要程式語言的人。

關於 Unix 和 Windows 的文化大戰，我們再看個小例子好了。Unix 有一種文化價值，就是把使用者介面與功能分離。Unix 程式一般都會先從指令行介面開始做起，如果夠幸運的話，也許會有別人來幫你寫個漂亮的前端界面，加上一些陰影、透明度和 3D 的效果，不過這個漂亮的前端界面，只是去調用背後的指令行介面而已；如果出了什麼問題，而漂亮的前端界面又沒有正確反映出來，錯誤就會變得很神秘，程式很可能會讓你掛在那裡，等待著永遠都不會被輸入的東西。

不過好消息是，你只要懂得如何運用腳本語言，就可以直接去使用這個程式的指令行介面。

Windows 的文化則是先從 GUI（圖形使用者介面）程式開始下手，所有的核心功能與使用者介面的程式碼，全都無可救藥的糾纏在一起，所以你才會看到像 Photoshop 這種非常適合用來編輯圖片的大型應用程式；不過，如果你想運用 Photoshop 來調整某個目錄裡 1000 張圖片的大小，把每張圖片全都縮放成 200 像素的大小，就算你是個程式設計師，還是沒辦法用程式碼來叫它做這件事，因為這個應用程式的各種功能，早已經與特定的使用者介面牢牢綁在一起了。

總之，這兩種文化大致上就好像「知識分子」對上「沒文化的人」似的，事實上，這件事也準確反映在全國各大資訊科學系的課程。那些常春藤名校，全都只會教 Unix、函數式程式設計以及狀態機（state machines）之類的理論知識。當你往下看到一些比較乏人問津的學校，Java 就開始出現了。繼續往下看，你就會開始看到微軟 Visual Studio 2005 101 這類主題的課程，而且是三個學分。等你看到二專這類的學校，就會看到「21 天學會 SQL 伺服器」這類「認證」課程，就像你週末在有線電視廣告裡所看到的一樣：「為了你的職業生涯，是不是應該開始學（廣告突然切換不同聲音）『Java Enterprise Beans』了啊！」

2007 年 12 月 4 日，**星期二**

以下是 2007 年 11 月 28 日發給耶魯大學資訊科學系的演講文字第二部分。

在華盛頓州 Redmond 的微軟總部待了好幾年之後，我完全無法適應環境，只好匆忙撤退到紐約。我在紐約微軟工作了好幾個月，擔任微軟顧問公司的顧問，結果徹底失敗；然後在 90 年代中期，也就是網際網路剛開始出現那段期間，我又跑到 Viacom 待了好幾年。Viacom 是一個很龐大的集團，手下擁有 MTV、VH1 音樂頻道、尼克兒童頻道（Nickelodeon）、百事達（Blockbuster）、派拉蒙影業（Paramount Studios）、Comedy Central（喜劇中心頻道）、CBS 電視網和許多其他的娛樂公司。我到了紐約才第一次見識到，大多數電腦程式設計師謀生的方式。我在這裡做的是一種叫做「內部用軟體」的可怕東西。它實在太可怕了。你們絕對不會想做內部用軟體。通常你是一家大公司的程式設計師，這家公司實際生產的是……呃……比如說鋁罐好了，但他們並沒有現成的軟體，可提供所需的鋁罐加工製程，所以他們往往會聘用一些內部程式設計師，或是請 Accenture 或 IBM 這類顧問公司派一些收費超昂貴的程式設計師，來幫他們寫這些內部用軟體。這東西之所以那麼可怕，主要有兩個理由：第一，如果你是個程式設計師，就會發現這並不是一個很有成就感的職業，稍後我就會列舉一大串的原因，第二，市場上的程式設計工作，可能有 80% 都屬於這種類型，如果你畢業之後不是非常仔細慎選，很可能一不小心就會發現自己正在做這種內部用軟體的工作；我跟你說，這東西只會榨乾你有限的生命。

好吧，做為一名內部程式設計師，為什麼很糟糕呢？

第一：你永遠無法用正確的方式來做事。你永遠都必須採用一些權宜的做法，看怎麼方便就怎麼做。僱用這樣的程式設計師要花很多錢——像 Accenture 或 IBM 這樣的公司，如果派出一個耶魯大學政治系的畢業生來服務，通常就要收取每小時 300 美元的費用；這些畢業生只參加過 6 週的 .NET 程式設計課程，年收入大約 47,000 美元，主要是想要累積足夠經驗以進入商學院——總之，僱用這些程式設計師的成本實在太高了，而且不管 Ruby on Rails 有多酷，也不管 Ajax 做出來的東西有多棒，反正你就是不能採用這樣的技術。你只能使用 Visual Studio，在精靈程式裡點來點去，把小小的 Grid 控制元件拖到頁面上，再把它連接到資料庫，然後很快就做完了。這樣就已經夠好了。可以離開了，還有下一件事要做。這其實就是這類工作很糟糕的第二個原因：你的程式一旦足夠好用，你就必須停手了。核心功能一旦完成，主要問題就解決了，接下來就算把軟體變得更好，也絕對沒有投資回報，更沒有商業上的理由。所以這種內部用程式看起來都很像是給狗吃的早餐：就算你把它變漂亮也不值一文錢。你在資訊科學系的 323 課程裡，所練就的工匠技藝與一身傲氣，全都忘了吧。你只會製造出一堆令人尷尬的垃圾，然後你還要急急忙忙去修補去年那堆令人尷尬的垃圾，因為它開始出問題，因為從一開始就沒寫好；就這樣過了 27 年，你就可以得到一支金錶了。哦，現在他們已經不送金錶了。過了 27 年，你只會得到腕隧道症候群。再舉個例子，假設有一家產品公司，你是該公司的軟體開發者，負責開發各種軟體產品，主要負責的是 Google 或 Facebook 線上產品的開發；你製作的軟體品質越好，產品就賣得越好。這樣不是更好嗎？其實，內部開發者最大的問題，就是軟體一旦「足夠好」，你就必須停下來了。如果你做的是真正的軟體產品，就可以持續不斷精煉、琢磨、重構、改進；如果你是在 Facebook 工作，就可以花整整一個月的時間，最佳化 Ajax 名稱選擇這類的小玩意兒，把它變得非常快、非常酷，而且所有的這些努力全都是值得的，因為它確實可以讓你的產品變得比競爭對手更好。所以，做真正的軟體產品比做內部用軟體更好的第二個原因，就是你可以去創造出一些更精美的東西。

第三：如果你是一家軟體公司的程式設計師，你所做的工作就會與公司賺錢的方式直接相關。這也就表示，管理層一定會非常關心你。這同時也表示，你會得到最好的福利、最好的辦公室和最好的晉昇機會。程式設計師或許絕對不會成為 Viacom 的 CEO，但你還是很有可能成為一家科技公司的 CEO。

總之，我離開微軟之後，跑去 Viacom 工作，主要是因為我想學一些網際網路的東西，而當時的微軟則是刻意不去理會網際網路的發展。不過我在 Viacom 公司裡，只是個內部程式設計師，相較於 Viacom 公司裡其他的人，我的地位確實低了好幾個層級。

我看得出來，對 Viacom 來說，無論網際網路有多麼重要，每次在幫大家分配座位時，內部程式設計師都會被擠進三人共用的小隔間，困在辦公室裡看不到窗戶的黑暗角落，而所謂的「製作人」，我實在搞不清楚他們到底在做什麼，但他們就相當於《我家也有大明星》（Entourage）影集裡的「烏龜」（Turtle）這個角色，不但有自己的大窗戶辦公室，還可以俯瞰整個哈德遜河。我還記得有次在 Viacom 公司的聖誕晚會上，我認識了一位負責互動策略的高階主管。

那真的是個非常崇高的職位。不過，我們在聊到互動性的重要性時，他只說了一堆含糊不清、牛頭不對馬嘴的東西，像是「這就是未來」什麼的。這段談話過程終於讓我相信，無論網際網路是什麼、無論網路上發生什麼事、或是我這個程式設計師幫公司做了哪些事，他根本就搞不清楚；他好像有點畏懼這一切的發展，但其實他根本無所謂，反正他一年可以賺 200 萬美元，而我只是個打字員或「HTML 操作員」，不管我做的是什麼工作，那些工作能有多難呢？那些事連他十幾歲的女兒都會做，不是嗎？

所以，我後來就換到了對街的 Juno 線上服務公司。這是一家早期的網路服務供應商，為大家提供免費的撥接帳號，不過當時也只有 email 能用。這家公司所提供的軟體產品，與當時還不存在的 Hotmail 或 Gmail 並不相同，這個軟體就算沒連上網路也可以使用，所以真的是免費的服務。

據說 Juno 是靠廣告來賺錢的。不過，公司的客戶大多是一些不願意每月支付 20 美元給 AOL 的人，對這些人做廣告其實也賺不到什麼錢，所以 Juno 實際上靠的是一些有錢的投資者。不過，Juno 至少是一家比較重視程式設計師的產品公司，對於他們想要「讓每個人輕鬆使用電子郵件」這樣的使命，我個人感到相當滿意。事實上，身為一個 C++ 程式設計師，我在這家公司開心工作了大約三年左右。不過後來我開始發現，Juno 的管理理念相當過時。公司有個假設認為，管理者的存在就是為了告訴大家「應該去做什麼」。這樣的理念與典型美國西岸高科技公司管理層的工作方式截然不同。我在美國西岸很習慣看到的一種想法是，「管理」這東西只是一件煩人、平凡的苦差事，但總要有人去做這樣的事，因為這樣才能讓聰明的人去完成自己的工作。你可以想想，在大學的學術部門中，擔任系主任其實是一種負擔，沒有人真正願意去做；大家寧可多去做一些研究工作。這就是矽谷的管理風格。管理者的存在，只不過是為了把擋路的東西挪開，這樣才能讓真正的人才做出亮麗的成果。

Juno 是由一個非常年輕、非常缺乏經驗的人所創立的——公司總裁才 24 歲，而且這不只是他第一份管理工作，也是他的第一份工作——他可能是從某一本書、某一部電影或電視劇中，得出了這樣的想法，他認為管理者存在的理由，就是為了「做決定」。

如果說我很清楚一件事，那就是對於每一個技術問題來說，管理者肯定是瞭解最少的人，也是最不應該「做決定」的人。我還在微軟工作時，應用程式部門的負責人是 Mike Maples，常有人會去找他解決一些技術上的爭論。這時他就會耍一些把戲、講個笑話，然後叫大家滾出他的辦公室，自己去解決那些該死的問題，而不是來找他，因為他是最沒有資格評估優缺點做出技術判斷的人。我認為，這就是管理那些聰明、高素質人才的唯一方法。可是 Juno 的管理者比較像是喜歡做決策的布希總統，總有太多的決定要做，所以他們實行的是一種我稱之為「肇事逃逸」型的微觀管理風格：他們會突然跳進來，針對某些小問題（例如對話框的日期該怎麼輸入）進行微觀管理，把整個團隊裡高素質的技術人員之前已經花好幾個禮拜處理問題的所有意見全部推翻掉，然後他們又會突然消失（這就是我稱之為「肇事逃逸」的部分），因為他們還要再跑去微觀管理其他的一些小事情。

所以，我又離職了，而且當時心裡也沒什麼真正的計畫。

2007 年 12 月 5 日，星期三

以下是 2007 年 11 月 28 日發給耶魯大學資訊科學系的演講文字第三部分。

我真的很想找一家願意把程式設計師視為人才、而不只是當成打字員的公司，但我最後終於絕望，決定自己創業。在那段日子裡，我看到很多很愚蠢的人，制定出許多非常愚蠢的商業計畫，想建立各種網路公司，我心想，嘿，如果我的愚蠢程度比他們少個 10%，那應該很容易吧，或許我也可以創辦一家公司，然後在我的公司裡，就可以做一些正確的事情，來改變這一切。我會尊重程式設計師，做出高品質的產品；我們不會接受創投或 24 歲總裁的任何意見；我們會關心我們的客戶，然後在他們打電話來時解決他們的問題，而不是把一切都歸咎給微軟；我們會讓客戶自己決定要不要付錢。我們 Fog Creek 公司可以在任何情況下，不問任何問題，直接退款。我們會一直保持誠實。

所以 2000 年的夏天，我開始為 Fog Creek 軟體公司制定出一些計畫，有時也會從工作中抽身，甚至經常跑去海灘。就是在那段期間，我開始在一個名為 Joel on Software 的網站，寫下我職業生涯裡所學到的一些東西。在部落格發明之前，有一個名叫 Dave Winer 的程式設計師，設立了一個叫做 EditThisPage.com 的系統，任何人都可以在裡頭用類似部落格的格式把內容發佈到網路上。Joel on Software 的成長非常迅速，就好像給了我一個講台，讓我盡情寫一些關於軟體開發的文章，並讓一些人真正關注我在說些什麼。這整個網站大體上是由一些非原創的想法和笑話所組成。它之所以成功，是因為我用了比一般網站稍大的字體，讓它變得比較容易閱讀。我一直沒搞清楚究竟有多少人讀了這個網站，而且我也懶得數，不過在這個網站裡典型的文章閱讀人數，大約在 10 萬到 100 萬之間，具體取決於文章主題受歡迎的程度。

我在 Joel on Software 所做的事——寫一些技術主題相關的文章——也是我在資訊科學系裡學到的。背後的故事如下：1989 年，耶魯大學有一位非常擅長 AI 人工智慧的知名教授 Roger Schank 到 Hillel 社團做了一場簡短的演講，介紹他的一些人工智慧理論，談到了關於腳本（script）、模式（schema）以及 slot 等等之類的東西。我現在老實說，在讀過他的工作成果之後，我懷疑他這 20 年來一直都在講同樣的東西，而且他在這 20 年的職業生涯中，利用這些理論寫了些小程式，想必是為了測試理論，但結果並沒有成功，只是不知何故，這些理論也沒被拋棄就是了。他看起來確實很像是個聰明人，我很想去上他的課，但是聽說他非常討厭大學生，所以唯一的選擇就是選修這一門名為演算法思維（Algorithmic Thinking）的課程（CS 115）。這基本上應該是開給文組生的一門通識課程。技術上來說，這門課是資訊科學系開的課，但系內的教職員們對此完全不以為然，所以這門課根本不計入資訊科學專業的學分。雖然這是資訊科學系學生人數最多的一門課，但我每次聽到主修歷史的朋友把這門課稱之為「資訊科學」，我都會覺得很尷尬。這一門課最典型的作業，就是寫一篇關於機器能否思考的文章。這樣你應該就知道，這門課為什麼不計入資訊科學專業學分了吧。事實上，如果你現在因為知道我修過這門課，而想追溯回去撤銷我的學位，我一點也不會感到驚訝。

「演算法思維」這門課最棒的一點，就是你必須寫出很多的文章。整個學期總共要寫十三篇論文——每週一篇。但你並不會得到任何分數。呃……好吧，還是有分數。這又是另一個故事了。Schank 會如此討厭大學生的理由之一，就是大學生對分數很執著。他真正想談的是電腦會不會思考，但所有大學生想談的卻是他們的論文為什麼會得到 B 而不是 A。學期剛開始時，他就來了一場演講，說分數有多麼邪惡，然後他決定，在你的論文上所能得到的唯一分數，就是打一個小小的勾，表示有某個研究生已經讀過了。過了一段時間，他又想標識出真正的好論文，於是就增加了「勾 +」，然後有些非常蹩腳的論文，他也開始給出「勾 -」；我記得我得過一次「勾 ++」。至於分數：從來沒看過。

雖然 CS 115 並不計入專業學分，但這些撰寫輕技術主題的經驗，事後證明就是我從資訊科學系所得到最有用的東西。能否寫清楚某個技術主題，可以說就是最底層程式設計師與領導者之間的區別。我在微軟的第一份工作是 Excel 團隊的程式經理，必須為一個名為 Visual Basic for Applications 的龐大程式設計系統寫技術規格。這整份文件大約有 500 頁，每天早上都有好幾百人讀我的規格，以便搞清楚下一步應該怎麼做。這些人包括來自世界各地的程式設計師、測試人員、行銷人員、文件編寫人員和多國語言本地化工作人員。我發現微軟真正優秀的程式經理，都是一些很會寫的人。微軟就曾經因為 Steve Sinofsky 寫了一封名為「Cornell is Wired」（康乃爾大學上線了；www.cornell.edu/about/wired/）這封引人注目的電子郵件，而讓整個公司的策略做了 180 度的改變。能制定規則的人，就是那些懂寫作的人。C 程式語言之所以能站穩主宰的地位，就是因為 Brian Kernighan 和 Dennis Ritchie 合著的《The C Programming Language》（C 程式設計語言，Prentice Hall，1988），這本書寫得真的非常棒。

所以，總之，下面就是我在資訊科學系裡上過的幾門特別重要的課：CS 115，讓我學會了寫作；「動態邏輯」這一門課，讓我明白不要去讀研究所；還有 CS 322，讓我學會 Unix 各種經典規範和慣例，寫了很多的程式碼，度過了一段很愉快的時光。資訊科學的學位並不會讓你學到如何開發軟體，不過你或許可以讓大腦鍛煉出一些能力；如果你非常確定開發軟體就是自己想要做的事，這些能力在未來一定用得上。如果你真的很想學習如何開發軟體，你還有另一件事可以做，那就是把你的履歷寄到 jobs@fogcreek.com 來應徵暑期實習，我們一定會好好教你幾招軟體開發的真功夫。

非常感謝您寶貴的時間。

10

給資訊科學系大學生的建議

2005 年 1 月 2 日，星期日

雖然我在一、兩年前，還在大言不慚地說 Windows GUI 功能豐富的客戶端程式（rich client）是未來的趨勢（現在顯然被打臉了），但還是有些大學生偶爾會發 email 問我一些職涯方面的建議，況且現在既然又到了公司的招募季，我想還是寫一下我的一些標準建議，讓大家可以讀一讀、笑一笑，或是直接忽略掉我的這些建議也沒問題。

還好，現在大部分的大學生都還蠻自以為是，從不多花力氣向前輩徵求意見，這在資訊科學領域其實是一件好事，因為前輩們其實很容易說出一些很愚蠢、過時的東西，例如像「到了 2010 年，打孔作業員的需求將超過 1 億人」，或者「目前 Lisp 在職場上真的非常熱門」之類的說法。

我也是一樣，要我給大學生提建議，連我自己都不太知道該說什麼好。我已經無可救藥、早就跟不上時代了，我連 AOL 的即時通訊軟體 AIM 都搞不太懂，而且到現在還在用 email 這種古怪的老東西（可怕吧！），想當初我在聽音樂時，用的還是一種叫做 CD 的圓盤來播放的呢！

所以，你最好別理會我在這裡講了什麼，你還不如去弄個網路交友軟體，看看能不能找個人去約會也好。

話雖如此，不過……

如果你真的很愛玩電腦寫程式，只能說算你好運：你屬於非常幸運的少數人，可以從事自己所喜歡的工作，還能靠它擁有美好的生活。大多數的人都沒那麼幸運。「熱愛你的工作」這樣的想法，本身就是個現代的概念。照理說，工作應該是一些比較讓人不愉快的事才對，主要是為了賺點錢，讓你將來可以去做真正喜歡做的事；而你真正喜歡做的事，往往要等你 65 歲退休之後才能去做；如果到時你還負擔得起，而且你還沒太老、身體也還沒虛弱到做不了，那些事也不需要可靠的膝蓋、不需要很好的眼睛、不需要連續走 20 公尺不喘氣的能耐之類的，這樣等你退休之後，你就可以去做真正喜歡做的事了。

我剛才說要幹嘛？哦對了。要給建議。

廢話不多說，下面就是約耳給資訊科學專業的學生七個免費的建議（絕對物超所值）：

1. 畢業前學好如何寫作。
2. 畢業前學好 C 語言。
3. 畢業前學好個體經濟學。
4. 不要因為很無聊，就不去修資訊科學以外的課程。
5. 去修一些需要寫很多程式的課程。
6. 別再擔心所有的工作全都外流到印度。
7. 不管做什麼，去找個好一點的暑期實習工作吧。

然後我要說明一下，如果你很容易受騙上當，人家跟你說什麼你就去做什麼，那我還要再多給你一個建議：

8. 請多培養自信心，有需要的話請尋求專業協助。

畢業前學好如何寫作

如果 Linus Torvalds 沒那麼拼命努力推廣 Linux，Linux 會成功嗎？雖然 Linus 確實是個才華橫溢的駭客，不過他也很善於使用英文，利用 email 和一些郵件通訊錄名單，以書面的形式傳達自己的想法，這才讓 Linux 能夠吸引到全世界的志願者大軍。

最近特別流行的「極限程式設計」（Extreme Programming），你有聽說過嗎？呃，先不談我對這東西的看法，但你之所以聽說過它，其實是因為有一群極具天賦的作家和演說家，一直在推動這個東西。

即使只觀察很小的範圍，你應該也可以發現到，在任何程式設計組織裡，其中最有權力和影響力的程式設計師，都是一些能用英文說或寫得非常清楚、特別令人信服、讓人覺得很自在的人。另外，個子高一點也有點幫助，不過這一點你恐怕無能為力就是了。

一個能力尚可的程式設計師，和一個真正優秀的程式設計師，兩者之間的差別並不在於懂幾種程式語言，也不在於喜歡的是 Python 還是 Java。差別其實在於能否傳達出自己的想法。越有能力說服其他人，就越能獲得更多的影響力。他們會寫出清晰的註釋和技術規格，讓其他程式設計師更理解自己的程式碼，這也就表示，其他的程式設計師更有可能運用他們所寫的程式碼，而不是自己去重寫程式碼。如果缺乏這樣的能力，他們所寫的程式碼就沒有什麼價值了。這些人會幫最終使用者寫出很清晰的技術文件，讓大家能搞清楚他們的程式碼究竟在做些什麼，這才是讓使用者看出程式碼價值的唯一途徑。SourceForge 裡埋藏著許多精彩又好用的程式碼，卻沒有什麼人會去用，正是因為那些東西是由一群不太懂（或根本不懂）如何寫作的程式設計師所建立的，所以根本沒人知道他們做了些什麼，而他們那些天縱英明的程式碼，也就只能因為乏人問津而逐漸凋零了。

招募程式設計師時，除非他們能用英文寫作，而且寫得很不錯，否則我是不會錄用的。如果你有能力寫作，不管你是被哪家公司錄用，你很快就會發現自己被要求去寫規格，而那也就表示，你已經開始發揮自己的影響力，而且管理層也開始注意到你的貢獻了。

大部分大學都會把某些課程設計成「需要大量寫作」，這也就表示你必須寫出很多東西，才能順利修過這門課程。去找出那些課程，然後快去修課吧！不管哪一種領域都好，反正就是去找出那種每週或每天都要寫作的課程就對了。

你也可以開始寫日記或寫部落格。寫得越多，寫起來越容易；寫起來越容易，你就會越得寫多，然後你就會進入一個良性循環了。

畢業前學好 C 語言

第二個建議：C 語言。注意，我說的不是 C++。雖然 C 語言越來越少用到，不過它依然是程式設計師通用的語言。它是大家可用來相互交流的一種語言，而且更重要的是，比起你在大學裡學到的那些「現代」語言（比如 ML、Java、Python 或比較流行的一些其他語言），C 語言更接近機器的本質。你至少要花一個學期的時間來貼近機器，深入了解機器運作的基本原理，否則你永遠無法用那些比較高階的語言，構建出很有效率的程式碼。這樣一來，你就永遠無法從事編譯器或作業系統方面的工作，而那通常都是一些最棒的程式設計工作。而且大家也永遠無法信任你，讓你去建立一些大型專案架構。我一點都不在乎你有多瞭解 continuation、閉包（closure）和異常處理的機制：如果你無法解釋為什麼 `while (s++ =t++);` 可以複製一個字串，或是這對你來說並不是世界上最自然的事，那麼對我來說，你在設計程式時，大概就是以迷信為基礎吧：這就好像不懂基本解剖學的醫生，只相信藥廠業務的說法，一聽說什麼藥很有效，就直接開藥方了。

畢業前學好個體經濟學

如果你還沒上過任何經濟學課程，我們就來快速檢視一下：經濟學這個領域，剛開始學的時候感覺很厲害，有很多蠻有用的理論和一些十分合理的事實，在現實世界裡也可以得到印證，但越學到後面，情況就每況愈下。一開始很有用的部分，就是所謂的個體經濟學，實際上它就是每一個重要商業理論的基礎。進入總體經濟學之後，情況就開始惡化了（如果你想跳過這部分也沒問題）：這部分談的都是一些像是利率與失業率的關係之類的有趣理論，不過，呃……實際上反例好像還比較常見；結果許多經濟系的學生，後來都轉去學物理，這樣反而可以讓他們在華爾街找到更好的工作。但各位一定要學好個體經濟學，因為你一定要瞭解供需關係，還要瞭解何謂競爭優勢、何謂淨現值（NPV）、貼現（discounting）和邊際效用（marginal utility），因為這樣你才能瞭解企業的運作原理。

資訊科學專業為什麼要去學經濟學呢？因為瞭解商業基礎知識的人，才能成為更有價值的程式設計師。就這麼簡單。像我個人就常被一些程式設計師的瘋狂想法給打敗，有多少次我都算不清楚了；那些想法在程式碼裡好像蠻有意思，但在資本主義下根本就毫無意義。如果你能夠理解經濟學，就會成為一個更有價值的程式設計師，而且你也會因此得到更好的回報，至於箇中原因，你只要學好個體經濟學就會懂了。

不要因為很無聊，就不去修資訊科學以外的課程

如果你真的想拿到比較低的 GPA 成績，那就別去修資訊科學以外的課程吧。永遠別低估 GPA 成績的影響。很多招聘人員和招募經理，包括我自己在內，都會在掃描履歷時直接看一下 GPA 成績，而且這也沒什麼不對的。為什麼？因為 GPA 比起任何其他的數字，更能反映出幾十位教授在很長的一段時間內，在許多不同情況下對你的工作看法的總和。SAT 成績？哈！這只是幾個小時內完成的一次考試結果而已。GPA 反映的則是四年來好幾百份作業、期中考和課堂參與的情況。沒錯，它也有它的問題。多年來，這個東西一直都存在分數膨脹的問題。你的 GPA 成績並不足以說明，它的結果是來自 Podunk 社區大學那些簡單的家庭經濟學課程，還是來自加州理工學院研究生水準的量子力學。我會先把那些在 Podunk 社區大學裡 GPA 只拿到 2.5 的履歷篩選掉，而剩下的我還是會要求他們提供成績單和推薦信。然後我會找出那些各科都拿很高分、而不只有資訊科學課程拿高分的人。

身為一個尋找軟體開發者的雇主，我為什麼會那麼在意你歐洲歷史的成績呢？畢竟歷史這東西很無聊是吧。哦。所以你的意思是說，如果你覺得工作很無聊就不用努力做，這樣我還是應該僱用你嗎？呃……程式設計也有無聊的東西。每份工作都有一些無聊的時刻。我可不想僱用那種只想做有趣事情的人。

我在大學選修了一門名為「文化人類學」的課，因為我當時心想，管他的呢，我就是想學一些關於人類學的知識，而這門課看起來確實像是個很有趣的通識課程。

有趣是嗎？差得可遠了！我在那門課必須去讀一些極其單調的書，內容談的是巴西雨林裡的印第安人和 Trobriand 島民；恕我直言，這些東西對我來說，實在不太有趣。這門課有時候真的會讓人厭倦到難以置信的程度，我真希望能去找一些更令人興奮的事情，甚至連去看著草慢慢長出來，都比這有趣多了。對於這個主題，我真的完全失去了興趣。徹徹底底的，完全提不起興趣。我的眼淚簡直快掉出來，沒完沒了討論怎麼把山藥堆起來之類的問題，我實在厭倦了。我不知道 Trobriand 島民為什麼要花那麼多時間去把山藥堆起來，我一點都想不起來，真是無聊死了，不過期中考馬上就要到了，所以我只能硬著頭皮繼續熬下去。最後我決定，把文化人類學當成我對無聊所發起的挑戰：我個人在面對單調乏味時的障礙課程。這門課會要求我去學習所有關於誇富宴毯子（potlatch blankets）的事情，如果我可以在這樣的一門課得到 A 的成績，那我一定可以處理任何事情，無論它多無聊都沒問題。下次我如果一不小心困在林肯中心，必須坐整整 18 個小時看完瓦格納的「Ring Cycle」，我一定會很感謝自己曾對 Kwakiutl 做過研究，因為這個經驗讓別的事情看起來都算是比較愉快的事了。

後來我確實拿到了 A。如果我都能做到，你也可以的。

去修一些需要寫很多程式的課程

我發誓絕不去讀研究所的那一刻，我記得非常清楚。當時我上了一門動態邏輯課程，授課老師是耶魯大學一位充滿活力的教授 Lenore Zuck，她是資訊科學系那群非常聰明的老師當中最聰明的人之一。

如今我的記憶可能有點模糊，對這個領域的理解不見得完全正確，但無論如何還是讓我稍微說一下好了。形式邏輯的想法就是，你可以用一些確定為真的東西，來證明某個東西為真。舉例來說，根據形式邏輯的想法，如果「每一個成績好的人都會被錄用」，再加上「Johnny 的成績很好」，這樣你就可以得出一個新的事實，那就是「Johnny 會被錄用」。這其實有點怪，解構主義者大概只需要十秒鐘，就能找出形式邏輯裡一大堆的問題，最後只留下一堆蠻有趣但沒什麼用的東西。

其實**動態**邏輯也一樣，只是多考慮了時間的因素。舉例來說：「開了燈之後，你就可以看到你的鞋子」加上「燈在之前就打開了」，就表示「你可以看到你的鞋子」。

對於 Zuck 教授這樣傑出的理論家來說，動態邏輯是很有吸引力的，因為它很有希望成為一種正式的方式，可用來證明一些電腦程式之類的東西；舉例來說，如果你想用一種正式的方式證明，火星探測器在紅色星球四處尋找火星人馬文時，它的記憶卡並不會發生溢出的問題，導致系統反覆重新開機，這時候動態邏輯就能派上用場了。

所以在那門課程的第一堂課，Zuck 博士就把整整兩大塊白板，以及白板旁邊的一大片牆壁寫得滿滿的，證明你如果有個電燈開關，而燈是關著的，然後你去開了開關，燈就會是亮著的。

證明的過程非常複雜，而且很容易出錯。想要**證明**這整個證明過程是正確的，絕對要比說服自己接受「打開電燈開關，電燈就會亮」這個事實更加的困難。其實寫在那幾塊白板上的證明過程，實際上還跳過了不少步驟，因為那些步驟如果還要再進一步正式證明，那就太過於冗長而乏味了。其中有許多步驟都是用歸納法來證明，有些則是用反證法來證明，另外還有一些步驟是透過研究生來證明的。

至於我們的作業，則是要證明反過來的情況：**如果**燈之前沒亮，**而**現在是亮著的，那就證明你打開了開關。

我試過了，我真的試過了。

我花了好幾個小時，在圖書館裡不斷的嘗試。

過了好幾個小時之後，我在試著模仿 Zuck 博士的證明時，發現原始的證明裡有個錯誤。有可能是我抄錯了，不過我還是意識到一件事：如果要花三個小時寫滿好幾塊白板，才能證明一些微不足道的東西，而且證明過程還有好幾百個地方可能會出錯，這樣的機制絕對無法用來證明什麼**有趣**的東西。

對於動態邏輯學家來說，這倒也不是重點：重點並不是有沒有用，而是能不能讓他們獲得終身職。

於是我就把那門課退選了，還發誓絕不去念資訊科學研究所。

這個故事告訴我們，資訊科學與軟體開發是不同的。如果你的學校有比較像樣的軟體開發課程（很多學校都沒有），那你真的很幸運，因為有很多特別好的學校都認為，傳授實用技能這種事，還是保留給技術學院、職業學校或是囚犯再教育機構來做就可以了。如果只是想學**程式設計**，任何地方都可以學得到。我們可是耶魯大學耶！我們所要塑造的可是未來的世界領袖！難道你以為自己繳 16 萬美元學費，只是為了學 **while 迴圈**？要不然你以為學校開的課，是那種在機場附近酒店隨便辦一辦的 **Java 研討會**嗎？切！

問題是，實際上根本就沒有真正的軟體開發專業學校，如果你真的想成為程式設計師，恐怕還是要主修資訊科學。資訊科學是一個很好的專業，但它與軟體開發確實是**不同的東西**。

如果你很幸運的話，也許可以在資訊科學系找到一些需要大量寫程式的課程，就像你在歷史系裡，也可以找到一些需要寫很多文章的課程，正好可以訓練你寫作的能力。這些全都是你最好可以多去選修的課程。如果你真的很熱愛程式設計，就算你搞不懂 λ 運算、線性代數之類這些碰不到電腦的課程，你也不要太難過。你可以找一下名稱裡有「Practicum」（實習）的 400 級課程。在這類課程的名稱裡之所以會使用這個拉丁字，目的只是為了讓這些很有用的課程，看起來好像比較厲害的感覺；對於那些喜歡炫耀、附庸風雅的人來說，這確實有一定的效果。

別再擔心所有的工作全都外流到印度

好吧，首先，如果你本來就住在印度，根本不必擔心所有工作全都外流到印度的問題。那些全都是很棒的工作，你只要保持身體健康，好好享受這些工作就行了。

不過我一直都有聽說，資訊科學系的入學率正在急劇下降，而我所聽到的其中一個理由，就是「學生很害怕進入到一個『所有工作都會外流到印度』的專業領域。」這實在錯得離譜，理由也有很多。第一，想要根據當前流行的商業趨勢來選擇職業，這本身就是個很愚蠢的想法。第二，就算每種程式設計工作全都外流到印度和中國，但對於各種有趣的工作來說（例如商業程序工程），程式設計能力依然是一種非常好的訓練。第三，請相信我，不管是在美國還是印度，到處都十分缺乏真正優秀的程式設計師。沒錯，確實有一大群失業的 IT 人員，吵著說他們已經失業很久了，但你知道嗎？雖然我這樣說或許會冒犯到他們，但真正優秀的程式設計師還是有做不完的工作。第四，你還有什麼更好的選擇嗎？你究竟打算做什麼呢？主修歷史嗎？如果真的是這樣的話，你乾脆去念文組、考慮做個律師吧。不過就我所知：99% 的職業律師都很討厭自己的工作，甚至討厭自己醒著的每一分鐘，而且他們每個禮拜都要工作 90 個小時。就像我所說的：如果你很喜歡電腦程式設計，請好好想想你自己有多幸福吧：你可是少數能夠從事自己喜愛的工作、還能夠靠著它過好日子的幸運兒哪！

總之，我認為很多學生都沒有好好想過這個問題。現在資訊科學系的入學人數往下降，只不過是網路狂潮泡沫化之後，入學人數恢復到歷史正常水準而已。其實有很多人並不是真的很喜歡程式設計，只是覺得這樣的高薪工作很性感，而且有可能 24 歲就遇到公司上市的機會；像這樣的人，之前在各大資訊科學系裡其實很常見。謝天謝地，現在這樣的人通通跑光了。

不管做什麼，去找個好一點的暑期實習工作吧

聰明的招聘人員都知道，那些真正熱愛程式設計的人，早在八年級就會幫自己的牙醫寫資料庫，上大學之前的三個暑假，都會去電腦訓練營裡教人寫程式，還會幫校刊建立內容管理系統，暑假也會去軟體公司裡實習。這就是招聘人員想在你的履歷裡看到的東西。

如果你真的很喜歡程式設計，那你在暑假打工或兼差時，最不應該去做的就是一些跟程式設計無關的工作。我知道，很多 19 歲年輕人都想在商場裡做那些折襯衫的工作，但就算只有 19 歲，你所擁有的技能還是非常有價值，浪費你

的才能跑去折襯衫，簡直太愚蠢了。等你畢業時，你的履歷真的應該要能夠列出一大堆程式設計相關的工作。那些暑假在 A&F 折襯衫的畢業生，就讓他們去租車公司工作，「幫大家解決租車的需求」吧。（Tom Welling 倒是個例外。他跑到電視台飾演超人去了。）

為了讓你簡單一點，再加上我寫這篇文章確實有一些私心，我要在這裡講一下我的 Fog Creek 軟體公司，在暑假也有提供軟體開發的實習機會喲！而且這樣的實習經歷，一定可以讓你的履歷看起來更厲害哦。「相較於任何其他的實習機會，在 Fog Creek 軟體公司可以學到更多關於程式設計、軟體開發以及商業相關的知識。」Ben 是這樣說的；他是去年暑假的一個實習生，我可沒有派人去他宿舍逼著他這樣說喲。申請實習的截止日期是 2 月 1 日。趕快來吧。

當然囉，如果你聽從了我的建議，還是有可能做出一些愚蠢的人生決定，例如太早賣掉微軟的股票，或是為了一間可以關門的辦公室而拒絕掉 Google 的工作，這些可都不是我的錯喲。我早就告訴過你，不要聽我的話了。

III 設計的影響

11

字體平滑化、反鋸齒化、子像素渲染

2007 年 6 月 12 日，星期二

關於如何在電腦螢幕上顯示各種字體，Apple 和微軟的想法一直都不太相同。如今這兩家公司都使用子像素渲染（subpixel rendering）的做法，想要在一般的低解析度螢幕上，呈現出看起來更清晰的字體。他們的不同之處，就在於背後的理念。

- 蘋果大致上認為，演算法的目標應該是盡可能保留字體的設計，就算稍微模糊一點也沒關係。
- 微軟大致上認為，每個字母的形狀都應該對齊像素邊界，避免模糊以提高可讀性，就算字體稍微變形也沒關係。

現在 Windows 裡終於有 Safari 可以用了，它花了很大的力氣導入 Apple 的渲染演算法，所以現在總算可以在同一台螢幕上，把兩種理念並排比較，感受一下我所講的東西，結果如下圖所示。我想你應該可以察覺出其中的差別吧。蘋果的字體確實比較模糊，尤其是邊緣；但如果看比較小的字體，就可以看出不同字體間的差異比較明顯，因為它在渲染字體時，會比較接近高解析度字體的外觀。（這個螢幕畫面的實際圖片，請參見 `http://www.joelonsoftware.com/items/2007/06/12.html`）。

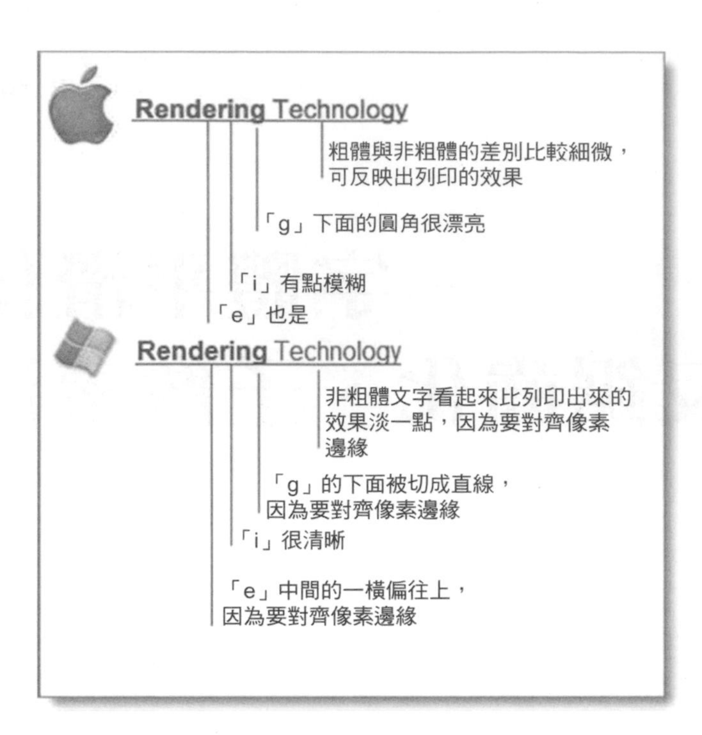

這樣的差異源自於 Apple 在桌面出版和平面設計方面的傳統。Apple 演算法的好處在於，只要把一整頁文字排版完成之後，不管是列印出來、還是在螢幕上查看，都可以看到與成品非常接近的效果。如果你要考慮整塊文字看起來有多暗，這一點尤其重要。微軟的機制則是會把字體對齊像素邊緣，這也就表示，為了消除掉模糊邊緣，他們並不介意使用比較細的線條，因此整個段落看起來就是會比印刷出來的結果更亮一些。

微軟這種做法的好處，就是更適合在螢幕上閱讀。微軟比較務實地認為，字體設計並沒有那麼神聖，比起字體設計師要求整塊區域的文字看起來應該有多亮或多暗，在螢幕上看起來比較清晰易讀的文字更加重要。事實上微軟真的針對像素邊緣設計了一些特別適合在螢幕上閱讀的字體（如 Georgia 和 Verdana）；這些字體在螢幕上看起來很漂亮，但印刷出來就沒什麼特色了。

通常 Apple 會選擇比較有風格的路線，把藝術考量放在實用性考量之上，因為賈伯斯（Steve Jobs）很有品位；而微軟則會選擇比較舒適的路線，做法上比較偏向可衡量的、不多修飾的實用主義。換句話說，如果 Apple 是 Target 百貨，微軟就是 Wal-Mart（沃爾瑪）大賣場。

現在我們再來看看，大家究竟比較喜歡哪一種呢？Jeff Atwood 發表了一篇文章（www.codinghorror.com/blog/archives/000884.html），把兩種字體技術並排起來做比較，引起了預料中的熱烈關注：Apple 的使用者比較喜歡 Apple 的系統，而 Windows 的使用者則比較喜歡微軟的系統。這情況並不只局限在標準的狂熱粉絲身上；這恰好可以反映出一個事實，那就是當你要求大家選擇自己喜歡的樣式或設計時，除非有受過訓練，否則大家通常都會選擇看起來最熟悉的樣式或設計。大多數關於品味的問題，如果你真的去做這類的偏好調查，就會發現大多數人並不知道該怎麼選擇，結果只會去選擇看起來最熟悉的選項。這對於任何事物都可以適用，從銀器（大家總是會挑選出伴隨自己成長過程所看過的銀器圖案）、到字體、再到平面設計都一樣：除非大家接受過訓練，知道自己真正要的是什麼，否則大家都只會選擇自己最熟悉的那個選項。

這就是為什麼 Apple 工程師總覺得自己正在為 Windows 社群做出巨大的貢獻，把「真正卓越」的字體渲染技術帶給那些異教徒；同時這也可以解釋，為什麼 Windows 使用者通常都認為 Safari 的字體渲染結果有點模糊、很奇怪，他們也不知道為什麼，反正就是不喜歡就對了。其實他們心裡真正的想法是：「哇！這確實不太一樣。但我不太喜歡這種不太一樣的東西。為什麼我不喜歡這樣的字體呢？哦，我再仔細一看，就發現這字體看起來好像有點模糊。那就對了，一定就是這個原因啦。」

12
寸土之間的競逐

2007 年 6 月 7 日，星期四

「有人把收音機留在浴室了嗎？」我問 Jared，因為我聽到隱約傳來古典音樂的聲音。

「不。那是從外面傳進來的。你前一陣子不在家，就是從那時候開始的，而且每天晚上都會聽到。」

我們住的是紐約一棟公寓大樓。上下左右都有鄰居。我們已經很習慣聽到樓下電視節目的聲音，還有樓上的小孩，他最喜歡玩的一個遊戲，就是把一堆彈珠丟到地板上，然後在房間裡橫衝直撞。他究竟是怎麼記分的，我也不太清楚。就在我寫這篇文章的當下，他正從某個房間快速跑到另一個房間，而且好像還撞到了什麼東西似的。我都快要等不及了，真想看看他長大玩漆彈的模樣。

不過，大半夜出現古典音樂，這種事過去從來沒發生過。

更糟的是，每當我正要睡著的時候，就會突然冒出那種狂飆猛進的浪漫樂音，這實在讓我很火大。

到最後，音樂還是會停下來，我總算可以好好睡覺了。可是到了第二天晚上，音樂又在半夜 12 點重新響起，當時的我真的很疲憊，但那時候播放的卻是更加自以為是的華格納，每次當我快要睡著時，誇張的漸強樂音就會把我吵醒，我實在別無選擇，只好跑去坐在客廳，看一堆笑笑貓（lolcat）的照片，一直等到凌晨 1 點，音樂才總算停了下來。

再隔天晚上我實在受夠了。當音樂又在半夜 12 點響起時，我馬上穿好衣服，開始探索整棟公寓大樓。我在走廊靜悄悄地走來走去，側耳傾聽每一扇門，想搞清楚音樂是從哪裡來的。後來我把頭探出窗外，發現了一扇未上鎖的窗門，正好面向通風井，發出了非常響亮的音樂聲。我在樓梯間爬上爬下，每一層樓都朝窗戶外仔細聆聽，最後終於確定就是親愛的 C 老太太，她的房號是 #2B，就在我們的正下方。

C 老太太大概 60 多歲，我覺得她這麼晚了不應該還醒著，更別說大聲聽音樂了，不過我還是做了個簡單的假設，也許是本地古典音樂電台正好在做「Ring Cycle」經典歌劇的特別節目，她特別熬夜爬起來收聽也說不定。

但是我又想了想，實在不太可能。

我注意到一件事，那就是音樂好像每天都會在半夜 12 點開始播放，然後在凌晨 1 點時結束。不知道為什麼，我總覺得這也許是一台鬧鐘收音機，而它的鬧鐘出廠預設值有可能就是 12:00。

只因為懷疑音樂來自老太太的公寓，就去叫醒樓下這位老太太，這種事我實在做不到。於是我只好很沮喪回到家裡，跑去追 xkcd 的漫畫。我真的很沮喪，也覺得很氣，因為我並沒有解決掉這個問題。隔天我一整天都皺著眉頭，心裡一直糾結著這件事。

到了傍晚，我跑去敲了敲 C 老太太的門。管理員告訴我說，老太太隔天就要離開，而且接下來一整個夏天都不在家，所以問題如果真的出在她那裡，我最好趕快解決才行。

「很抱歉打擾你了。」我說：「我發現每天晚上到了半夜 12 點，我們公寓後面的通風井就會傳來很大聲的古典音樂，害我晚上都睡不著。」

「哦不，不是我啦！」她很堅持，我就知道她會這樣。當然不是她囉：她都是在正常時間就跑去睡覺，肯定不會大聲播放音樂來吵鄰居的！

不過我覺得她有點重聽，可能從來都沒注意到，半夜從她的空房間裡傳出來的聲音。也有可能她睡得很沉也說不定。

我花了好幾分鐘，才說服她讓我檢查一下我窗戶下方的那個房間，看看是不是正好有個鬧鐘收音機。

還真的有。就放在我臥室窗戶下方一個打開的窗戶邊。我一看到它正好調到 96.3 的 WQXR 電台，就知道我終於找到罪魁禍首了。

「哦，那個東西？我根本不知道那東西怎麼用。我從來都沒用過它。」她這樣說：「我把電源線整個拔掉好了。」

「不用啦！」我邊說邊關掉鬧鐘，然後把音量調到零，後來我又強迫症發作，就把時鐘調到了準確的時間。

C 老太太跟我說她實在很抱歉，但這真的不是她的錯。連我自己都花了很長的時間，才搞清楚怎麼操作那台該死的鬧鐘收音機。我必須說，這鬧鐘收音機的使用者界面實在太糟糕了。一般普通的老太太，根本就搞不定呀！

這是鬧鐘收音機的錯嗎？算是吧。它實在太難用了。就算前一天沒有人碰過這個鬧鐘，它還是每天都會響——這可不是什麼好設計。而且只要一斷電，鬧鐘的時間就會被重設成**半夜 12 點**——這實在太沒道理了。早上 7:00 肯定是更合理的預設值呀！

不知道為什麼，過去這幾個禮拜我變得越來越吹毛求疵。我一直在找各式各樣的問題，只要一找到問題，我就會一心一意去修正問題。實際上，軟體開發者只要來到新產品最後的除錯階段，就會進入這樣的一種特殊心態。

過去的這幾個禮拜，我一直都在為 FogBugz 的下一個大版本撰寫所有的文件。我通常都會邊寫東西邊試用產品，有時是為了確保產品確實按照我所想的方式運作，有時則是為了擷取螢幕截圖。大概每隔一小時左右，我的大腦就會拉起警報：「等一下！剛剛是什麼狀況？照理說不應該那樣呀！」

因為它畢竟只是個軟體，所以我總是能修正各種問題。哈哈！開玩笑的啦！我現在已經搞不太懂那些程式碼了。我只會把問題記錄下來，再讓有辦法的人去解決問題。

Dave Winer 說：「如果想打造出一個大家都會去用的軟體，你就必須為每一個小修正、每一個小功能、每一個小調整而努力奮鬥，這樣才能讓更多的人願意跳進來使用。根本就沒有捷徑。也許跟運氣有點關係，但你靠的絕不是運氣，唯有在寸土之間持續推進，才能獲得真正的勝利」（`www.scripting.com/2002/01/12.html`）。

商業軟體——也就是你打算賣給別人的那種軟體——其實就是一場寸土之間的競逐。

你每天都會進步一點點。你會讓事情變得更好一點點。你會去把鬧鐘的預設值設成上午 7:00，而不是半夜 12:00。這可能只是一個很微小的改進，大家甚至都沒感覺到。但你確實前進了一寸。

像這樣的微小改進，數量恐怕有成千上萬。

你必須保持不斷批判的心態，才能找出這些問題。你必須重塑你的思想，直到你能找出每個東西的問題為止。連你最親近的人，都有可能快要被你逼瘋了。你的家人簡直都快要宰了你。如果你走路去上班途中，看到路上的司機在危險駕駛，你恐怕都要用盡全身上下所有的意志力，才能忍住不跑去攔住司機，跟他嗆說剛才他那樣開車，差點就撞死那個坐在輪椅上的可憐孩子了。

當你所修正的小細節越來越多，產品的每一個小角落都被你打磨、擦亮之後，神奇的事情就會發生。寸累積起來就變成尺，尺累積起來就變成碼，碼再累積起來就變成了哩。然後你就可以推出一個真正優秀的產品了。這就是那種讓人感覺超棒、用起來很直觀、簡直讓人驚嘆的產品。就算有百萬分之一的使用者做出了機率只有百萬分之一的不尋常動作，使用者還是會發現，你的產品不但可以正常運作，而且還做得很漂亮：在你的軟體產品中，即使是最不起眼的角落，也都鋪有大理石地板，使用了堅固的橡木門，還有拋光桃心木護牆板。

這時候你就知道，自己做出了一個偉大的軟體。

恭喜 FogBugz 6.0 團隊，他們都是在寸土之間競逐的出色玩家，今天他們發佈了第一個 beta 測試版，而且可望在今年的夏末發佈最終版。這就是他們所做過最好的產品。你一定會大為驚歎的。

13 大局在握的錯覺

2007 年 1 月 21 日，星期日

以下是我對 *Scott Rosenberg* 的《*Dreaming in Code*》（程式碼裡的夢想，*Three Rivers Press*，*2007* 年）一書的評論。

眼睛的運作機制，其實與「分頁錯誤」（page-fault）的處理機制很類似。由於這個機制實在運作得太好，你甚至都沒辦法察覺出來。

其實你眼睛裡只有一塊相當小的高解析區域，正中央甚至還有個很大的盲點，但是你到處走來走去東張西望，**感覺上**卻好像擁有著超高解析度的全景視覺。這是為什麼呢？這是因為你的眼球**轉得很快**；一般情況下，你要它轉到哪裡，它一瞬間就能轉過去。而且，你的大腦也針對你的視覺，提供了完整的抽象；雖然你其實只擁有一小塊非常小的高解析度視覺區，加上一大塊解析度極低的視覺區，但因為有分頁錯誤處理的能力，所以才讓你有一種「擁有完整視覺」的幻覺——而且它處理的速度實在太快，以至於你整天到處走來走去，都以為自己的大腦裡有個小劇院，可以投射出非常清楚而完整的影像。

這真的是非常有用的一種機制，而且你身上很多其他的感官，其實也是同樣的運作方式。比如你的耳朵就很擅長自動調整，讓你能特別留意對話裡的重點。你的手指也可以伸手去觸摸任何想觸摸的東西，無論是輕撫一件精美的美麗諾（merino）羊毛衣，還是戳進你的鼻孔裡，總之你就是能得到一種「全面了然於胸」的感覺。你在做夢時，你的大腦也會很習慣性地問你的感官一大堆問題（看那邊！那是什麼？），但你的感官其實已暫時關閉（畢竟你睡著了嘛），所以你只能得到一些很隨機的答案，而你的大腦則會把這些答案組合成有趣的故事，這也就是所謂的「夢」囉。當妳一大早起床想跟男友講這個夢時，雖然妳的感覺**超真實**，但是妳還是可以意識到，**自己根本搞不清楚怎麼回事**，只能編出一堆零零散散的故事。如果你再多睡個一兩分鐘，你的大腦也許就會問你的感官，那個和妳一起在玫瑰花叢裡游泳的是什麼動物，結果只得到一個很扯很奇怪的隨機答案（鴨嘴獸！），然後妳就醒了，後來等妳在描述夢境時才會發覺，對耶，玫瑰花叢裡怎麼會有鴨嘴獸咧？這故事要怎麼說才能連貫，好讓妳的男友能夠理解呢？根本就連貫不起來啦。所以，你究竟做了什麼夢，就別跟我說了吧。

不幸的是，這種機制有一個副作用，就是你的大腦會養成一個壞習慣，**總是**會高估自己對事物的理解程度。大腦總是認為，自己已經掌握了大局，但實際上才沒有呢！

這種情況牽涉到軟體開發時，就會變成一種特別危險的陷阱。有時候你的腦海對於想做的事，會產生一種「已經掌握大局」的想法，感覺上一切看來都非常清楚，你甚至都不需要再做什麼**設計**了。你只要直接跳進去，就可以開始實現你的願景了。

舉例來說，比如你的願景是重建出一個老式的 DOS 個人資訊管理工具，你覺得**這東西真的很棒，只是完全沒受到重視**而已。這東西應該很簡單吧。整個東西應該如何運作，一切都好像十分顯而易見，甚至都不需要再做什麼設計了……只要僱用一群程式設計師，就可以開始寫程式碼了。

好吧，這樣一來你就犯了兩個錯誤。

第一，你上當了，你被你那過度自信的大腦給耍了：「哦對呀，我們完全清楚知道該怎麼做！對我們來說，這件事太清楚了。根本不用寫規格。直接去寫程式碼就行了。」

第二，在做好設計之前，就先僱用一堆程式設計師。因為唯一比「設計軟體」更困難的事，就是「讓一個團隊來設計軟體」。

這種事不知道已經發生過多少次了，反正我只要和一、兩個以上的程式設計師開會，想搞清楚某些東西該怎麼設計，結果總是一無所獲。最後，我只好回到自己的辦公室，拿一張紙出來，自己想辦法搞清楚。「與其他人互動」這樣的做法，總讓我無法集中精力，設計出那些該死的功能。

最讓我受不了的，就是那種每次都以為開會才能把事情搞清楚，甚至已經養成壞習慣的團隊。你曾經嘗試過在一堆人的會議中，靠大家集體寫出一首詩嗎？這就好像叫一群肥胖的建築工人，坐在沙發上看《海灘遊俠》（Baywatch），還要他們寫出一部歌劇。坐在沙發裡的建築工人越多，越不可能寫出歌劇吧。

要不然，至少也要先關掉電視吧！

雖然我這麼說好像有點冒昧，但如果讓我來猜測 Chandler 團隊究竟怎麼回事，為什麼他們花了好幾百萬美元加上好幾年的時間，卻走到如今這般的田地——他們目前只做出一個問題很多、功能也不完整的日曆，而且就算是相較於去年網路上其他 58 個功能差不多的 Web 2.0 日曆，他們的日曆也無法給人留下什麼深刻的印象，更何況其他那 58 個日曆，只不過是兩個大學生用課餘時間做出來的，其中一個人甚至還只畫了吉祥物而已。

Chandler 甚至連吉祥物都沒有呀！

就像我所說的，其實我並不應該假裝自己知道出了什麼問題。也許根本沒問題也說不定。也許他們自認為，一直都走在正軌上。Scott Rosenberg 這本優秀的新書，原本有可能成為一本足以代表這十年來最熱門的開放原始碼新創公司、類似《Soul of a New Machine》（新機器的靈魂）這樣的代表作，但最終的結果卻如此令人沮喪，Scott 只好把故事縮短，因為短期內 Chandler 1.0 恐怕都不會推出了（而 Rosenberg 大概也不打算冒險，因為說不定等到這產品正式發佈，到時候我們已經不需要看書，只要吞顆藥丸就能夠吸收知識了）。

儘管如此，我們還是可以藉由這個例子來好好觀察某種特定類型的軟體專案：就是那種願景過於宏大、細節卻有點缺乏，結果輪子只能空轉、最後哪裡都去不了的專案。據我所知，Chandler 最初的願景可說是非常具有「革命性」。呃……我是不太懂啦，不過我應該沒辦法靠什麼「革命性」就寫出程式碼來。我還需要更多的細節，才能寫出相應的程式碼。每次看到規格在描述產品時，如果用的是一堆形容詞（「看起來超級酷的」）而不是具體的描述（「標題欄採用拉絲鋁質外觀，所有圖示都稍微有點反射效果，就像是放在平台式鋼琴上一樣」），你就知道這下子麻煩了。

據我從 Rosenberg 的書中得知，他們的規格裡唯一比較具體的設計理念，就是「點對點」、「不分艙（no silos）」和「自然語言式的日期解讀」。這當然也有可能是出於這本書自身的局限性，但是單看這最初的設計，確實是太過籠統了。

「點對點」可說是 Chandler 存在的理由……如果只是想協調時程，何必非去買微軟的 Exchange Server 呢？但後來他們發現，點對點同步實在太難或什麼的，結果這個功能就被砍掉了。現在，他們已經改用一個叫做 Cosmo 的伺服器，來處理這類的工作。

「不分艙」的意思應該是，不需要把你的電子郵件、日曆、備忘錄分別存放在三個獨立的儲存艙（silo），而是改用一個統一的儲存艙來存放所有的東西。

你只要針對「不分艙」這個概念提出一些質疑，就會發現根本行不通。你會把電子郵件放到日曆上嗎？放在哪裡？送達的那天嗎？這樣一來，在我禮拜五的行事曆上，就會看到 200 則威而剛的廣告，而真正重要的股東大會，卻只能淹沒在其中嗎？

到了最後，「不分艙」被設計成郵戳（stamp）的概念，舉例來說，現在任何的文件、備忘錄、日曆項目，你都可以蓋上郵戳，然後你就可以把這個項目寄給任何人了。不過你猜怎麼樣？大概十年前左右，微軟的 Office 早就已經有這個功能了。後來他們在 Office 2007 把這個功能刪掉了，因為根本沒有人在意這個功能。想把某些東西用電子郵件寄給別人，更簡單的做法實在太多了。

事實上，我認為「不分艙」的概念對於那些架構太空人來說一定很有吸引力，因為他們總是喜歡關注一些像是子物件類別、抽象基礎物件類別之類的東西，而且很喜歡把功能從子物件類別轉移到基礎物件類別，這樣做除了架構美學的理由之外，也沒有什麼其他的理由了。但是，這通常也是一種很糟糕的使用者介面設計做法。要讓使用者理解你的程式模型，其中一種方式就是善用隱喻。如果你可以讓某個東西看起來像、感覺起來像、最重要的是行為很像現實世界裡的某個東西，使用者當然就更有可能搞清楚怎麼使用，而你的程式也就會更容易使用了。如果你的使用者介面，把現實世界裡兩個截然不同的東西（電子郵件和約會）合併成同一類的東西，使用性自然會受到影響，因為現實世界裡再也找不到適用的隱喻了。

Mitchell Kapor 也一直告訴大家，還有另一個很酷的東西，就是在設定行事曆時，可以輸入「下週二」之類的時間，這樣你就可以很神奇的設定好下週二的約會了。這真的蠻好用的，但在過去十年只要是稍微用點心的日曆程式，全都有這個功能了。這已經算不上什麼「革命性」的功能了。

Chandler 團隊也高估了自己，誤以為自己可以從志願者身上得到許多的幫助。開放原始碼這個生態的運作方式，並不是這樣的。在這個圈子裡，大家都非常擅長實現一些模仿的功能，因為你打算模仿的對象，通常都已經有現成的規格了。至於其他一些搔搔癢的功能，大家當然也很會弄。比如說，如果想加一個指令行參數給 EBCDIC 使用，只要改一下程式碼，再做好相應的處理就行了。但如果你的應用程式本身並沒有什麼用處，大概也不會有人想去找癢處來搔。實際上，**大家根本連用都不會去用**。所以，根本就不會有任何志願者來幫你。Chandler 開發團隊裡，幾乎每一個人都是有支薪的。

我要再說一次，這也許是我的偏見——也許是因為 Rosenberg 不知何故抓錯了重點，也許是本書對於真正阻礙進展的因素，給了我完全錯誤的印象，所以我才會把這類的失敗，歸咎於設計上的失敗——如果是我誤會了，我一定要向 Chandler 團隊鄭重道歉。

話雖如此，但這個專案還是給大家帶來了很不錯的東西：一本引人入勝的書；此書風格類似《Soul of a New Machine》（新機器的靈魂）和《Showstopper》（精彩的演出），為我們講述了一個最終未能收斂的軟體開發專案。我個人強烈推薦。

14
選擇 = 頭痛

2006 年 11 月 21 日，星期二

我可以確定，微軟一定有整個團隊的 UI 設計師、程式設計師和測試人員，針對 Windows Vista 的「關機」按鈕付出了許多努力，不過說真的，這就是你們所能想到最好的做法嗎？

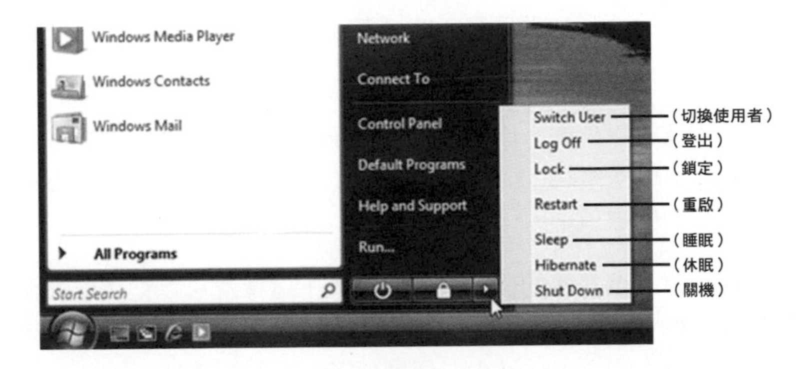

每次你想離開電腦時，都必須在九個選項裡做出選擇，數數看你就知道，真的是九個選項：總共有兩個圖示，再加上選單裡的七個選項。我想那兩個圖示，應該是選單裡某兩個選項的捷徑吧。我猜那個鎖頭的圖示，應該就是選單裡的 Lock（鎖定），但那個電源開關的圖示，我實在搞不清楚應該對應到選單裡的哪個選項。

在許多筆記型電腦裡，另外還有四個 FN+ 組合鍵，分別對應到關閉電源（power off）、休眠（hibernate）、睡眠（sleep）等選項。所以，其實有 13 個選項……哦，對了，還有一個實體電源開關，所以是 14 個選項……你也可以蓋上螢幕，所以是 15 個選項。全部加起來，筆記型電腦總共有 15 種不同的關機方式可供你選擇。

你給大家的選擇越多，大家就越難選擇，感覺越不快樂。舉例來說，各位可以看看 Barry Schwartz 的《The Paradox of Choice：Why More is Less》（選擇的悖論：為什麼多即是少，Harper Perennial，2005 年）這本書。我姑且引用一下《Publishers Weekly》（出版者週刊）的評論：「Schwartz 廣泛引用他自己在社會科學方面的許多工作成果，證明一系列令人眼花繚亂的選擇只會淹沒我們疲憊不堪的大腦，最後讓我們感覺更受局限，而不是得到解放。在美國，我們通常都假設比較多選擇（比如衣服尺碼是「輕鬆合身」還是「寬鬆合身」？）應該會讓我們更開心，但 Schwartz 認為事實恰好相反，他認為擁有太多選擇，甚至有可能會侵害到我們的心理健康。」

事實上，光是「開始」選單，你就有九種不同的關閉電腦方式，更不用說還有按下實體開關和蓋上螢幕的選項，而你每次做選擇時，心裡都會產生一點點的不愉快。

有什麼可以改進的做法嗎？當然有。iPod 甚至連實體開關都省了。下面就是我個人的一些想法。

如果你最近曾與技客以外的人聊過，或許你早就已經發現，大家根本搞不清楚「睡眠」（Sleep）和「休眠」（Hibernate）有什麼差別。這兩個其實可以合併起來。這樣就少一個選項了。

只要在系統鎖定時，讓其他的使用者可以登入，這樣就可以把「切換使用者」（Switch User）和「鎖定」（Lock）合併成一個選項了。而且這樣一來，也能避免掉很多強制登出的需求。又少一個選項了。

「切換使用者」和「鎖定」合併起來之後，你真的還需要「登出」（Log Off）嗎？「登出」唯一的效果，就是退出所有正在運行中的程式。但是關閉電源也有同樣的效果，所以你如果真的想退出所有正在運行中的程式，只要關閉電源然後再重新開機即可。又少掉一個選項了。

「重啟」（Restart）也可以去掉。你之所以需要這一個選項，95% 的情況都是因為安裝過程的提示，要你重新啟動系統才行。至於其他 5% 的情況，你只要關閉電源再開機就行了。又少掉一個選項了。選擇越少，痛苦也越少。

當然，你也應該把圖示與選單裡重複的部分去掉。這樣又可以消除兩個選項。如此一來，選項就只剩下

睡眠 / 休眠
切換使用者 / 鎖定
關機

如果再把「睡眠」、「休眠」、「切換使用者」和「鎖定」合併起來會怎樣？當你進入此模式，電腦就會跳到「切換使用者」的畫面。如果 30 秒內沒有人登入，它就會進入睡眠。再過幾分鐘之後，它就會進入休眠模式。以上所有的狀況，全都處於鎖定的狀態。所以，我們現在就只剩下兩個選項：

1. 我現在要離開我的電腦。

2. 我現在要離開我的電腦，而且我真的要關閉電源。

你為什麼要關閉電源呢？如果你很在意電源耗電的狀況，就交給電源管理軟體來處理即可。它比你還聰明。如果你是想要打開機殼，又不想被電到，呃……只關閉系統電源也不能完全保證打開機殼時真的很安全；無論如何，你還是要拔掉電源線才比較安全。因此，如果 Windows 使用的是非揮發性記憶體，只要電腦處於空閒狀態，就把記憶體的資料置換到快閃硬碟中，這樣一來你就能在「離開電腦」的模式下切斷電源，而不會丟失掉任何資料。只要是使用最新的混合式硬碟，就可以讓這整件事變得超級快。

所以我們現在就只剩下一個「登出」（log off）按鈕了。就叫它「再見」吧。你只要一點擊「再見」，螢幕就會被鎖定，所有尚未被複製到快閃硬碟的 RAM 資料，都會被寫入硬碟中。這時候你可以重新登入、其他人也可以登入自己的帳號，或者你也可以拔掉電腦的電源。

你一定可以想出一長串非常明智、絕對站得住腳的理由，來說明這些選項其中每一個都是非常必要、絕對需要保留的選項。我想你就別費心了。我都知道。每一個選項都是完全合理的，可是你應該也會發現，你必須向你的叔叔解釋，為什麼他每次都非要在這十五種不同的關機方式中做出選擇。

這突顯了微軟與開放原始碼世界所共有的一種軟體設計風格；其實這兩方都有一個共識，就是希望讓每個人都開心，但是大家都是基於「更多選擇會讓大家更快樂」這個錯誤的觀念，而這正是我們需要好好重新思考的東西。

15

重要的可不只使用性

2004年9月6日，星期一

多年來，許多自我塑造的權威人士（比如說，呃……我本人），一直喋喋不休在談論著「使用性」（usability）以及軟體使用性的重要性。Jakob Nielsen 有個數學公式，你可以用 122 美元的價格向他購買，然後就可以用它來算出使用性的價值了。（如果你算出來的使用性價值大於 122 美元，我想你就賺到了。）

你當然也可以用比較少的錢，去買我的另一本書──《User Interface Design for Programmers》（程式設計師的使用者介面設計，Apress，2001 年）──這本書會告訴你軟體使用性設計的一些原則，不過書裡頭並不會用到數學，而且你的收穫一定會遠超過這本書的價格。

我在這本書的第 31 頁展示了一個範例，那是當時地球上最流行的一個軟體應用程式，叫做 Napster。Napster 的主視窗有五個按鈕，可以在五個畫面之間進行切換。由於在使用性方面有一個叫做「普遍公認用法」（affordance）的原則，因此這裡照理說應該不是用按鈕，而是應該用頁簽（tab）才對，這就是我當時想特別指出的一個點。

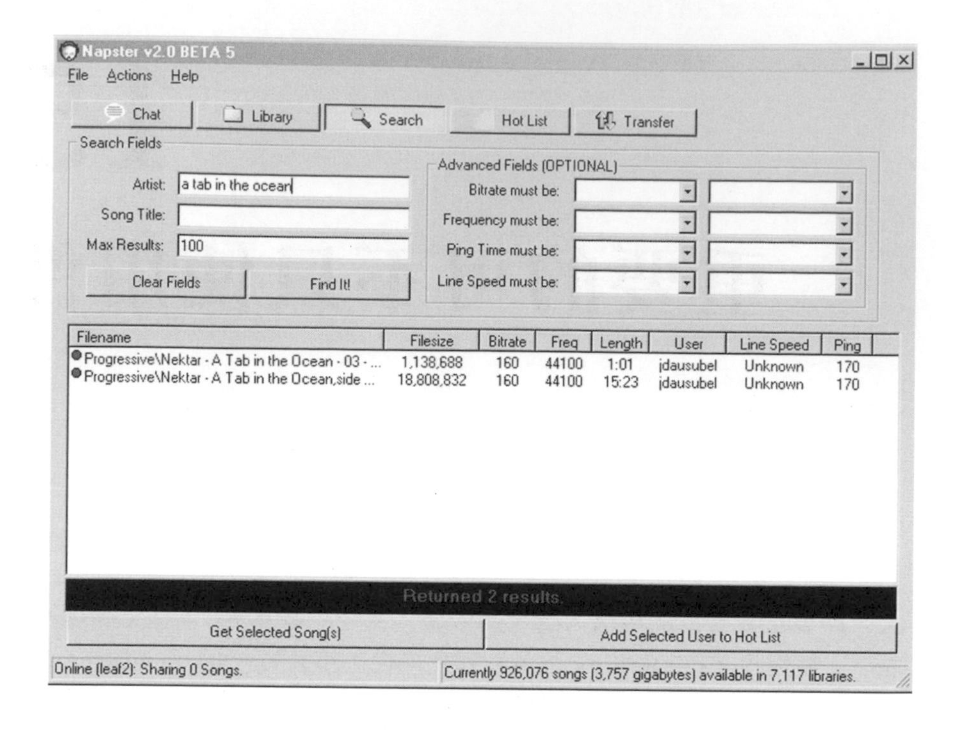

話雖如此，但 Napster 依然是當時地球上最受歡迎的軟體應用程式。

在早期的手稿版本中，我其實寫了一些像是「這正好可以向你證明，使用性也不是真的那麼重要」之類的話，而在一本探討使用性的書裡說這樣的話，好像有點怪怪的。後來排版人員告訴我，那一段文字必須稍作精簡，這下子我反倒鬆了一口氣。於是我二話不說，就把那句話刪掉了。

可怕的是，那句話某種程度來說也是事實（對於 UI 專業人士來說，的確蠻可怕的）：如果應用程式能做出大家真正想要、非常棒的功能，就算使用性極差，依然會大受歡迎。可是一個應用程式就算具有極佳的使用性，非常容易使用，如果做不出任何人想要的功能，最後還是會失敗。UI 顧問們總是抱持一種防衛的心態，弄出一大堆未必確實的 ROI 公式，幫客戶計算出 75,000 美元的使用性專案可以帶來多少的投資回報；這一切無非是因為使用性這東西，經常被認為是「可有可無的」——而且最可怕的是，很多時候確實是如此。在很多情況下確實是如此。像 CNN 這類的網站，就無法從使用性顧問那裡得到任何幫助。我很大膽地說，只要是以內容為主的網站，即便提高了使用性，也無法多增加一美元的營業額，因為那些以內容為主的網站（我指的是本身並非應用程式的網站），其使用性通常都已經非常好用了。

反正就是這樣啦。

話說回來，我今天的目標，並不是要抱怨使用性有多不重要……如果其他條件相同，使用性就會顯得非常重要；有很多例子可以證明，糟糕的使用性有可能會害飛機失事、造成飢荒和瘟疫等等。

我今天的目標，其實是打算討論你做出正確的 UI 之後，下一個層次的軟體設計問題：**社交介面的設計**。

我想我還是解釋一下好了。

1980 年代，軟體的「使用性」這東西剛被「發明」出來，當時大家關心的都是電腦與人類的互動。時至今日，很多軟體依然是如此。不過，網際網路給我們帶來了另一種全新的軟體：人與人之間互動的軟體。

討論群組、社群網路、網路分類廣告……哦！還有，呃……電子郵件。所有的這些軟體全都是在協調人與人之間的互動，而不是人與電腦之間的互動。

如果你的軟體所要協調的是人與人之間的互動，除了必須把使用性做好之外，你還必須把社交介面做對才行。而且，社交介面還更加重要。就算是全世界最優秀的 UI，也挽救不了社交介面很爛的軟體。

要說明「社交介面」這個東西，最好的方式就是舉幾個失敗和成功的例子。

一些例子

首先來看一個失敗的社交介面。最近每個禮拜都有一個我從沒聽過的人寄給我一封電子郵件，邀請我加入他們的社群網路。我並不認識這個人，所以我覺得有點不爽，於是就把郵件刪除了。曾經有人向我解釋為什麼會發生這種情況：有些社群網路軟體公司會使用一種工具，來瀏覽你的電子郵件通訊錄，然後向其中的每個人發送電子郵件，邀請大家加入。現在有一些電子郵件軟體會針對每一封收到的郵件，把寄件人的地址自動保存起來；而你只要去註冊過 Joel on Software 的佈告欄，就會收到一封從我這邊寄出的確認郵件，詢問你是否真的想加入；這兩件事加起來，就變成：有一群來自四面八方我不認識的人，只要其中有人使用那種會自動保存寄件人地址的軟體，無意之間就會把我當成他們的朋友。我很感謝你訂閱我的電子報，但我真的不認識你，我絕不會把你介紹給比爾·蓋茲的。我目前的做法就是，不去加入任何這類的社群網路，因為我強烈感覺到這樣的做法，實在不符合人際網路間真正該有的互動方式。

我們再來看另一個成功的社交介面。相較於面對面交談，很多人認為用打字的方式進行溝通，感覺比較不受拘束。年輕人可能覺得這樣比較不會害羞。他們如果是透過手機的簡訊，反而更有可能約到對象出去約會。這類的軟體在社交方面可說是非常成功，因為它從根本上改善了好幾百萬人的愛情生活（或至少改善了他們的社交生活）。雖然簡訊的使用者介面只能用可怕來形容，但是在年輕人之間倒是非常流行。好笑的是，每支手機其實都內建了另一個更好用的使用者介面，可用來進行人與人的交流：這個好用的東西，就叫做「電話」。你只需要撥打一組號碼，接下來你所說的一切，對方全都聽得到，反之亦然。真的有夠簡單。可是在某些圈子裡，電話卻沒有簡訊那麼流行。簡訊系統超難用的，你只能用手指笨手笨腳按一堆數字鍵，只為了說一句「你真的超辣」；你絕對沒膽量用嘴巴說出「你真的超辣」這句話，但你只要肯按那堆數字鍵，就有約會等著你了。

另一個成功的社交軟體就是 eBay。我記得我第一次聽到 eBay 這個概念時，還說它「簡直胡說八道！根本就行不通啦。沒有人會付錢給網路隨機遇到的某個人，還希望他真的那麼好心把商品寄過來啦。」很多人應該都這麼想吧。可是我們都錯了。錯錯錯，大錯特錯。eBay 對人類文化下了一個很大的賭注，而且最後還**賭贏**了。eBay 真正厲害之處就在於它獲得了巨大的成功，原因正是因為當時它看起來簡直就像個超爛的想法，所以根本沒人去嘗試，結果 eBay 便直接鎖定網路效應，還取得了先行者的優勢。

我們在看社交軟體時，除了看一些成功與失敗的案例之外，還可以看一下社交軟體的副作用。像是社交軟體本身的行為方式，對於所發展出來的社群類型，其實有很大的影響。譬如 Usenet 的客戶端有個大寫 R 的指令，可以用來回覆訊息，同時會在原文左邊用一些優雅的 > 來引用原始訊息。最早期的新聞閱讀工具並沒有所謂的「討論串」（thread），所以你如果想在回應某人觀點時保持連貫性，就**必須**用大寫 R 的功能來引用原文。這也就導致人們在回覆其他人的觀點時，形成了一種很特別的 Usenet 風格：逐行挑毛病。這對於愛挑毛病的人來說也許很有趣，但這類回覆絕對不值得一讀。（順帶一提，有一些網路菜鳥和政治部落客們，最近重新發明這種做法，自以為發現什麼新鮮有趣的東西，還把它稱之為 **fisking**，至於理由我就不再多說了。你放心，絕不是什麼骯髒的理由啦。）雖然人類互相辯論已經有好幾個世紀的歷史，但是軟體產品的一個小小功能，竟然無意間創造出另一種全新的辯論方式，這也是挺神奇的。

軟體小小的變化，也有可能對軟體所支援或不支援的社交目標，產生相當重大的影響。Danah Boyd 在他「自閉的社交軟體」（Autistic Social Software；`www.danah.org/papers/Supernova2004.html`）一文中，對網路社交軟體提出了很大的批評，他指責當前這一代的社交軟體，會迫使大家表現出自閉的行為：

> 各位稍微想一想，最近大家對於 *Friendster*、*Tribe*、*LinkedIn*、*Orkut* 等這類串連朋友關係的社群網路，紛紛表現出濃厚的興趣。這些技術其實是想把大家原本應該自行構建與管理的人際關係，在做法上變得更正式化、更形式化。他們做了個假設，就是你可以評價自己的朋友。在某些情況下，他們給了你一個可以與他人聯繫的絕對流程，並用這樣的程序來指導大家與新朋友建立關係。
>
> 雖然這樣的做法當然有其好處，因為在計算上來說，這確實是可行的做法，但如果大家認為這樣就可以把社交生活模型化，我實在感到很害怕。這實在太簡化了，結果大家很自然就採用這樣的做法，卻沒發現這其實就像患有自閉症，非要按照程序來進行互動才行。這種做法當然可以幫助到一些需要系統化做法的人，但它不應該是一種普遍適用的模型。此外，運用某種技術來制定出一種機械式的人際交往方式，這背後隱含了什麼意義呢？難道我們真的想要鼓勵大家去用這種自閉的互動方式來建立社交生活嗎？

軟體在實現社交界面時，如果不去考慮人類的文化面，做出來的東西就會令人毛骨悚然、顯得很笨拙，而且無法真正發揮其作用。

社交軟體的設計

我來舉個社交介面設計的例子好了。假設你的使用者做了某件不該做的事。

所謂良好的使用性設計，通常會請你直接告訴使用者，說明他們犯了什麼錯，然後告訴他們該如何改正。使用性顧問們都是打著「防禦性設計」的名號，來推銷這樣的做法。

但如果你真的有在製作社交軟體，就知道這樣的做法實在太天真了。

舉例來說，使用者所犯的錯，或許就是在討論群組裡發了一篇威而剛的廣告。

然後你就告訴他們：「對不起，威而剛並不是個合適的話題。你的貼文被拒絕了。」

你猜他們會怎麼反應呢？他們還是會繼續張貼威而剛的廣告（說不定還會開始批評審查制度，針對憲法第一修正案來一段時間很長的無聊咆哮）。

面對社交介面工程問題時，你一定要先瞭解一下社會學和人類學。在人類社會中，總有一些人想不勞而獲、喜歡騙人，或是做一些不合法的事。同樣的，在社交軟體中，總有人不惜犧牲社群裡其他人的利益，想濫用軟體來謀取私利。如果不加以防範，可能就會導致經濟學家所說的「公地悲劇」之類的事情。

使用者介面設計的目標，就是協助使用者獲得成功，而社交介面設計的目標，則是協助社群獲得成功，這也就表示，也許有必要讓其中某個使用者面臨失敗的情況。

所以，稍微有點經驗的社交介面設計師可能會說：「我們乾脆別顯示錯誤訊息了。我們姑且假裝接受那則威而剛的貼文好了。把那篇貼文顯示給發文者看，讓他高興一下，然後他的注意力就會轉到別的討論群組去了。至於那篇貼文，也不用再顯示給其他人看了。」

事實上，轉移攻擊最好的方式之一，就是讓攻擊看起來好像成功了。換句話說就是讓軟體裝死的意思。

不過，這種做法並不是 100% 有效。它只能在 95% 的情況下有效，但這樣一來你的問題至少就減少 20 倍了。這種做法就像社會學裡其他的東西一樣，雖然不是絕對精確，但依然有一定的效果。畢竟這種做法很多時候確實有效，所以就算並非萬無一失，還是值得一試。如果你遇到的是俄羅斯黑手黨的網路釣魚計畫，他們一定有辦法破解這套做法。至於那些在拖車公園裡整天想著要快速致富的佛羅里達空想家，大概不會想太多就往下一個目標前進了。我今天所收到的垃圾郵件，其中 90% 都還是天真到不行，甚至連微軟 Outlook 內建的超爛垃圾郵件篩選工具都能攔下來；其實它只會簡單搜尋某些關鍵片語，竟然還能攔下那麼多垃圾郵件，你就知道大部分的垃圾郵件有多兩光了吧。

社交介面的推廣

幾個月前，我察覺到我們 Fog Creek 公司的軟體團隊裡大家都很關注一件事，那就是大家都好像近乎痴迷地想把社交介面做得更好。舉例來說，FogBugz 有許多功能，甚至許多稱不上功能的部分，其設計目的都是為了讓「追蹤問題」這件事能夠讓大家**真的動起來**。客戶們一次又一次告訴我們，他們之前的問題追蹤軟體根本沒人會去用，因為那些軟體並不符合大家想要的合作方式，但是改用 FogBugz 之後，大家就真的開始用了，而且還沉迷其中，甚至改變了大家一起工作的方式。我知道 FogBugz 真的很管用，因為每次一出新版本，升級率都非常高，所以我知道 FogBugz 絕不是擺在架子上好看的軟體而已，而且隨著產品的傳播，即使已經購買大量授權的客戶，還是不斷回來購買更多的使用者授權，可見這軟體確實有很多人真的在使用。這確實是我真正引以為傲的事。給團隊使用的軟體，通常都很難站穩腳跟，因為這樣的軟體往往需要團隊裡的每個人同時改變自己的工作方式，而人類學家會告訴你那幾乎是不可能的事。基於這個理由，因此 FogBugz 做了許多設計上的決策，希望可以讓團隊裡就算**只有一個人**在用，也會覺得很好用；還有許多的設計功能，也會鼓勵大家逐漸把做法傳播給團隊的其他成員，到最後很自然就會變成每個人都在用了。

我自己的網站裡所使用的討論群組軟體，很快就會變成 FogBugz 的一個功能來販售，而對於這個軟體的社交介面方面，我們想把事情做對的念頭更加執著。這個軟體有許多的功能，和一些稱不上功能的部分，加上一些設計上的決策，使得其中的討論群組出現許多非常高水準的有趣對話，其信噪比可以說是我所加入過的任何討論群組中最棒的。我在下一章就會談很多關於這方面的內容。

最近這段期間，我越來越認同良好社交介面設計的價值理念：我們請來了 Clay Shirky（此領域的先驅）這樣的專家，針對 Joel on Software 討論群組裡可憐的使用者們進行了一些大膽的實驗（其中有許多很微妙的實驗，幾乎沒引起任何人注意，例如在你輸入回覆時，我們並不會顯示你正在回覆的貼文，希望這樣可以減少引用原文的情況，讓整個討論串變得更容易閱讀），而且我們也大力投資一些進階演算法，希望可以減少討論群組裡的垃圾訊息。

全新的領域

「社交介面設計」這個領域還在剛起步的階段。我並沒有看到**任何**關於這方面的書籍；目前只看到有少數人在這方面做了一些研究的工作，而社交介面設計方面的相關科學組織也還沒出現。「使用性設計」的概念剛開始發展的早期，軟體公司會聘請一些人體工學和人因工程的專家，來協助設計出好用的產品。人體工學專家很瞭解辦公桌最合適的高度，但他們並不知道如何針對檔案系統設計出好用的 GUI 圖形界面，因此一個全新的領域就出現了。到最後，使用者介面設計這門學問便應運而生，進而提出了一些像是一致性（consistency）、普遍公認用法（affordability）、回饋（feedback）之類的概念，成為了 UI 介面設計科學的基礎。

我預料在接下來十年裡，軟體公司會開始聘請一些接受過人類學與人種文化學訓練的專家，協助進行社交介面的設計。他們並不是去建立一些實驗室，而是走入使用者聚集的所在，去研究各種人類文化的特性。希望我們能進一步找出社交介面設計的新原則。這一定會出現許多非常迷人的新發展……就像 80 年代使用者介面設計的發展一樣有趣……敬請期待後續發展囉。

16

用軟體來打造社群

2003年3月3日，星期一

社會科學家 Ray Oldenburg 在他的《The Great Good Place》（超級棒的好地方，Da Capo Press，1999 年）一書中談到，人類除了工作和家庭以外，也很需要有個第三場所，能與朋友見見面、喝喝酒，聊聊自己當天所遇到的事，享受一些人際互動的樂趣。咖啡店、酒吧、美髮沙龍、啤酒屋、撞球店、俱樂部和其他這類的聚會場所，其實與工廠、學校和每個人的家一樣重要。但資本主義社會一直不斷在侵蝕這些第三場所，因此整個社會在這方面就變得越來越貧乏了。Robert Putnam 在他的《Bowling Alone》（獨自打保齡球，Simon & Schuster，2001 年）一書中，透過許多引人入勝且有憑有據的細節，提出了大量的證據，證明美國社會幾乎已經逐漸喪失掉這些第三場所了。在過去 25 年裡，美國人「更少加入會碰面的組織、更少去瞭解我們的鄰居、更難得與朋友見面、甚至更少與家人來往。」對於大多數的人來說，生活就只剩下上班工作、下班回家看電視而已。工作、看電視、睡覺、工作、看電視、睡覺，就這樣不斷循環。在我看來，這樣的現象在軟體開發者身上更為嚴重，尤其在矽谷和西雅圖郊區等地更是如此。很多人大學畢業之後，就搬到一個陌生的新地方，然後基本上因為太孤獨，所以每天都工作 12 個小時。

因此，有非常多渴望與人接觸的程式設計師，紛紛湧向各種線上網路社群——聊天室、討論區、開放原始碼專案和《網路創世紀》（Ultima Online；譯註：這是一款經典 RPG 遊戲的線上版），這也就不足為奇了。實際上我們在打造社群軟體時，某種程度就是想打造出一個「第三場所」。在這類的架構型專案中，我們所做的每個設計決策都很重要。酒吧的聲音太吵，大家就很難對話。這就是酒吧在設計上與咖啡店截然不同之處。像星巴克這樣的咖啡店，要是在店裡沒有很多椅子，大家就只能把咖啡帶回自己孤獨的房間，這樣當然無法像《六人行》（Friends）影集那樣，一夥人整天窩在那神奇咖啡館裡打混瞎聊了——我們之所以愛看這部影集，或許就是因為它雖然只是個有點虛幻的「第三場所」，但至少也可以算是聊勝於無吧。

以軟體架構來說，設計決策真的非常重要，因為它會決定之後將發展出什麼樣的社群類型。如果你讓某些事變得很簡單，大家自然就會更經常去做那些事。如果你讓某些事變得很困難，大家就會比較少去做。透過這樣的方式，你就能用一種比較溫和的方式，鼓勵大家用特定的方式去做某些事，進而決定社群的特色與品質。你想讓大家感覺很親切嗎？你希望多一點充實又有深度的對話，飽藏各種新鮮有趣的想法，感覺就像是那種知識分子特別愛的歐洲沙龍？還是空蕩蕩的像一片沙漠，只看到地上散落幾張廣告單，大家連撿都懶得去撿？

只要去觀察幾個網路上的社群，你就能馬上察覺出各自不同的社交氛圍。如果再進一步仔細看，你就會發現這樣的差異，通常是當初軟體設計決策所得出的結果。

Usenet 裡的討論串，經常會持續討論好幾個月，到後來往往都會離題，你永遠不知道最後會聊到哪裡去。每次一有新手偶然路過，問了某個老問題，老手就會叫他別再問了，先去看精華區文章吧。而那些跟在 > 符號後面的引用文字，簡直就像是一種病；無論你看哪個討論串，總免不了要重讀幾秒前才剛看過的東西，一遍又一遍回顧整串討論的歷史，實在有夠煩的。這根本就是 Shiemiel 油漆工的閱讀體驗。（譯註：參見《約耳趣談軟體》第二章的一個笑話，可衍生出所謂的 Shiemiel 油漆工演算法，意指反覆去做重複工作的一種演算法。）

在 IRC 的聊天室裡，你無法擁有自己專屬的暱稱，也無法擁有屬於自己的頻道（channel）——只要最後一個人離開聊天室（chatroom），任何人都可以接管這個聊天室。這個軟體的運作方式就是如此。因此，第二天就算你回到同一個聊天室，也可能找不到自己的朋友，因為你的朋友有可能被迫去選另一個不同的暱稱，而你甚至有可能被其他人擋在聊天室外面。如果你想阻止澳州 Perth 那些專門攻擊同性戀的人，趁著大家睡覺時接管某個同性戀聊天頻道，唯一的方法就是建立一個軟體機器人，整天 24 小時留在聊天室裡頭守住這個頻道。有許多 IRC 的玩家甚至會花很大的精力去投入複雜的機器人大戰，試圖去接管某些頻道，或是做一些愚蠢的行為，而不是進行真正的對話，最終往往會毀掉我們其他人真正想做的事情。

在大多數投資討論區裡，想從頭到尾跟隨某個討論串，幾乎是不太可能的事，因為每則貼文都有自己專屬的頁面，這樣雖然可以擺放大量的橫幅廣告，但在閱讀對話時，延遲的問題肯定會讓你抓狂。對話的周圍總是閃爍著大量的商業廣告，就好像你站在時代廣場的中央，想要結交朋友卻一直被霓虹燈吸引，要集中注意力實在太困難了。

Slashdot 裡的每一個討論串，都有好幾百則回覆，而且很多都是重複的，所以經常讓人覺得既愚蠢又乏味。稍後我就會談到 Slashdot 為什麼會有這麼多重複的回覆，而 Joel on Software 的討論區卻不會如此。

至於 FuckedCompany.com 裡的討論區，根本毫無價值；絕大多數貼文都是一些無關緊要的褻瀆與辱罵，感覺就像是一場兄弟間的粗魯競賽，只是完全沒什麼兄弟情誼可言。

因此，我們發現了一個網路社群的重要公理：

> 軟體實作細節上的小小差異，往往會導致社群的發展、行為與感覺產生極大的差別。

IRC 的使用者會組織起來進行機器人大戰，是因為這個軟體不讓使用者保留住某個頻道。Usenet 的討論串讀起來感覺很囉嗦，是因為當初 Usenet 的閱讀工具「rn」是特別針對鮑率（baud）只有 300 的 modem 數據機而設計，它根本不會顯示舊的貼文，只會顯示新的貼文，所以你如果真的想挑剔某個人所說的話，就必須引用原文才行，否則大家就看不懂你的挑剔文了。

有了這樣的理解之後，我想藉此機會回答一下 Joel on Software 討論區裡最常見的一些問題，解釋一下我們為什麼要做那樣的設計、實際運作的方式，和一些可改進之處。

問：為什麼這個討論區軟體的功能如此簡化？

答：Joel on Software 這個討論區早期的重點，就是希望讓討論對話的數量達到一定的臨界點，以免遭遇「空餐廳現象」的窘境（空無一人的餐廳，往往沒人會進門，因為大家總會去隔壁那間坐滿人的餐廳，就算東西很難吃也一樣。）因此，設計的首要目標，就是盡可能消除發文的障礙。這就是為什麼不用註冊也能發文的理由，而且我們的討論區也沒有什麼特別的功能，所以根本不用花力氣去學。

這個討論區的商業目標，就是為 Fog Creek 公司的產品提供技術支援。這就是我們花力氣去開設這個討論區的目的。為了實現此一目標，軟體本身當然要超級簡單，讓任何人都能用得很舒服，除此之外也沒有什麼更重要的事了。至於討論區的運作方式，一切的一切全都非常明顯。我還真的不知道有誰無法立刻搞懂該如何使用。

問：你們能不能做一個功能，讓我可以勾選「只要有人回覆我的貼文，就給我發一封電子郵件？」

答：要實現這個功能太容易了，而且對程式設計師來說也很有吸引力，不過這也是扼殺掉年輕討論區的最佳做法。

因為只要實現了這個功能，你的討論數量就永遠無法達到臨界點了。

Philip Greenspun 的 LUSENET 討論區就提供了這個功能，而你也可以看到那些年輕的討論群組，到最後終究失去了活力。

為什麼會這樣呢？

其實一開始，大家都會去群組裡提問題。但如果你提供「通知我」的勾選項，大家就只會把自己的問題發出來，再把這個選項打勾，然後就不會再回來了。因為有了這個功能，大家就只會在自己的郵箱裡查看回覆的內容。這樣當然沒什麼搞頭囉。

如果沒有這個勾選項，大家也就別無選擇，只好每隔一段時間回來查看一下。大家回來查看時，可能也會順便去閱讀另一篇看起來蠻有趣的貼文。這樣大家才比較有可能去對別人的貼文做出貢獻。在最關鍵的早期階段，如果你真的想把討論群組炒熱起來，就要多增加一些「粘性」讓更多人回來閒逛，這樣才能更快達到討論數量的臨界點。

問：好吧，但你們至少能不能給個討論分支的功能呢？如果有人岔開話題，就讓他自己分支出去，大家可以跟著切過去討論，也可以留在主線上繼續討論。

答：分支功能對程式設計者來說很合邏輯，但這種對話方式並不符合現實世界的情況。分支討論會分散注意力，造成不連貫的感覺。你知道什麼事情總讓我分心嗎？每次我想去銀行的網站做點事，總會遇到網站速度太慢的問題，有時事情做到一半，我都忘了自己要做什麼了。這倒是讓我想起一個笑話。有三個老太太在聊天。第一個老太太說：「我太健忘了，前幾天我背個袋子站在我家公寓前，竟然想不起來，我究竟要去倒垃圾、還是去雜貨店買東西。」第二個老太太說：「我也很健忘，有天我坐在車上，竟然想不起來，我究竟是回家、還是要去別的地方。」第三個老太太說：「謝天謝地，我還有點記性，頭腦清楚得很（這時旁邊的老太太用指頭敲木桌，發出扣扣扣的聲音）。咦？誰呀？門沒關，自己進來吧……我們剛才聊到哪兒啦？」岔題的分支，會讓討論偏離正軌，而閱讀那種有分支的討論串，總讓人感覺混亂又不自然。如果大家真的想討論別的話題，最好的做法就是強迫他們另開一個新話題。對了，這又讓我想起另一件事……

問：你們的主題列表排序有問題。最近回覆的主題應該排在最前面才對，而不是根據最原始那篇貼文的時間來排序。

答：這點當然做得到；網路上有很多別的討論區就是這樣做的。但這樣一來，有些話題就會永遠佔住最前面的位置，因為大家好像總是很樂意去爭論一些像是 H1B 簽證、或是大學裡資訊科學系有什麼問題之類的話題，討論到天荒地老也不覺得煩。討論區每天都有一百個第一次來的新人，他們總是從話題列表的最前面開始看起，然後很快就會興致勃勃投入那些話題。

我這樣做有兩個好處。第一，各種話題很快就會消失，所以對話內容相對比較有趣。大家不管再怎麼爭論某件事，到最後總是會消停下來。

第二，陳列在首頁的各種主題順序會很穩定，所以你要再次找到自己感興趣的主題比較容易，因為它與相鄰的主題總是保持著固定的相對位置。

問：為什麼你們不建立某種系統，讓我可以分辨自己讀過哪些貼文？

答：有哦！我們採用的是一種具可擴展性的最佳做法——其實我們是靠大家用自己的瀏覽器，來追蹤記錄自己看過的貼文。瀏覽器會自動把你看過的連結從藍色變成紫色。因此，我們利用了一種很巧妙的做法——讓各主題的 URL 包含回覆貼文的數量，這樣一來，只要有新的回覆，這個主題的連結就會再次呈現出「未讀」的藍色。

任何比這還要複雜的做法，做起來都比較難，而且會把使用界面變得更複雜，實在沒有必要。

問：那該死的「回覆」連結，為什麼非要放在頁面最底部呢？從使用性來看，這真的很煩，因為一定要滾動到頁面最底部才能看到。

答：這是故意的。我希望你能在回覆之前，先讀過所有的貼文；否則你很可能會發佈一些重複的內容，或是發出一些沒什麼連貫性的內容。當然，我沒辦法強迫你的眼球一定要從左讀到右，或是強迫你讀完整個討論串再發文，但如果我把「回覆」連結放在頁面底部以外的任何地方，就等於是鼓勵大家讀完現有的內容之前，可以先急著吐出自己心中的想法。這就是為什麼 Slashdot 的主題經常有 500 個回覆，卻只有 17 個回覆比較有趣的理由；這也是 Slashdot 的討論沒人喜歡看的理由：這簡直就像是教室裡一堆七嘴八舌的孩子，同時大聲喊出同樣的答案一樣。(「哈哈……比爾蓋茲！這矛盾的比喻方式還不賴吧！」——譯註：過去在 Slashdot 討論區裡的人，沒事就喜歡把比爾蓋茨叫出來，這幾乎已經變成 Slashdot 裡的一個經典梗了。)

問：那該死的「建立新主題」連結，怎麼也放在頁面最底部呢？

答：嗯，理由同上。

問：為什麼不在大家發表貼文之前，先讓大家預覽一下自己的貼文，以便做個確認？這樣大家比較不會犯錯，或是寫出一堆錯別字。

答：以經驗上來說，事實並非如此。這非但不是事實，而且正好相反。

第一：就算有個確認的步驟，大多數人還是會跳過這個步驟。很少有人會仔細閱讀自己的貼文。如果真想仔細看一下自己的貼文，在編輯時就會仔細看了；而且，到後來他們只會對自己的貼文感到厭煩，就好像看到昨天的報紙一樣，所以到最後大家都只會選擇跳過，繼續前進。

第二：少了這個確認的步驟，反而會讓人更加謹慎。有些研究顯示，在曲折的山路上，拆掉防撞護欄反而更安全，因為這樣大家會比較害怕，結果反而會更小心駕駛；況且不管怎麼說，一輛兩噸重的 SUV 如果要以 80 公里的時速飛出懸崖，那些脆弱的鋁製防撞護欄還是擋不住的。統計上來看，不如讓那些司機感到害怕，只敢用時速 10 公里的速度繞著髮夾彎行駛，這樣的效果反而更好。

問：為什麼不在我寫回覆的時候，同時顯示我正在回覆的那則貼文？

答：因為那樣會讓你在回覆時，忍不住就去引用原始貼文的內容。我所能做的就是盡量減少引用量，增加對話的流暢性，讓話題更有趣。只要有人引用之前的內容，閱讀這串討論的人就必須讀兩次同樣的內容，這根本毫無意義，而且保證很無聊。

有時大家還是很想引用一些東西，通常是因為自己想回覆的內容隔得比較遠，或是因為他們就是想要吹毛求疵，針對十二個不同的觀點一一做出反駁。這些人都不是壞人，他們只不過是一般的程式設計師而已；在做程式設計時，你會要求每個 i 上面一定都要有個點，每個 t 也一定都要有條橫線，所以你很自然就會落入一種心態，那就是無法忍受任何爭論得不到回答，就像你實在很難忽略編譯器所給出的任何一個錯誤一樣。但如果我讓你很容易就能做到這件事，那就是我的不對了。我甚至想找出一種做法，讓貼文改用圖片來呈現，這樣你就無法複製貼上了。如果你所要回覆的東西真的隔得比較遠，請多花點時間寫個像樣的句子（「Fred 在提到……的時候，他一定是沒考慮到……」）；請不要用 <<< >>> 製造出一大堆的垃圾。

問：為什麼有時候某些貼文會消失？

答：這個討論區是有人在管理的。這也就表示，確實有一些人擁有刪除貼文的權力。如果他們所刪除的貼文，正好是整個討論串裡的第一則貼文，整串討論似乎就會因為無法存取而整個消失了。

問：這不就是內容審查嗎？

答：不，這比較像是在公園裡撿垃圾。如果我們不這樣做，討論區裡的信噪比（signal-to-noise ratio）就會變得非常糟糕。有人會發出一大堆垃圾內容和致富計畫，有人會針對我發一些反猶太的內容，還有人會發一些毫無意義的廢話。有些懷抱理想主義的年輕人，可能會想像出一個完全沒有審查的世界，大家都可以在這個世界裡自由交流一些聰明的想法，拉高每個人的智商，就像理想中的牛津辯論社或言論廣場之類的。不過我還是比較務實，我知道那種完全沒有審查的世界，最後都會變得很像你的郵件收件匣：80% 都是垃圾、廣告和詐騙郵件，很快就會把原本有興趣的人全都嚇跑了。

如果你真的很想找一個毫無限制表達自我的地方，我的建議就是（a）你可以自己去建立一個全新的討論區，然後（b）讓這個討論區大受歡迎。（抱歉啦，Larry Wall。——譯註：Larry Wall 是 Usenet 的 rn 閱讀工具開發者，他一向都很支持完全自由開放的討論。）

問：你如何判斷該刪除哪些貼文？

答：首先，我會先刪除掉那些完全偏離主題的貼文，或是我認為只有極少數人會感興趣的貼文。有些主題對某些人來說或許很有趣，但它並不屬於 Joel on Software 裡一般人會感興趣的主題，因為來我網站裡的大多數人，想看的應該是軟體開發方面的主題。

針對討論區本身的討論，例如討論區的設計，或是使用性方面的討論，這些對我來說都算是「偏離主題」。不過，刪除這類貼文的理由稍有不同——這個理由幾乎都快要變成另一個公理了。無論是討論區、郵件討論串、討論群組、BBS 或其他類似的東西，大概每隔一兩週就會有人討論起討論區本身的問題。幾乎每個禮拜都會有人跑出來宣告，列出他認為這個討論區需要改進的項目，並且要求立即改進。然後就會有人說：「嘿老兄，你又沒有付錢，約耳只是在幫大家的忙，你不要搞錯了。」然後又有人會說：「約耳做這件事才不是因為好心，他根本就是為了幫 Fog Creek 公司做行銷。」類似的對話每週都會出現，真的很無聊。這簡直就像是「不知道要聊什麼只好聊天氣」一樣。這些討論對那些剛進討論區的新人來說或許有點意思，但這只能說勉強與軟體開發有關，所以，就像 Strong Bad 所說：「刪掉就對了。」

遺憾的是，我發現想讓大家停止談論討論區本身的問題，簡直就像要堵住河流一樣。但我還是要拜托大家，如果你讀了這篇文章，卻還是想聊討論區的事，拜托拜託算我求你了，請幫我一個大忙，務必克制住這樣的衝動呀。

如果貼文是針對非公眾人物的人身攻擊，我們一定會把它刪除。關於這一點，我最好還是做個定義。所謂的人身攻擊（ad hominem attack）就是針對個人、而不是針對個人想法的攻擊。如果你說「這想法實在很愚蠢，因為……」這樣是沒問題的。但如果你說「你實在很愚蠢」，這就是人身攻擊。如果貼文非常惡毒、不文明或具有誹謗性，我就會二話不說把它刪除。不過有一個例外：因為 Joel on Software 的討論區是批評約耳我本人最佳的場所，所以，針對約耳個人發出一些惡毒、不文明的貼文，還是可以被接受的，不過前提就是內容還是要包含一些有用的論點或想法啦。

如果只是評論先前文章裡的拼寫錯誤或語法錯誤，這類貼文我也會自動刪除。比如我們正在談面試的話題，有人卻說「像你這樣的拼寫能力還能找到工作，真是太神奇了。」這實在很不 OK。議論別人的拼寫能力，真的是太無聊了。超級、超級無聊。

問：你們幹嘛不直接公佈規則就好，非要弄得這樣神秘兮兮的？

答：前幾天我從紐華克（Newark）國際機場搭火車回曼哈頓。沿途除了看到一堆年久失修的景象之外，我還看到一個大大的告示，上面寫了一段非常嚴厲又很詳細的說明，說你如果有任何不端的行為，到下一站就會被請下車，而且警察也會馬上過來處理。我想，看到那則告示的人，大概 99.99999% 都不會有什麼不端的行為，至於真正行為不端的人，根本不會在乎告示寫了什麼東西。所以這則告示實際的效果，就是讓大多數誠實的公民，覺得自己好像被指控會去做壞事，而實際上它卻無法阻止真正的反社會人士；它只會不斷提醒紐澤西的好公民，身處於紐華克這個犯罪之都，隨時會有一些反社會人士坐上火車，做一些讓人不愉快的事，比如大吵大鬧之類的，到最後這些人都會被請下車，交給警察去處理。

我其實也不知道為什麼，在 Joel on Software 討論區裡幾乎每個人的大腦天生都有一小部分會提醒他們，無論是發佈惡毒的人身攻擊，或是在軟體討論區發表法語學習方面的提問，或是批評別人的拼寫錯誤、一副想找人吵架的樣子，這些都算是很不文明的行為。而另外那 .01% 的人，根本就不會去管什麼規則。所以公佈這類的規則，只會演變成侮辱大多數守法公民的效果，至於那些認為自己的大便聞起來很香、自己所張貼的東西絕不可能違反規則的白痴們，那些規則也不會有什麼作用。

如果你直接在公開場合對付那些惹是生非的人，其他人反而有可能會認為你太偏執，或是自以為沒做錯事還被責罵，因而感到憤憤不平。這就好像是回到了小學，只因為有個傻孩子打破一扇窗戶，每個人就必須坐在那裡聽老師對全班同學嚴厲訓話，說著為什麼不能打破窗戶的理由。因此，公開討論這類話題，例如某篇貼文為何會被刪除，這些都是禁忌。

問：與其刪除貼文，不如給個合理的做法，讓大家可以根據自己對貼文的喜愛程度來投票，然後大家就可以選擇得票數比較高的貼文來閱讀了不是嗎？

答：當然可以，這其實就是 Slashdot 的做法，不過我敢跟你打賭，那些經常到 Slashdot 讀貼文的人，其中大概有一半以上的人都沒搞懂過規則。我並不喜歡這種做法，理由有三個。第一：這會讓 UI 變複雜，大家必須花腦筋去學怎麼用。第二：它會製造出很複雜的政治生態，相較之下，拜占庭帝國大概只能算是小學三年級的程度而已。第三：在閱讀 Slashdot 的貼文時，如果你把篩選的條件調高，希望只看到一些有趣的貼文，結果你會發現，整個討論串變得零零散散、讓人找不到頭緒。最後你只會看到一堆沒頭沒腦的隨機內容。

問：為什麼不利用註冊的做法，來排除掉一些粗魯的發文者？

答：正如我之前的解釋，這個論壇的目標，就是希望可以讓發文變得很簡單。（還記得嗎？我們開發這個軟體，是為了做好技術支援工作。）如果要求必須註冊的話，原本可能發文的人至少會少掉 90%；如果從技術支援的角度來看，這 90% 的人大概就會跑去撥打我們的免付費電話。

此外，我也不覺得註冊的做法有什麼用。有些人就是想惹事，禁止他們也無濟於事，他們只會重新註冊一個新帳號，這又不是什麼多困難的事。想利用註冊的做法來改善社群的生態，這已經是很古老的想法了，我認為，對那種會員制收費型的研討會來說，這種做法應該很適用，因為在這種研討會中，大家都很希望透過共同的話題來建立人際網路，而且你必須付點錢，才有資格加入這樣的研討會。

但要求註冊的做法，並不會提高對話的品質，也不會提高參與者的平均水準。如果你仔細觀察 Joel on Software 討論區的信噪比，可能就會開始注意到，那些講話最大聲的人（也就是發文最多但貢獻想法最少的人）通常都是一些長期在討論區裡到處逛、每十分鐘就會來查看討論區裡發生什麼事的忠實會員。這些人好像覺得自己有必要針對每個主題做出回覆，就算他們心裡沒什麼想法可以貢獻，只是附和一句「我同意」也好。這些人肯定都會註冊的。

問：你們對未來有什麼計畫嗎？

答：開發這類的討論區軟體，並不是我們公司、也不是我個人最優先的工作：現在它已經足夠好，完全可以正常運作，也創造出一個很有趣的地方，讓大家可以討論電腦管理上的各種難題，而且還可以從全世界最聰明的一些人身上，得到各種不同的想法。我還有太多更棒的事情要去做。也許還有一些其他人，可以針對討論區的使用性，創造出下一次重大的進展。

我剛建立了一個「紐約市」討論區，想看看這種根據地理位置所設的討論區，能不能更促進大家相互瞭解，無論在現實世界或透過網路都好。以我的經驗來看，這種跟地理位置有關的社群，可能會讓整個社群從原本單純的網路交流，一躍而成為一個真實的社會，變成一個貨真價實的第三場所。

不管怎麼說，創立社群真的是個很崇高的目標，因為我們有太多的人都很欠缺社交方面的生活體驗。就讓我們一起繼續努力吧。

IV 大型專案的管理

17
火星人的耳機

2008 年 3 月 17 日，星期一

你一定要到 Web 開發者經常去的一些討論群組，才能見識到什麼叫做真正激烈的論戰。相較之下，史達林格勒戰役簡直就像是「你大嫂和你奶奶喝下午茶，突然一言不合爆氣離開，結果開著跑車把樹撞爛了」這樣的程度而已。

最近即將到來的一場論戰，是由 Dean Hachamovitch 所主持，他是微軟的資深員工，目前他所帶領的團隊，負責的是 IE 的下一個版本——IE 8.0。IE 8 團隊正打算做出一個決策，這個決策正好完美而準確地落在一條分隔線的正中央，而分隔線的兩邊，正好代表人們看待這個世界的兩種不同方式。那是保守派和自由派之間的分別，也是「理想主義者」和「實用主義者」的歧異，而在這場規模龐大的全球聖戰中，就算是同一家人也要選邊站；這是工程師與資訊科學家的對戰，也是現代化與傳統文化的對戰。

而且，完美的解法根本就不存在。不過這場論戰肯定非常好看，因為這場論戰 99% 的參與者恐怕連自己要談什麼都還沒真正搞清楚。這不但很有娛樂效果，而且對於每個需要設計出「具有可互相操作性」（interoperable）的系統開發者來說，這絕對是必須關注的一場論戰。

這場激烈的論戰，主要是圍繞所謂的「web 網路標準」這個主題而展開。這個部分就讓 Dean 自己來說明一下好了（`blogs.msdn.com/ie/archive/2008/03/03/microsoft-s-interoperability-principles-andie8.aspx`）：

> 所有瀏覽器都有個所謂的「標準模式」（*Standards mode*），瀏覽器可以透過此模式，針對所謂的「*web* 網路標準」呈現出最佳的實作成果。目前每個瀏覽器的每個版本都有自己的標準模式，因為每個瀏覽器的每個版本為了支援「*web* 網路標準」，都做出了一些相應的改進。我們有 *Safari 3* 的標準模式、*Firefox 2* 的標準模式、*IE 6* 的標準模式和 *IE 7* 的標準模式，這些標準模式其實全都各不相同。而我們現在想要做的，則是一個比 *IE 7* 標準模式好很多的 *IE 8* 標準模式。

這整件事的重點是，如果某網頁宣稱自己確實已經符合「標準」，但它其實只在 IE 7 裡做過測試，這時候 IE 8 就必須做出一個小小的決策，判斷自己該如何去處理這樣的網頁。

話說回來，這裡所謂的「標準」，到底是什麼鬼東西呀？

難道這一大堆各式各樣的工程做法，都沒有一致的標準嗎？（是有標準的。）

大家不是都應該遵循那些標準嗎？（呃……）

「web 網路標準」為什麼如此混亂？（這不只是微軟的錯。這也是你的錯。還有 Jon Postel（1943–1998）也有錯。我稍後就會解釋。）

這個問題根本就沒有解決辦法。每一種解決方案都錯得很離譜。Ars Technica 的 Eric Bangeman 就曾寫道：「IE 團隊必須在一條很細的鋼索上前進，一方面要嚴格支援 W3C 標準，另一方面又要確保那些針對 IE 早期版本所寫的網站，依然可以正確顯示」（`arstechnica.com/news.ars/post/20071219- ie8-goes-on-an-acid2-trip-beta-due-in-first-halfof-2008.html`）。這樣的做法根本就不對。才沒有什麼很細的鋼索咧。那條鋼索的寬度其實是負值。根本沒有地方可走。如果他們真的這樣做，結果一定會很慘；但如果不這樣做，他們還是會很慘。

這就是我對於這件事沒辦法選邊站、也不會選邊站的理由。不過，每一個軟體開發者至少都應該瞭解一下「標準」的原理、原本它應該是什麼樣子、後來又為什麼會變那樣；所以，我打算在這裡稍微解釋一下這件事，而你也會看到，微軟的 Vista 之所以賣得很差，其實也是同樣的理由；過去我曾經提到過微軟的 Raymond Chen 陣營（實用主義者）與 MSDN 陣營（理想主義者），在這裡所遇到的其實也是同一件事。我們都知道後來 MSDN 陣營獲勝了，所以在微軟的 Office 2007 裡，沒有人知道自己最喜歡的選單命令究竟跑哪裡去了，也沒有人想升級到 Vista，其實這一切全都可以歸結到同一個提問：你究竟是理想主義者（紅隊），還是實用主義者（藍隊）？

就讓我從頭開始談起吧。首先我們來思考一下，怎麼讓不同的事物彼此合作。

什麼樣的事物呢？其實就是任何的事物。比如說，一支鉛筆和一台削鉛筆機。一個電話和一套電話系統。一個 HTML 頁面和一個 Web 瀏覽器。Windows 的一個 GUI 應用程式和一套 Windows 作業系統。Facebook 和一個 Facebook 應用程式。一個立體聲耳機和一套立體聲音響。

在兩種事物的接觸點上，有很多東西都必須先達成一致，否則肯定兜不起來。

我就用一個簡單的例子來說明好了。

假設你去了火星，發現在那裡生活的人，還沒有隨身聽這類播放音樂的設備。大家都還在使用組合式音響。

你意識到這是個巨大的商機，於是你便開始賣起了 MP3 隨身聽（不過這東西在火星叫做 Qxyzrhjjjjukltks），還有相容的耳機。為了讓 MP3 隨身聽能夠與耳機相連，你還發明了一種很簡潔俐落的金屬接頭，如下圖所示：

由於隨身聽與耳機都在你的公司掌控之中，所以你當然可以確定，你的隨身聽與你的耳機絕對可以順利搭配正常運作。這是個「一對一」的市場。只有一種隨身聽，對上一種耳機，再簡單也不過了。

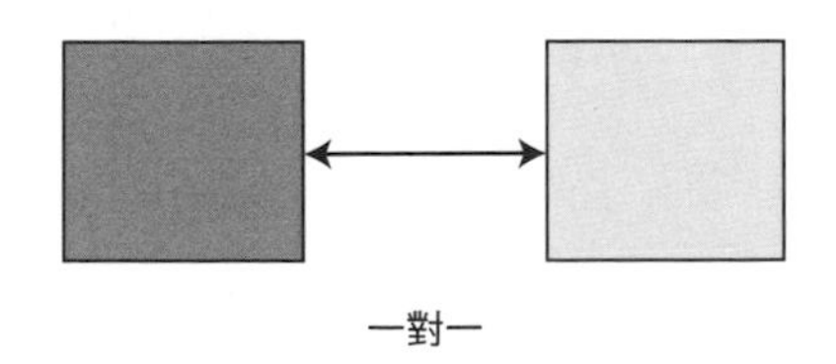

一對一

也許你會寫個規格，讓第三方廠商可以去製造出不同顏色的耳機，因為火星人對於戴在自己耳朵上的耳機顏色非常挑剔。

may not touch the connecting block *l*, an insulating washer *g*, is placed under the screw and washer *h*. The insulating washer is made large enough so that there will be no stray strands to short-circuit the plug. The sleeve *s* is made from brass tubing and passes through the insulating tube *k* to its

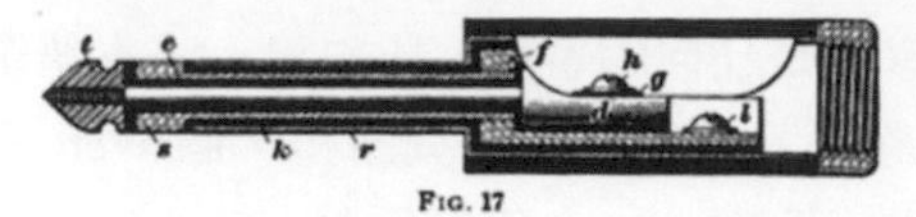

FIG. 17

connecting block *l*, within which it is screwed; the connection is made to the sleeve under the screw and washer *l*. The sleeve connection is made by bending back one of the conductors, when the cord is screwed into the shank of the plug. The strand is thus pinched tightly against the threads, making

不過你在寫規格的時候，忘了寫電壓應該設定在 1.4 伏特左右。你只是很單純把這件事漏掉了而已。接著，第一家滿懷抱負、強調 100% 相容的耳機製造商登場了，他們的耳機所預期的電壓是 0.014 伏特，所以他們在測試耳機的原型機時，要不是燒壞了耳機，就是燒壞聆聽者的耳膜，就看哪一個先燒壞為止。後來他們做了些調整，最後終於設計出一個可正常運作的耳機，只比你的耳機強了一點點。

再後來，越來越多製造商推出了相容的耳機，市場很快就進入到「一對多」的局面。

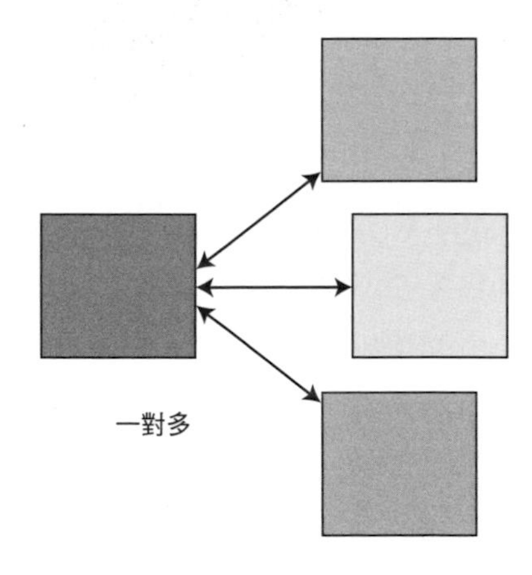

到目前為止，一切都還沒什麼問題。耳機接頭確實存在實質上的標準。但由於寫出來的規格並不完整，也不夠完善，因此任何想製作相容耳機的人，都必須把耳機插到你們家公司的隨身聽進行測試，只要能正常運作就行，然後大家就可以銷售自家的耳機了，而這些相容耳機也都可以正常使用，沒什麼問題。

接著你決定推出新版本，Qxyzrhjjjjukltk 2.0。

Qxyzrhjjjjukltk 2.0 把電話的功能包含了進來（顯然火星人也還沒發明手機），所以耳機必須內建麥克風才行；這樣一來，就需要比較多的接點，所以你只好把接頭重新設計成下面這樣。但是，這樣雖然多出了一些擴展空間，卻與之前的設計無法相容，而且還有點醜：

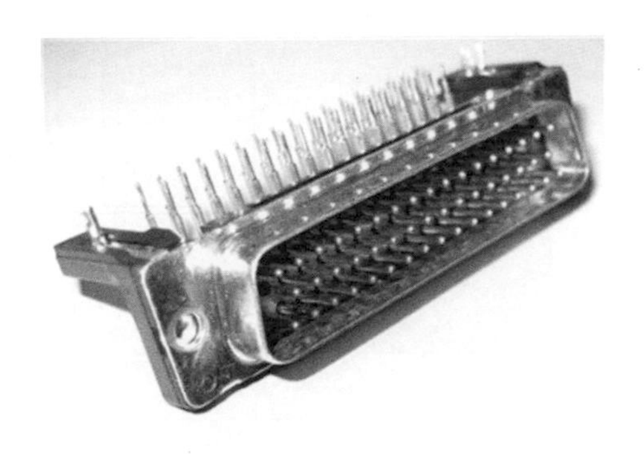

Qxyzrhjjjjukltk 2.0 在市場上成了一個徹底失敗的規格。它雖然有電話的功能還算不錯，但問題是根本沒人在意。大家只在意手邊的一堆耳機，究竟還能不能繼續使用。之前我說過，火星人對於戴在自己耳朵上的耳機顏色非常挑剔，這絕對不是開玩笑。大多數時髦的火星人，家裡都有一個掛滿漂亮耳機的壁櫥。對你來說，各種紅色看起來好像都差不多，但你或許很難想像，火星人對各種紅色的不同色調真的非常挑剔。在火星上，最新、最高級的公寓住宅都會特別強調住宅內附有超級酷炫的耳機壁櫥。我可不是唬你的。

所以最新的耳機接頭並沒有獲得成功，於是你很快就想出了另一個新方案：

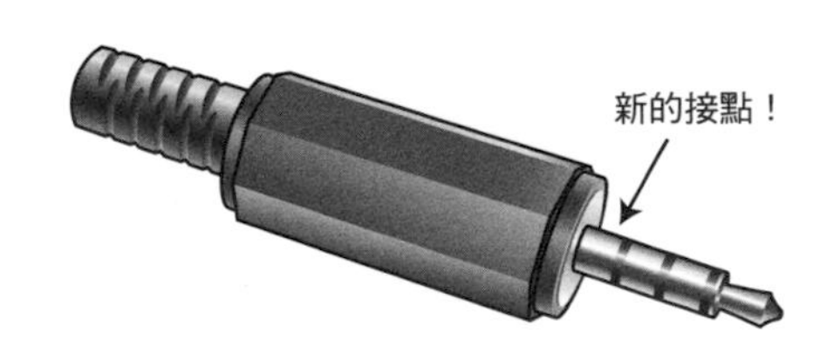

你應該有注意到，現在這個耳機頭多了一個新的接點，給麥克風的訊號使用，但問題是你的 Qxyzrhjjjjukltk 2.1 規格並不知道所插入的耳機究竟有沒有麥克風功能，而它必須知道這件事，才能判斷是否要啟用電話功能。於是，你又發明了一個小協議……新型的耳機會透過麥克風接點送出一個訊號，如果這個訊號直接被送到接地端，就表示這個耳機接頭只有三個接點，也就是沒有麥克風的功能，這樣一來，就會退回舊版規格——也就是只能播放音樂的相容模式。這個通訊協議很簡單，不過它終究是個協議。

現在整個市場已經不再是「一對多」的局面了。不過，所有的隨身聽全都還是由同一家公司所生產，只不過這家公司推出了一個又一個的規格，所以我把這稱之為「一系列對多」的市場：

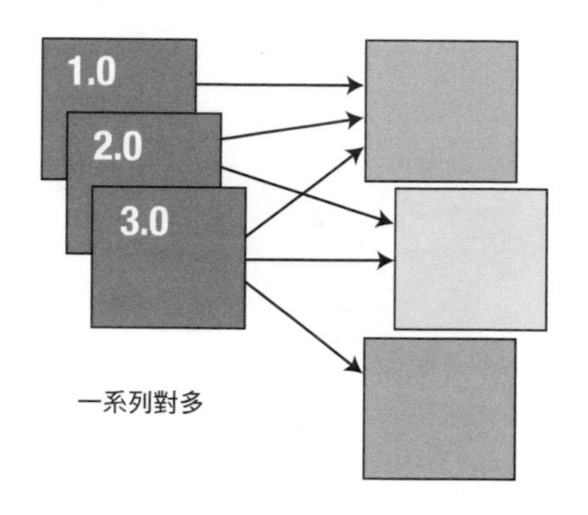

以下列出了一些你應該也很瞭解的「一系列對多」的市場：

1. Facebook：大約有 2 萬個 Facebook 應用程式
2. Windows：大約有 1 百萬個 Windows 應用程式
3. Microsoft Word：大約有 10 億個 Word 文件

其他的例子還有好幾百個。你一定要記住的重點是，左邊推出新版本時，一定要自動與右邊的舊產品保持相容性，因為那些舊產品在設計時，不可能考慮到新規格的要求。舊版的火星人耳機早就已經製造出來了。你已經無法回頭了。你還不如去改變新發明出來的東西，這樣還比較明智也比較容易一點，新規格只需要在遇到舊款耳機時，讓舊款設備做出原本的行為就可以了。

因為你接下來還是想繼續追求進步、繼續添加新的特性和功能，而且你的新產品還需要用到一個新的協議，所以比較明智的做法，就是讓新舊設備在一開始時稍微溝通一下，以判斷雙方能否理解最新的協議。

微軟其實就是在這種「一系列對多」的世界裡，逐漸成長茁壯起來的。

不過，另外還有一種情況，就是「多對多」的市場。

幾年就這樣過去了；你還在瘋狂銷售 Qxyzrhjjjjukltks；可是目前市場上有很多 Qxyzrhjjjjukltk 的克隆產品（例如開放原始碼的 FireQx），還有很多的耳機，而你也不斷在發明一些需要改變耳機接頭的新功能，耳機的製造商都快要瘋了，因為他們的新設計必須針對每個 Qxyzrhjjjjukltk 克隆產品進行測試，整個測試過程既昂貴又耗時，老實說他們大多數人都沒那麼多的時間，所以只會去測試能不能在最流行的 Qxyzrhjjjjukltk 5.0 版本上運行，只要可以他們就很開心了；但如果你把耳機插入 FireQx 3.0，你可要當心一點，它有可能會在你手中爆炸，因為規格裡那個叫做 hasLayout 的東西實在太過於晦澀難懂（其實根本沒有人真正理解），因此有些人或許誤解了其中的意思——大家都知道，如果遇到了下雨天，hasLayout 這個屬性值就會是 True，然後電壓就會提高，以支援擋風鏡的雨刷功能，但是如果下雪或下冰雹，究竟算不算下雨天呢？關於這點，規格裡根本沒提。FireQx 3.0 會把下雪視同下雨，因為在下雪時還是會用到雨刷，不過 Qxyzrhjjjjukltk 5.0 並不會如此判斷，因為開發此功能的程式設計師，生活在不會下雪的火星溫暖地帶，他甚至連駕照都沒有呢（沒錯，即使在火星上，開車也是需要駕駛執照的）。

後來有個無聊的人在自己的部落格寫了一篇很長的文章，說明了一個小技巧，你可以利用這個小技巧讓 Qxyzrhjjjjukltk 5.0 的行為表現得跟 FireQx 3.0 一樣，其方法就是利用 Qxyzrhjjjjukltk 5.0 裡的一個小 bug，去騙 Qxyzrhjjjjukltk 說下雪時就會有一些融雪，這樣它就會做出下雨的判斷；這雖然是個很荒謬的做法，但是大家都這樣做，因為 hasLayout 不相容的問題還是要想辦法解決掉才行。後來，Qxyzrhjjjjukltk 團隊在 6.0 版本把這個 bug 修掉了，於是這個解法又不管用了，你只好再去找一些新的 bug 來加以運用，好讓你耳機擋風鏡的雨刷可以與其他產品順利搭配使用。

現在這樣一來，就變成「多對多」的市場了。左邊有一大堆彼此不太合作的廠商，右邊也有一大堆數量超級多的廠商。大家都在犯錯，因為只要是人，總會犯錯的嘛。

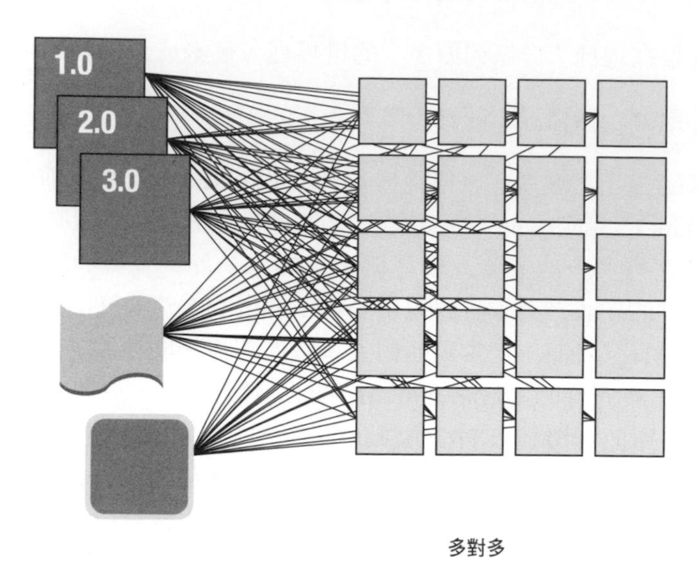

多對多

當然囉，這其實就是我們在使用 HTML 時所遇到的情況。大家常用的瀏覽器就有好幾十種，另一邊則是**數以億計**的網頁。

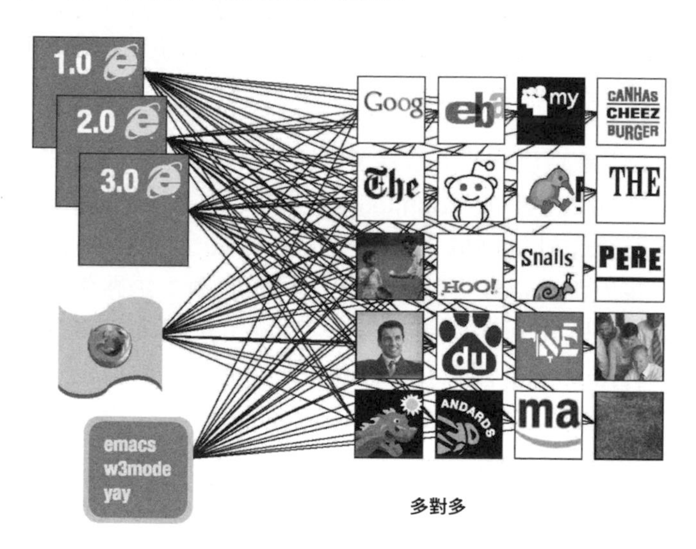

多對多

這幾年在這個「多對多」市場中所發生的事，就是大家不斷呼喊著希望有一個「標準」，好讓「所有的參與者」（其實是那些小咖的參與者）有平等的機會能夠順利展示全世界那八十億個網頁；更重要的是，那八十億個頁面的**設計者**只需要針對一個瀏覽器進行測試，並採用所謂的「web 網路標準」，就能確定自己的頁面同樣可以在其他瀏覽器裡正常運作，而不必針對每一個瀏覽器，去逐一測試每一個頁面。

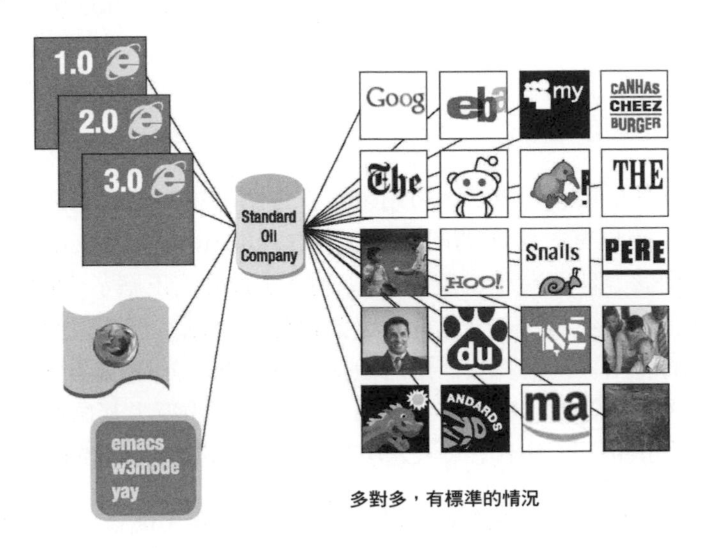

多對多，有標準的情況

你可以看到在這樣的概念下，只要進行「多對一個標準」和「一個標準對多」的測試，就不用再去進行「多對多」的測試了；這樣一來，你所要進行的測試就會少很多。最棒的是，你的網頁從此不再需要針對不同的瀏覽器，寫一些特定的程式碼，去解決瀏覽器個別的問題，因為在柏拉圖的理想世界裡並不會有這樣的問題。

不過，這概念只是個理想而已。

在 web 的世界裡，有一個很現實的問題：網頁根本無法針對標準來進行測試，因為實際上並沒有一個可做為參考的實作瀏覽器，可以保證網頁只要可以在它這邊正常運作，就一定可以在其他所有的瀏覽器裡正常運作。這樣的東西根本就不存在。

所以，你只能在自己腦中進行「測試」，純粹以一種思維實驗的方式，去針對一大堆標準文件進行測試——你很可能從來沒讀過這些文件，就算讀過，也不一定能完全理解。

這些文件超級難懂。規格裡到處充滿類似這樣的陳述：「如果有一個同一級的兄弟 block box（不是浮動的，也不是絕對定位的）緊跟在 run-in box 的後面，這個 run-in box 就會變成這個 block box 的第一個 inline box。如果 block 開頭已經有一個 run-in，或是 block 本身就是個 run-in，其他的 run-in 就不會跑進這個 block 中了。」每次我一讀到類似的東西，心裡就忍不住想問，大家真的都很瞭解怎麼正確符合規格嗎？

實際上並沒有真正實際的做法，可用來檢查你剛剛所寫的網頁究竟有沒有符合規格。實際上確實有一些所謂的驗證工具（validator），但它並不會告訴你，頁面看起來應該是什麼樣子；就算它說你的頁面很「正確」，你的頁面裡所有的文字還是有可能全都疊在一起或是沒對齊好；所以，實際上你根本無法獲得什麼很有用的資訊。大家真正採用的做法，就是在一、兩個瀏覽器上檢查自己的頁面，然後一直調整到看起來正確為止。就算真的犯了某個錯誤，要是這個錯誤在 IE 和 Firefox 裡看不出來，大家甚至都不會發現這個問題。

但是，未來如果有某個全新瀏覽器問世，頁面還是有可能會整個掛掉。

如果你曾經造訪過耶路撒冷某些極端正統的猶太社區（他們會完全遵守每一條猶太律法），就會發現大家對於猶太食物的成份雖然都有普遍的共識，但是你還是找不到任何一個來自極端正統猶太社區的人，願意到另一個極端正統猶太社區的家裡吃飯。網頁設計師正逐漸發覺一件事情，這件事情在 Mea Shearim 社區裡的猶太人早就知道了：就算大家都同意遵循同一本典籍，還是無法完全保證彼此的相容性，因為典籍裡的律法實在太過複雜而讓人費解，以至於幾乎不可能有充分的理解，足以避免掉所有地雷與陷阱，所以你最好還是只吃水果就好，這樣還比較安全一點。

「標準」這東西當然是個很棒的目標，但是在你成為標準狂之前一定要明白，人類並不完美，標準有時也會被誤讀，有時還會讓人感到困惑，甚至有點模棱兩可。

這裡真正的問題在於，就算你假裝有個標準，但由於沒人有辦法根據標準進行測試，所以它其實並不是個真正的標準：它充其量只不過是個柏拉圖的理想，而且還包含一大堆的誤解；因此，這個標準根本發揮不了預期的作用，也無法減少「多對多」市場裡大量的測試組合數量。

DOCTYPE 這東西也是個迷思。

網頁設計師只不過是個凡人，如果只是在自己的網頁裡加個 DOCTYPE 標籤，就說「這是標準的 HTML」，這簡直就是一種狂妄自大的行為。他們根本就不知道自己在說什麼。其實他們真正的意思，只是想說這個頁面應該是個標準的 HTML。但是他們心裡也明白，自己只是用 IE、Firefox、又或者是用 Opera 和 Safari 來進行過測試，結果似乎可以正常運作沒有問題而已。他們甚至有可能只是從某本書裡複製了這個 DOCTYPE 標籤，根本不知道它是什麼意思。

現實世界裡的人都是不完美的，無論如何就是無法只用一份規格來制定出一套標準——你一定要有個非常嚴格的參考實作瀏覽器，而且每個人都必須用那個參考實作瀏覽器來進行測試。否則的話，你只會得出 17 種不同的「標準」，而這也就表示，實際上根本沒有標準可言。

這其實是 Jon Postel 在 1981 年建立穩健性原則（robustness principle）所帶來的問題：「對你所做出來的東西要保守一點，接受別人的東西則要寬容一點」（`tools.ietf.org/html/rfc793`）。他想說的是，如果想讓協議能夠運作得更穩健，最好的做法就是，每個人都要非常非常小心遵守規格，不過在與別人交流時，由於別人不一定能夠完全符合規格，所以應該要盡可能保持寬容，只要你可以搞懂他們的意思就行了。

在這樣的原則下，如果從技術的角度來看，我們想用比較小的文字來呈現某個段落，做法上就應該使用 `<p><small>`；但是，很多人都會寫成 `<small><p>`，這樣的寫法技術上來說並不正確，但大多數 web 開發者都不了解其中的緣由，而瀏覽器這邊又會很寬容的接受這樣的寫法，正確呈現出比較小的文字，因為這顯然就是你想要呈現出來的結果呀。

現在所有的網頁，幾乎全都存在各式各樣的錯誤，因為早期的瀏覽器開發者，創造出一些超級自由、友善、隨和的瀏覽器，它完全可以接受你原本的樣子，也不在乎你是否犯了錯。因此，許多錯誤就這樣被遺留下來。Postel 的穩健性原則，並沒有讓我們真正獲得更穩健的結果。這個問題很多年來都沒人發現。直到 2001 年，Marshall Rose 才終於寫出了下面這段文字（`tools.ietf.org/html/rfc3117`）：

> 與直覺正好相反，*Postel* 的穩健性原則（「送出東西要保守一點，接受東西要寬容一點」）常會導致部署上的問題。為什麼呢？每當新的實作一開始被部署時，它所遇到的情況很可能只不過是之前的實作所遇過情況的一個子集合。如果實作上全都遵循穩健性原則，那麼新的實作裡有些錯誤可能就不會被發現。然後，這些新的實作就只會看到部署之後所遇到的情況，而看不到比較全面的情況。每次部署新的實作，就會重複這樣的效果。最後，不太正確的實作反而有可能取代一開始的實作，變得越來越不寬容。讀者應該可以自己想像一下，接下來會發生什麼事。

Jon Postel 對於網際網路發明的巨大貢獻，絕對應該受到表彰，我們實在沒理由因為這個臭名昭著的穩健性原則而去怪罪他。畢竟 1981 年還只是網際網路的史前時代。如果你告訴 Postel，未來會有 9000 萬個未受過良好訓練的人（不是工程師）跑來建立網站，做出各種錯誤的東西，但是早期的瀏覽器基於善意，還是希望可以把頁面正確顯示出來，於是就決定接納各式各樣的錯誤——如果他知道事情會如此發展，他應該就會明白這個原則是有問題的。事實上，網路標準理想主義者說得沒錯，網路「應該」用一種非常非常嚴格的標準來構建，每個瀏覽器都應該非常討厭各種錯誤，要把所有錯誤全部揪出來給你看才對；如果 Web 開發者搞不清楚如何在「送出東西時保守一點」，他就不應該去創作任何的網頁，直到他們先搞懂怎麼與其他人配合為止。

不過，當然囉，如果真的是這樣，也許網路永遠都不會像現在這樣蓬勃發展，說不定正好相反，我們到現在都還在使用 AT&T 所營運的大型 Lotus Notes 網路呢。想想都覺得害怕。

應該……要是……或許……這些過去誰在乎呀。我們終究還是來到了現在這個世界。我們已經無法改變過去，只能改變未來了。老實說，就算想改變未來，也沒那麼容易呀！

如果你是 IE8.0 團隊裡的實用主義者，你很可能已經把下面這些 Raymond Chen 所說過的話深深烙印在自己的大腦裡了。他曾經提到過，Windows XP 為什麼必須模擬舊版 Windows 的錯誤行為（`blogs.msdn.com/oldnewthing/archive/2003/12/23/45481.aspx`）：

> 從客戶的角度來看這樣的場景吧。你買了 *X*、*Y*、*Z* 這三個軟體。後來升級成 *Windows XP*。結果你的電腦胡亂當機，而且 *Z* 這個軟體根本無法順利執行。於是你就會告訴你的朋友說：「千萬別升級到 *Windows XP*。它會亂當機，而且和 *Z* 這個軟體不相容。」你想想看，難道你會自己去檢查系統，判斷是不是 *X* 導致了當機，而 *Z* 之所以沒辦法用，是因為它採用了非正規的做法？當然不會。你會把 *Windows XP* 連同包裝盒一起退回去，再把退款全部拿回來。（你的 *X*、*Y*、*Z* 都是在好幾個月前買的。早就已經超過 *30* 天的退貨期限。你唯一可以退貨的就只有 *Windows XP* 了。）

然後你可能會想說，嗯，我們來更新一下好了：

> 從客戶的角度來看這樣的場景吧。你買了 *X*、*Y*、*Z* 這三個軟體。後來升級成 *Windows Vista*。結果你的電腦胡亂當機，而且 *Z* 這個軟體根本無法順利執行。於是你就會告訴你的朋友說：「千萬別升級到 *Windows Vista*。它會亂當機，而且和 *Z* 這個軟體不相容。」你想想看，難道你會自己去檢查系統，判斷是不是 *X* 導致了當機，而 *Z* 之所以沒辦法用，是因為它採用了不安全的做法？當然不會。你會把 *Windows Vista* 連同包裝盒一起退回去，再把退款全部拿回來。（你的 *X*、*Y* 和 *Z* 都是在好幾個月前買的。早就已經超過 *30* 天的退貨期限。你唯一可以退貨的就是 *Windows Vista* 了。）

我在 2004 年曾經說過，微軟的理想主義者戰勝了實用主義者，這正好可以直接解釋 Vista 為什麼會得到如此糟糕的評論、而且賣得這麼不好的理由。

但如果把這段話套用到 IE 團隊會怎樣呢？

從客戶的角度來看這樣的場景吧。你每天都會造訪 100 個網站。後來你升級成 IE 8。結果有一半的網頁變得亂七八糟，而且 Google 地圖根本就無法使用。

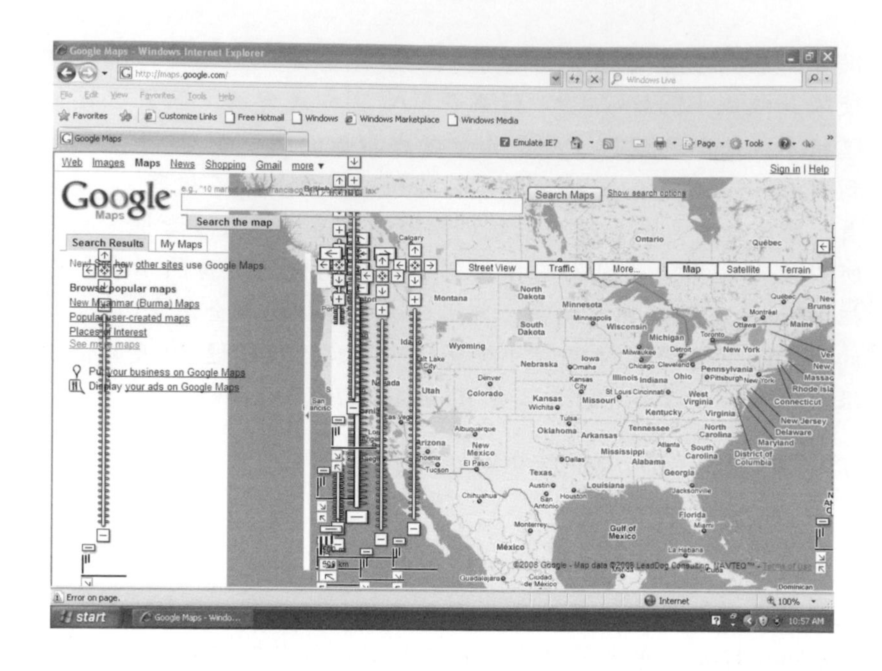

於是你就會告訴你的朋友說：「千萬別升級到 IE 8。它會把每個頁面都搞亂，而且 Google 地圖根本無法使用。」你想想看，難道你會去查看原始程式碼，判斷網站 X 是不是用了不標準的 HTML，而 Google 地圖之所以沒辦法使用，是因為它採用了舊版 IE 裡從來沒被標準委員會採納的非標準 JavaScript 物件？當然不會。你只會把 IE 8 解除安裝。（那一大堆的網站並不在你的控制範圍之內。其中有一些頁面的開發者，甚至都已經不在人世了。你唯一能做的事，就是退回到 IE 7）。

因此，如果你是 IE 8 團隊裡的開發者，你第一件想做的事，應該就是去做一些在「一系列對多」市場中一直行之有效的做法。你應該用一個小小的協議先做一些溝通，如果網站並沒有明確告訴你，說它可以支援新行為，那你只要模擬舊行為即可，這樣就可以讓那些舊網頁繼續正常運作；如果網站的頁面裡放了一個小旗子說「喲！我支援 IE 8 哦！請給我 IE 8 所有最新的功能！」，這時你再讓瀏覽器去做出那些新行為就行了。

事實上，這就是 IE 團隊在 1 月 21 日所宣布的第一個決定。Web 開發者都非常討厭那個問題多多的老 IE 7，而現在的 IE 8 這個瀏覽器在看到舊網頁時，則會默默接納那些舊網頁，做出它在 IE 7 裡該有的行為，這樣一來，大家就不必去修改現有的網頁了。

只要是真正務實的工程師，一定都可以理解，IE 團隊的第一個決定是正確的。不過那些年輕氣盛的理想主義標準狂，恐怕都要氣得跳腳了。

他們會說，IE 真正應該提供的是標準的 web 體驗，而不是那種特殊的「喲！我支援 IE 8 哦！」這類的標籤。大家對那種特殊的標籤，已經感到很厭煩了。還有一些該死的網頁，必須運用 37 種醜陋的特殊做法，才能在五、六種最流行的瀏覽器裡正常顯示。那些醜陋的特殊做法，大家也已經受夠了。那 80 億個現有的舊網頁，要是因為不符合標準而無法正常顯示，那就活該去死吧。

因此，IE 團隊同時做出了另一個完全不同的決定。他們的第二個決定，顯然就是理想主義者會做的事（我真希望這不是最終的決定）——只要網站自己宣稱「符合標準」（standards compliant），瀏覽器就把這些網站視為專門針對 IE 8 而設計，而且已經通過 IE 8 的測試。

我用 IE 8 來造訪網站時，幾乎每個網站都會出現某種程度的損壞。只要是大量使用 JavaScript 的網站，通常都會完全掛掉。有很多的網頁，只是出現了一些畫面呈現上的問題：某些內容擺錯位置，彈出式選單沒跳出來，或是在畫面的正中間出現神秘的滾動捲軸。還有一些網站的問題比較微妙：畫面看起來好像很不錯，但是你只要進一步深入，就會發現重要的表單無法進行提交，或者是只會把你帶往一個空白的頁面。

這些情況並不全然是因為網頁有錯誤。這些通常都是一些精心構建、符合網路標準的網站。倒是 IE 6 和 IE 7 並沒有真正符合規格，所以網站只好利用一些小小的特殊做法，例如「如果是 IE 瀏覽器……就把這東西往右移動 17 像素，以彌補 IE 本身的問題。」

IE 8 雖然也是 IE 瀏覽器，但它已經沒有 IE 7 的問題，每個東西的位置全都遵循 web 網路標準，而不再有位置往左偏 17 個像素的問題了。所以，當初所寫的一些程式碼，以過去來說完全合理，來到現在卻反而會出問題。

大多數的網頁在 IE 8 裡都無法正確顯示，到後來你可能就會放棄，然後按下「表現出 IE 7 的行為」（ACT LIKE IE 7）這個按鈕。沒辦法正確顯示？理想主義者才不在乎呢：他們心裡的想法是，那些頁面應該自己去做改變才對。

不過，有一些頁面真的很難再改變了。舉例來說，有些頁面或許已經被燒錄到 CD-ROM 了。還有一些頁面，當初的建立者已經不在人世。而大多數的網頁擁有者根本不知道發生了什麼事，他們只是搞不懂，四年前花錢請設計師建立的網頁，為什麼現在突然就無法正常運作了。

理想主義者們倒是很開心。他們有好幾百人一下子突然紛紛湧進 IE 的部落格，發出他們有生以來第一次對微軟真心的讚美。

然後我看了看我的手錶。

滴答、滴答、滴答。

只不過才過了幾秒鐘而已，你就可以看到討論區裡出現了下面這樣的留言（forums.microsoft.com/MSDN/ShowPost.aspx?PostID=2972194&SiteID=1）：

> 我已經下載 *IE 8*，但我發現它有點問題。有些網站（例如「*HP*」的網站）變得很難閱讀，因為整個頁面變得非常非常小……在某些情況下，網路速度也變慢了。我在使用 *Google* 地圖時，發現到處都是疊加層，實在很尷尬，有夠難用的！

嗯嗯嗯。那些自鳴得意的理想主義者，大概都會覺得這個白癡菜鳥很好笑吧。但消費者可不是白癡。她說不定就是你老婆。你就別笑了吧。全世界 98% 的人都會安裝 IE 8 然後說：「這東西有問題，我的網站看不到了。」也許你非常狂熱，一心只想讓 web 瀏覽器符合那猶如神話般的理想「標準」，但大家根本不在乎你那愚蠢的信仰；況且，根本就沒有任何地方真正實作出那些標準呀！大家才不想聽你那些亂七八糟的駭客故事咧。大家只想看到瀏覽器裡的網站，全都可以如常運作。

所以你看，這又是個很好的例子，可以看出兩大陣營之間巨大的裂痕。

「web 網路標準」陣營的人有點像支持革命的托洛斯基主義者（Trotskyist）。你可能會覺得他們比較像激進的左派，但如果你做了一個不符合標準的網站，卻宣稱自己符合 web 網路標準，那些理想主義者就會瞬間轉變成美國最嚴厲的保守派警長 Joe Arpaio：「只要你犯了錯，你的網站就應該掛掉。你那 80% 的網站會不會全都掛掉，我才不管咧。只要你犯了錯，我一定會把你關進牢裡，讓你穿粉紅色睡衣，吃 15 美分的三明治，然後跟一幫人銬著鎖鏈一起做苦工。這樣做會不會把全鎮裡的人都抓進牢裡，我才不管咧。法律就是法律呀。」

另一邊則是務實而感性、溫暖又有點迷糊的工程師類型：「難道沒辦法把 IE 7 設成預設模式嗎？只需要一行程式碼……咻！這不就解決了嘛！」

想聽我的想法嗎？我認為接下來會發生這些事。IE 8 團隊會告訴所有人，IE 8 將會以「web 網路標準」做為預設值，然後在蠻長的一段期間，讓大家去使用測試版，這段期間他們會懇求大家，盡量用 IE 8 來測試自己的網頁，想辦法讓自己的網頁可以正常運作。等到正式版即將發佈時，全世界或許只會有 32% 的網頁能正確呈現，於是他們就會說：「嘿！各位，我們真的很抱歉，雖然我們真心希望 IE 8 可以用標準模式來做為預設模式，但我們實在不想推出一個無法正常顯示網頁的瀏覽器。」於是，他們就會回頭做出比較務實的決定。說不定他們也不會這麼做，因為微軟的實用主義派已經失勢很長一段時間了。但如果是這樣的發展，IE 的市佔率一定會大幅下降，不過那些理想主義者應該會覺得很開心，而且 Dean Hachamovitch 豐厚的年終獎金也不會少掉任何一分錢的。

這樣你懂了嗎？根本就沒有正確的答案。

我們都知道，理想主義者原則上來說 100% 沒有錯，我們也知道，實用主義者從實務上來說也是正確的。這樣的論戰，肯定還會持續很多年。這場論戰正好把這個世界分成了兩派。如果你有辦法去買張股票支持這場激烈的論戰，也許現在就是進場的最好時機。

18

為何微軟 OFFICE 檔案格式如此複雜？（以及一些變通做法）

2008 年 2 月 19 日，星期二

上個禮拜，微軟把 Office 二進位檔案格式規格公諸於眾了。這些檔案格式乍看之下簡直太瘋狂了。Excel 97-2003 的檔案格式，竟然要用 349 頁的 PDF 檔案來說明。不過，請等一下，這還不是全部呢！這份文件裡，還出現了下面這段有趣的說明：

> *Excel* 的每一個活頁簿（*workbook*），都會被保存在一個複合檔案（*compound file*）中。

你也知道，Excel 97-2003 檔案其實就是 OLE 複合文件，而這東西本質上來說，就是單一檔案裡的檔案系統。這些東西實在很複雜，你一定要去閱讀另外一份長達九頁的規格，才能夠真正搞懂這些東西。這些「規格」看起來還比較像是 C 語言的資料結構，而不像是我們傳統上所認為的規格。它根本就是一個完整的階層式檔案系統。

如果你接下來想利用一個週末的時間，寫出一些漂亮的程式碼，把 Word 文件匯入到你的部落格系統，或是把你的個人財務資料轉成 Excel 格式的試算表，等你開始閱讀這些文件，一看到規格如此龐雜，大概很快就會打消念頭了吧。一般的程式設計師，大概都會覺得 Office 的二進位檔案格式：

- 根本就是故意要來混淆大家的東西
- 根本就是瘋狂博格意識下的產物（譯註：博格 Brog 在《星際大戰》裡是一種具有集體意識、想同化其他文明的外星文明）
- 根本就是一堆很糟糕的程式設計師搞出來的東西
- 根本就是沒辦法正確建立或讀取的東西

就這四點來說，你全都搞錯了。我稍微深入瞭解之後，接下來想要向你說明，這些檔案格式為何如此複雜，為什麼這並不表示微軟沒做好程式設計的工作，以及你可以如何運用這些東西。

首先要瞭解的是，二進位檔案格式的設計目標，與 HTML 之類的設計目標截然不同。

二進位檔案格式的設計目標之一，就是希望在非常老舊的電腦上，也能有很快的速度。以 Windows 版 Excel 的早期版本來說，1MB 的 RAM 就已經是很合理的記憶體數量了；即使是 20 MHz 的 80386，也應該能順利執行 Excel。二進位檔案格式裡做了很多優化，目的就是為了能更快開啟與保存檔案：

- 由於採用二進位格式，所以在載入紀錄時，通常只需要把一系列的 Byte 資料用「位塊傳輸」（blitting）的方式從磁碟複製到記憶體，這樣就可以直接建立一個很好用的 C 資料結構了。載入檔案的過程中，並不需要做詞法分析（lexing）或解析（parsing）的工作。詞法分析與解析的工作，會比這種位塊傳輸的複製做法慢好幾個數量級。
- 必要時會故意採用一些特殊的檔案格式，讓一些常見操作變得更快速。舉例來說，Excel 95 和 Excel 97 都有個叫做「簡單保存」（Simple Save）的東西，這東西有時會被用來做為 OLE 複合文件格式的替代品，因為它的速度會比較快一點，而 OLE 複合文件格式在某些主要的使用情境下，速度實在不夠快。Word 也有個叫做「快速保存」（Fast Save）的東西。有時為了能夠快速保存一個很長的檔案，大概十五次裡有十四次，Word 只會把改動的部分附加到檔案末尾處，而不是把所有的內容全部重新寫入整個檔案。以當時的硬碟來說，用這樣的方式來保存一份很長的文件，或許就只需要一秒而不是三十秒。（不過這也就表示，檔案裡那些已被刪除的資料，其實還保存在檔案中。實際上這並不是大家最後真正想要的東西。）

如果想善用這種二進位檔案格式，最好就是**多運用函式庫**。如果你想要靠自己重新寫出一個二進位檔案匯入工具，你的程式碼就必須支援 Windows Metafile 格式（用於繪圖）和 OLE Compound Storage 這類的東西。如果是在 Windows 平台，這些東西其實都有函式庫可提供支援，所以實作起來非常簡單……微軟團隊就是很懂得善用這些函式庫，所以做什麼事都特別容易。但如果你想從頭開始寫出所有的東西，你就必須靠自己完成所有繁複的工作。

Office 對於複合文件有很廣泛的支援；舉例來說，你可以把某個試算表嵌入到另一個 Word 文件中。如果號稱是一個功能很完善的 Word 檔案格式解析器，一定也要有能力針對所嵌入的試算表做出適當的處理。

一開始微軟在設計二進位檔案格式時，**並沒有考慮到所謂的「可互相操作性」（interoperability）**。原本的想法是，只有 Word 會去讀寫 Word 的檔案格式，這在當時確實是個很合理的假設。在這樣的情況下，Word 團隊的程式設計師每次要判斷檔案格式該如何修改時，就只需要去關心（a）怎麼做會比較快，（b）怎麼做才能動到最少行的 Word 程式碼。像 SGML 和 HTML 這類的概念（可互換、標準化的檔案格式）在當時還不流行，不過後來網際網路讓「直接就地交換文件」這件事變成現實；這時候距離 Office 二進位格式的發明也已經過了十年了。大家總是假設，只要使用匯入匯出工具就可以順利交換文件了。事實上，Word 確實為了能夠輕鬆交換文件，設計了一個叫做 RTF 的格式，這東西幾乎從一開始就存在了。到目前為止，它依然是 100% 支援的功能。

檔案格式也必須把應用程式所有的複雜性全都反映出來。微軟 Office 裡的每個勾選框、每一種格式選項、每一個功能，全都必須在檔案格式的某個地方體現出來。Word 的「段落」選單裡有個名為「與下一段同頁」（Keep With Next）的勾選框，必要時它可以讓整個段落移到下一頁，與下一個段落保持在同一個頁面中。像這樣的一個設定，就必須保存在檔案格式內。而這也就表示，如果想實作出一個可以正確讀取 Word 文件的完美 Word 克隆軟體，你就一定要實作出這個功能。如果你想做出一個很有競爭力、可以載入 Word 檔案的文書處理程式，你或許只要一分鐘就能寫出程式碼，從檔案格式裡載入相應的設定值，但是你或許還要再花好幾個禮拜的時間，去修改你的頁面佈局演算法，才能讓文件表現出正確的行為。如果你不去做這件事，你的客戶用你的克隆軟體開啟他們的 Word 檔案時，就會發現所有頁面全都亂成一團了。

檔案格式還必須反映出應用程式的歷史。這些二進位檔案格式裡有許多複雜的東西，反映的是一些很陳舊、複雜、不受歡迎而且很少用到的功能。為了保有往前相容的能力，這些東西全都還是被保留在檔案格式內，因為保留這些東西對微軟來說並沒有什麼損失。但如果你真的想徹底完整地解析或修改這些檔案格式，你就必須重新去做 15 年前某個實習生在微軟做過的全部工作。最重要的是，當初開發者**花了好幾千個人年**，才把 Word 和 Excel 推展到目前的版本，如果你真的想完全複製出這些應用程式裡的所有功能，恐怕也要去做那好幾千個人年的工作。檔案格式只不過是一份簡明的摘要而已，但其中所記載的卻是應用程式所支援的所有功能。

純粹為了好玩，我們就來深入研究其中一個小例子好了。其實 Excel 的工作表（worksheet）裡有一堆不同類型的 BIFF 紀錄（Binary Interchange File Format；二進位交換檔案格式）。我們在這裡想談的是，規格裡的第一個 BIFF 紀錄。這是一個叫做 1904 的紀錄。

Excel 檔案格式的規格，對於這個紀錄的說明非常含糊。規格裡只說 1904 紀錄代表的是「是否使用 1904 日期系統」。啊！這看起來就很像是個典型的無用規格。假設你是個會使用到 Excel 檔案格式的開發者，有一天你在檔案格式的規格裡發現這東西，或許你就會覺得自己有很充分的理由，認為微軟一定隱藏了什麼東西。規格裡的這一小段說明，並沒有提供足夠的資訊。你顯然還需要一些外部知識；所以，我現在就來為你介紹這些知識吧。其實，Excel 工作表有兩種：一種是把日期的起算日定為 1/1/1900，另一種則是把日期的起算日定為 1/1/1904（這與閏年的問題有關，當初是為了與 Lotus 1-2-3 相容才故意這樣做的，但由於這個問題太無聊，這裡就不詳述了）。這兩種 Excel 都能支援；Excel 的第一個 Mac 版本會直接採用作業系統的起算日，這倒沒有什麼問題，不過 Windows 版的 Excel 必須能夠匯入 Lotus 1-2-3 檔案，而那些檔案全部都是以 1/1/1900 做為起算日。光是考慮這個東西，就足夠讓你搞到快哭出來了吧。雖然這東西很煩，但程式設計師一定都想把事情做對，現在你既然都瞭解了，就知道該怎麼做了吧。

1900 和 1904 這兩種檔案類型都很常見，通常都是看你的檔案來自 Windows 還是 Mac。如果只是很單純改變這個紀錄的值，就想把檔案轉換成另一種類型，這樣反而會讓資料完整性檢查（integrity）出錯，因此 Excel 並不會讓你直接用這種方式去改變檔案類型。你的應用程式如果想解析 Excel 檔案，就必須能夠同時處理這兩種情況。這不只是從檔案載入這個位元值的問題而已。你還必須針對日期的顯示與解析，重寫所有的程式碼，才能處理好這兩種不同起算日的情況。我想，這個工作大概需要花好幾天才能完成吧。

事實上，你在製作 Excel 克隆軟體時，應該就會發現日期相關的處理，有很多各式各樣的微妙細節。Excel 什麼時候會把數字轉換成日期？日期格式的運作原理是什麼？為什麼 1/31 會被解釋成今年的 1 月 31 日，而 1/50 則會被解釋成 1950 年的 1 月 1 日？Excel 原始程式碼裡所有這些非常細微的行為，全都應該巨細靡遺、詳細記錄在文件裡才對。

而我們在前面所舉的例子，只不過是你必須處理的好幾百個 BIFF 紀錄其中的第一個而已，而且這還是其中最簡單的一個紀錄。這些紀錄大部分都很複雜，即使是有經驗的程式設計師，也會處理到快要哭出來。

所以，我們只能做出以下的結論。微軟把 Office 的二進位檔案格式公諸於眾，這確實是非常有用的資訊，但這樣並不會讓 Office 檔案格式的匯入或保存變得比較簡單。Office 畢竟是功能豐富又複雜的應用程式，你恐怕無法只實現其中最受歡迎的 20%，就期待 80% 的人會覺得很滿意。如果你想要針對這個非常複雜的系統進行逆向工程，這份二進位檔案格式的規格頂多只能讓你節省幾分鐘的時間而已。

好吧，我前面有說過要提供一些變通的做法。好消息是，對於所有常見的應用程式來說，想要直接讀寫 Office 二進位檔案格式，幾乎都可說是錯誤的決定。你應該要認真考慮另外兩種主要的替代做法：讓 Office 幫你做這件事，或者是採用其他比較簡單的檔案格式。

你不妨就讓 Office 來幫你做這些繁重的工作吧。Word 和 Excel 具有非常完整的物件模型，可以透過 COM Automation 來加以運用，這樣你就可以用寫程式的方式來執行任何操作了。在許多的情況下，你最好還是盡可能重複使用 Office 裡的程式碼，而不要去重寫程式碼。下面就是一些例子：

1. 你有一個 Web 應用程式，需要用 PDF 的格式來輸出現有的 Word 檔案。以下就是我的實作方式：先用幾行 Word VBA 程式碼把檔案載入進來，再用 Word 2007 內建的 PDF 匯出工具（exporter）把它保存為 PDF。你可以直接去調用這些程式碼，甚至連 IIS 底下所運行的 ASP 或 ASP.NET 程式碼，也可以直接進行調用。這樣的做法確實是有效的。第一次啟動 Word 時，可能需要好幾秒鐘的時間。第二次 COM 子系統就會把 Word 保留在記憶體，持續好幾分鐘的時間，以備你再次用到它。對一般正常的 Web 應用程式來說，這樣的做法已經足夠快了。

2. 與前面的需求相同，不過你的 web 應用程式是架設在 Linux 的環境下。在這樣的情況下，你就必須去買一部 Windows 2003 的伺服器，並在其中安裝好已授權的 Word，再構建一個小小的 web 服務，來完成這項工作。如果用 C# 和 ASP.NET 來做這件事，大概需要半天的時間。

3. 與前面的需求相同，但你希望能有擴展（scale）的能力。你只要先運用前面第 2 點的做法，搭建出任意數量的伺服器，然後在前面放個負載平衡器（load balancer）就可以了。完全不用寫任何程式碼喲。

只要是可以在你的伺服器執行的 Office 類應用程式，都可以採用這樣的做法。例如：

- 開啟一個 Excel 活頁簿，把一些資料保存到輸入儲存格中，重新進行計算，再從輸出儲存格裡取出一些結果
- 用 Excel 來生成一些 GIF 格式的圖表
- 可以從任何類型的 Excel 工作表裡，取出任何類型的資訊，完全不必去考慮檔案格式的問題
- 把 Excel 檔案格式轉換成 CSV 表格資料（另一種做法則是利用 Excel ODBC 驅動程式，以 SQL 查詢的方式取出資料）
- 編輯 Word 文件
- 填寫 Word 表單
- 在 Office 所支援的多種檔案格式之間，進行檔案的轉換（Office 有好幾十種文書處理程式和試算表格式，分別都有相應的匯入工具）

所有的這些情況，全都可以用某種方式告訴 Office 物件，不必採用互動的方式來進行操作，這樣一來就不必更新畫面，也不會再提示使用者要進行輸入了。另外，如果你採用這種做法，可能會遇到一些陷阱，而且這種做法並沒有微軟的官方支援，所以在你開始採用這種做法之前，請先閱讀相應的知識庫文章。

你也可以採用比較簡單的格式來寫入檔案。如果你只是想透過寫程式的方式來生成 Office 文件，總可以找到一些比 Office 二進位格式更好的其他格式，這些檔案格式都可以用 Word 和 Excel 來開啟，而不會有什麼問題。

- 如果你只是想生成一些表格資料，以便在 Excel 裡使用，可以考慮使用 CSV。
- 如果你真的很需要用到一些工作表即時計算之類、CSV 不支援的功能，（Lotus 1-2-3 的）WK1 格式應該會比 Excel 簡單許多，而且 Excel 也可以順利開啟這種檔案。
- 如果你真的、真的必須生成原生的 Excel 檔案，你可以先去找一個非常舊版本的 Excel（Excel 3.0 就是個不錯的選擇，因為它根本還沒有複合文件之類的東西），然後保存一個最小化的檔案，其中只需要包含你真正想要使用的功能。先利用這個檔案來觀察一下你想輸出的最小化 BIFF 紀錄，然後只要再好好查看規格裡相關的部分就可以了。
- 如果是 Word 文件，請考慮改用 HTML 的格式。Word 也可以很順利開啟 HTML 檔案。
- 如果你真的想要生成格式精美的 Word 文件，最好的做法就是去建立一個 RTF 文件。Word 可以做到的所有事情，全都可以用 RTF 來表示，不過 RTF 採用的是文字格式，而不是二進位格式，所以你可以直接修改 RTF 文件裡的東西，RTF 檔案還是可以正常使用沒有問題。你可以先用 Word 建立一個內含佔位符、格式良好的文件，把它另存為 RTF 的格式，再用簡單的文字替換方式，把那些佔位符換成你想放進去的東西。這樣你就有了一個 RTF 文件，每一個版本的 Word 都可以順利開啟這個檔案。

總之，除非你真的想建立一個與 Office 競爭的軟體產品，一定要完美讀寫所有 Office 檔案（這樣的話，你恐怕就有好幾千個人年的工作要做），要不然直接讀寫 Office 二進位格式的做法，恐怕就是你解決問題時最費力的一種做法了。

19

想賺錢就別怕累

2007年12月6日，星期四

我小時候在麵包廠工作時，麵糰就是我的剋星。它真的很黏、很難清理，而且到處都是。每次我回到家，頭髮上都會黏著一堆麵糰。每次輪班時，都要花好幾個小時去刮掉機器上的麵糰。我褲子後面的口袋裡，就放著一支麵團刮刀。有時還會有一大塊麵糰飛到不該飛的地方，把所有的東西全都黏住。我甚至還做過麵糰的惡夢。

我是在工廠的生產部工作。工廠的另一邊是負責包裝運輸的工作。他們的剋星則是麵包屑。麵包屑簡直到處都是。負責送貨的那些人每次回家時，頭髮上全都是麵包屑。每次輪班時，都要花好幾個小時去刷掉機器上的麵包屑。他們的褲子後面口袋裡，全都放著一把小刷子。我敢說，他們一定也做過麵包屑的惡夢。

幾乎所有你可以賺到錢的工作，一定都要處理某些棘手的問題。也許你要處理的並不是麵糰或麵包屑，譬如你是在一家刮鬍刀片工廠裡工作，說不定你每天回家時，手指上全都是小傷口。如果你是在 VMware 工作，你的惡夢也許就是遊戲顯卡的模擬程式又出問題了。如果你是在 Windows 團隊裡工作，你的惡夢也許就是，即使只做了最簡單的改動，也有可能導致好幾百萬個舊程式和硬體設備突然就掛掉了。這就是你工作中最棘手的部分。

我們公司最棘手的問題之一，就是要讓 FogBugz「安裝版」可以在客戶自家的伺服器上順利執行。這件事真的非常不好玩，37signals 的 Jason Fried 就曾對這件事做出了很好的總結（www.37signals.com/svn/posts/724-ask-37signalsinstallable-software）：「……你必須處理各種作業環境無窮無盡的變化，而且你根本就無法掌控這些變化。每當問題出現時，你如果無法掌控所使用的作業系統、第三方軟體或硬體，這樣就很難找出真正的原因，因為這些因素對於產品安裝、升級與性能都會有影響。遠端伺服器的安裝工作就更複雜了，因為可能還會牽扯到不同版本的 Ruby、Rails、MYSQL 等等。」Jason 最後總結說，如果他們某天被迫必須銷售那種可安裝在客戶電腦中的「安裝版」軟體，「肯定會比現在還不快樂」。沒錯。那些會讓你不快樂的工作，就是我所說的「棘手的問題」。

問題是，市場真正會花錢去購買的東西，正是那種能夠解決「棘手的問題」、而不只是能夠解決簡單問題的解決方案。約克郡的那些小伙子們是這麼說的：「想賺錢就別怕累！」（Where there's muck, there's brass.）

我們的軟體產品 FogBugz 其實有兩種版本——一種是把軟體安裝在我們公司主機裡的「雲端版」，另一種則是安裝在客戶自家主機的「安裝版」——選用「安裝版」的客戶比較多，比例大概是 4 比 1 左右。對我們來說，「安裝版」可以為我們帶來五倍的銷售額。不過，這種版本也會多用掉我們一、兩個額外的人力（技術支援）。而且這也就表示，我們一定要採用 Wasabi 這個東西；它與現成的程式語言相比，確實有一些嚴重的缺點，但我們發現，由於我們已經累積了許多相當不錯的程式碼庫，因此我們的軟體如果想在 Windows、Linux 和 Mac 上順利安裝，採用 Wasabi 就是最合乎成本效益、最有效的解決方案。老實說，我真的很想捨棄那種直接安裝在客戶主機裡的 FogBugz「安裝版」，最好就是讓所有的東西全都交給公司裡的伺服器來執行……我們的公司裡擁有許多 Dell 伺服器，資源非常充足、管理也很完善，客戶只要選用「雲端版」，就可以把技術支援的成本全都省下來了。這樣絕對可以讓你的生活輕鬆不少。不過，我們賺的錢當然也會少很多，也許公司就這樣倒閉了也很難說。

當今有許多可愛的新創公司，他們都有一個共通點，就是他們只擁有一個運用 Ruby-on-Rails 和 Ajax 寫出來的簡單小網站，基本上沒什麼進入障礙，也沒能力解決任何棘手的問題。這種公司感覺很虛無縹緲，因為他們並沒有什麼真本事（整間公司只有三個小屁孩和一隻蠶蜥），根本沒辦法解決任何困難的問題。除非他們有能力解決一些困難的問題，否則對大家來說其實也沒有什麼用處。到頭來大家終究還是只會付錢給那些能幫自己解決「各種棘手問題」的人。

要製作出設計精美又好用的應用程式，就好像跳一段精彩的芭蕾舞一樣，如果芭蕾舞者跳得很好，看起來就好像很容易似的，不過那絕對不是件容易的事。Jason 和 37signals 花了很大的勁去做出很優秀的設計，所以才能輕鬆賺到錢。優秀的設計感覺上就好像是很容易複製的東西，不過你可以看看微軟，他們真的很想複製 iPod，但結果卻證明，這件事真的沒那麼簡單。真正優秀的設計，肯定需要處理一些很棘手的問題，但如果真的能做好這件事，就可以為你帶來令人驚訝、可延續不斷的競爭優勢。

當然囉，也許 Jason 確實做了一個很不錯的選擇，因為他所選擇的那個棘手的問題，他個人在（設計）那個方面特別有天分，所以這件事對他來說，好像就不是件苦差事了。多年來我也一直是個 Windows 程式設計師，所以幫 FogBugz 建立 Windows 安裝程式時，就算需要用 C++ 重頭開始寫程式碼，處理一大堆 COM 相關的棘手問題，對我來說好像也不是什麼苦差事就是了。

個人與公司想要維持成長的唯一方法，就是不斷擴展自己所擅長的領域。到了某個階段，37signals 團隊或許就會決定去僱用一個人來寫安裝設定腳本，然後開始推出「安裝版」讓客戶自行安裝，因為這雖然並不是他們很想做的事，但這種做法確實有可能產生出比成本高出很多的利潤。除非他們故意，想讓公司保持在比較小的規模（這完全是個合理的願望），不然他們終究還是有可能，變得比較不排斥去做那些棘手的事情。

當然囉，也許他們就是不會去那樣做。只挑選你覺得有趣的部分來努力打拼，這樣的做法並沒有錯（但如果我自己這樣做，心裡還是會覺得有點罪惡感）。決定只為一小群人解決特定的一些問題，這也沒有錯。像 Salesforce.com 就很堅持要用自家主機來提供軟體服務，最後他們確實也變得足夠大、相當成功。而且有很多比較小型的軟體公司，確實比較想為自家的員工提供美妙的生活，而不是一心只想讓公司變得更大而已。

不過最重要的是，每當你多解決掉一個棘手的問題，你的業績和市場都會獲得大幅的成長。良好的行銷、良好的設計、良好的銷售、良好的支援，還有幫助客戶解決大量的問題，這些全都會有相互強化的效果。你可以先從很好的設計開始，然後添加一些很好的功能，再去解決更多的問題，這樣你的客戶群就會增加三倍；接著你再去做一些行銷，讓更多人都知道你可以解決他們的痛苦，這樣你的客戶群又會增加三倍；然後，你可以去聘用一些銷售人員，提醒那些已經認識你們公司的人，讓他們真正去購買你的產品，這樣你的客戶群又會再增加三倍；接著你不斷添加更多的功能，幫助更多的人解決更多的問題，最後你真的就有機會讓足夠多的人使用你的軟體，讓這個世界變得更加美好。

補充說明：我在這裡並不是說，如果 37signals 的 Basecamp 提供「安裝版」，營業額就會變成原來的五倍。首先，我們的 FogBugz 「安裝版」之所以賣得比較好，其中一個原因就是對於某些客戶來說，這個方案好像比較便宜。（其實長遠來看，這個方案並沒有比較便宜，因為你必須花錢架設伺服器，而且還要自行管理，不過這只是我主觀的看法。）此外，我們對「安裝版」的支援成本其實很低，因為我們 80% 的客戶都是用 Windows Server 來執行我們的軟體。由於 Windows 各個作業系統都很類似，因此我們的支援工作還蠻輕鬆的。我們在技術支援方面的成本，絕大多數都是因為 Unix 平台的多樣性所造成的——我們的客戶大概只有 20% 使用 Unix 平台，但我猜大概有 80% 的技術支援工作都是來自於這些客戶。如果 Basecamp 的「安裝版」需要支援 Unix 平台，相較於只支援 Windows 的情況來說，支援成本肯定貴得不成比例。最後要說的是，我們的經驗或許對於 37signals 並不適用，其中一個理由就是我們的「安裝版」已經賣七年了；「雲端版」則才剛發表大約六個月左右。所以我們有很大量的客戶，都已經很習慣在自家的伺服器上執行 FogBugz 了。如果只看 FogBugz 的新客戶，採用「安裝版」與「雲端版」的比例就會下降到 3 比 1 左右。

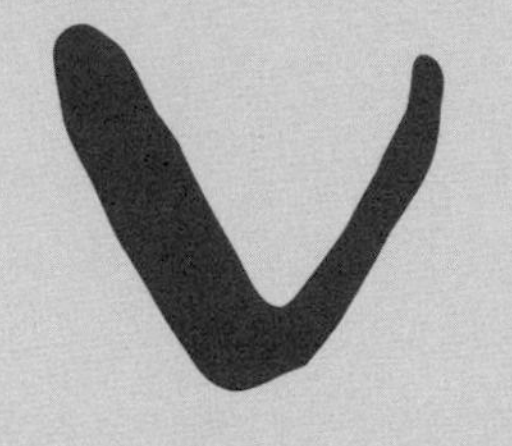

程式設計方面的建議

20

用證據來排時程

2007 年 10 月 26 日，星期五

軟體開發者真的很不喜歡制定時程。通常他們都會想盡辦法逃避掉這個步驟。「等我把事情做完，事情自然就完成了呀！」他們也許會這樣說，然後期待這膽大妄為又好笑的耍賴行為，可以讓老闆哈哈大笑，然後在一片歡樂氣氛中，也許大家就會把時程這件事給忘了。

你所看過的時程表，大部分都是半敷衍、半將就的情況下做出來的。這些東西通常都保存在某個共用檔案裡，然後就被徹底遺忘了。等到產品真正發佈時，時間已經晚了兩年，這時候團隊裡的怪咖工程師，或許就會從辦公室的檔案櫃裡把這份時程表找出來檢討，所有人一看全都哈哈大笑了起來：「你看！我們當初決定用 Ruby 把整個東西重新寫過，竟然只排了兩週的時間！」

太搞笑了吧！你們公司這樣居然還沒倒？

我知道你一定很想把時間花在最有效益的事情上。但如果不知道需要花多長的時間，就無法計算出你想要的成果需要付出多大的代價。如果你被迫一定要在「動感迴紋針」與「更多財務函式」這兩個功能之間做出取捨，你一定要知道這兩個功能分別需要花多少時間吧。

開發者為什麼不想制定時程呢？理由有兩個。第一：這真的是件很討厭的事。第二：根本沒有人相信時程表會與現實相符。如果時程表總是有問題，幹嘛要花力氣去搞什麼時程表呢？

過去一年左右的期間，我們 Fog Creek 公司一直在開發一套非常簡單的系統，即使是我們最愛發牢騷的開發者，也很願意接納這套系統。據我所知，它可以生成極其可靠的時程表。大家都說它是「用證據來排時程」（Evidence-Based Scheduling，簡稱 EBS）的做法。我們所蒐集到的證據，主要是來自時程紀錄的歷史資料，這些證據全都會反饋到時程表中。你最後所得到的並不只是一個出貨日期：你會得出一條信心度分佈曲線，只要給它任何的日期，它就能算出該日期出貨的機率。這個曲線看起來就像下面這樣：

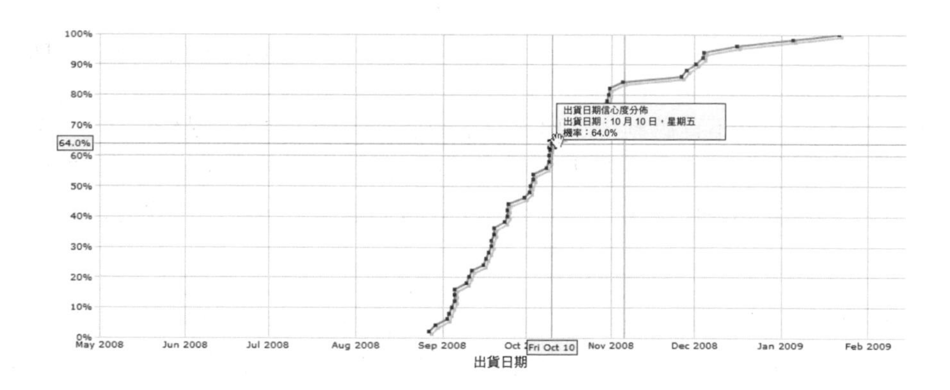

這條曲線越陡峭，就表示你對這個出貨日期越有信心。

下面就是相應的做法。

1. 工作細分

我只要一看到那種需要好幾天、甚至好幾個禮拜的工作時程，心裡就知道肯定行不通。你一定要把整個時程細分成非常小的工作（task）項目，而這些工作全都要以小時為單位來衡量。最多不能超過 16 個小時。

這樣就會強迫你真正去搞清楚，有哪些工作要做。譬如寫個叫 foo 的副程式、建立一個對話框、解析一個叫做 Fizzbott 的檔案，像這種一個人就能夠完成的開發工作，時間上比較容易預估，因為你之前就寫過副程式、建立過對話框、解析過檔案了。

如果你只是很草率針對某個比較大的工作（例如實作出一個 Ajax 照片編輯器）設定三個禮拜的時間，那就表示你還沒想好要怎麼做。工作一定要切得很細。一步一步講清楚。如果你還沒想好有哪些工作要做，你肯定不知道需要花多久的時間。

只有把最長的時間限制在 16 小時內，這樣才能強迫你更仔細去設計出各種該死的功能。如果你只是虛晃一招、設定了一個叫做「Ajax 照片編輯器」的功能，然後排給它三個禮拜的時間，又沒有進行詳細的設計，那我只能跟你說抱歉，沒有人會來幫你做工作細分，這件事註定要由你自己來做才行。如果你從來沒想過自己所要採取的步驟，將來一定也會搞不清楚有哪些工作要去做的。

2. 持續追蹤自己所耗用掉的時間

叫一個人去估計出完全正確的時程，其實是非常困難的事。你怎麼可能考慮到各種被打斷的情況、無法預測的程式問題、一大堆進度會議，還有半年一次的 Windows 納稅日（就是你那台開發專用主機被迫重灌系統、重新安裝所有東西的日子）？真是見鬼了，就算沒有剛才所提的那些情況，你又該如何準確估計出實作某個副程式需要花多久的時間呢？

說真的，你就是辦不到。

所以，一定要保存好時程紀錄。追蹤你在每項工作上所花費的時間。之後你就可以回頭去看看，相對於當初的估計時間，你實際上花費了多少時間。你可以針對每個開發者，蒐集下面這樣的資料：

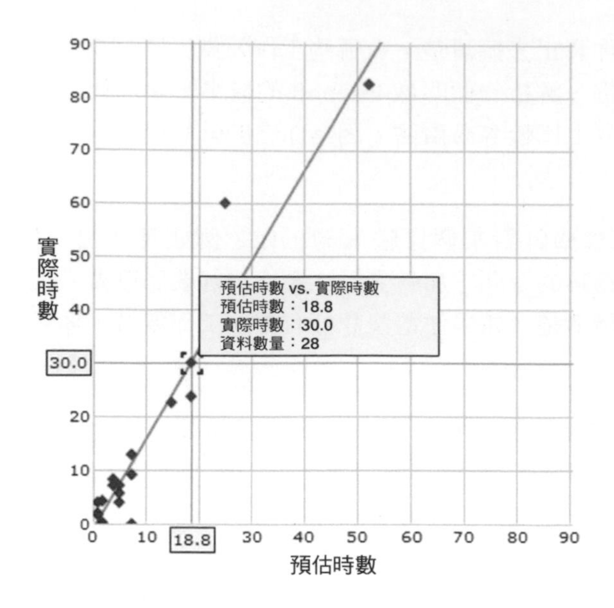

圖表上的每一個點，代表一個已完成的工作，可對應到這個工作的估計時數和實際時數。你只要把估計時數除以實際時數，就可以得到速度值：也就是相對於估計時數來說，實際上完成工作的速度。經過一段時間之後，你就可以蒐集到每個開發者的速度歷史紀錄。

- 神話般完美的估計者，只存在於你的想像之中，這種人總是可以準確做到每一個估計的時間。所以他們的速度歷史紀錄，應該就是 {1, 1, 1, 1, 1, ...}。
- 如果是典型比較差勁的估計者，他們的速度紀錄就會分佈在整張圖各處，例如 {0.1, 0.5, 1.7, 0.2, 1.2, 0.9, 13.0}。
- 大多數的估算者多半都只是搞錯了比例，但相對來說估計的情況還算蠻有一致性的。一般來說，通常都是會用掉比預期更長的時間，因為在估計時並沒有考慮到修正程式 bug、開一大堆會議、喝下午茶，還有那個老是來打擾工作的瘋狂老闆。這類估計者通常都會有很一致的速度值，不過值都會低於 1.0，例如 {0.6, 0.5, 0.6, 0.6, 0.5, 0.6, 0.7, 0.6}。

估計者累積越來越多的經驗之後，估計的技巧也會越來越好。所以比較陳舊的（例如六個月前的）速度紀錄，就可以扔掉了。

如果你的團隊來了一個從來沒有追蹤過紀錄的新人，請假設最壞的情況：在他完成六項真正的工作之前，可以先給他一組範圍分佈很廣的假歷史資料。

3. 模擬未來的情況

接下來如果只是把估計值全部加起來，就可以算出一個出貨日期；這樣聽起來好像還不錯，但其實這個計算結果往往與事實差很多，所以，還不如運用蒙地卡羅法（Monte Carlo method）來模擬出很多種可能的未來。在蒙特卡羅模擬的做法中，你可以針對未來建立 100 套可能的劇本。每一種可能的未來都有 1% 的機率，這樣你就可以製作出一張機率圖，計算出你在任何一個日期出貨相應的機率。

在針對特定開發者計算每一種可能的未來時，你可以從這個開發者的歷史記錄（也就是我們在第 2 個步驟所蒐集的速度值）隨機挑選某個速度值，再把每個工作的估計時間除以這個速度值。下面就是估計未來情況的一個例子：

估計時數：	4	8	2	8	16	
隨機挑選出來的速度值：	0.6	0.5	0.6	0.6	0.5	**合計：**
估計時數 / 速度值：	**6.7**	**16**	**3.3**	**13.3**	**32**	**71.3**

像這樣做 100 次；每次合計出來的數字，每一個都有 1% 的機率，這樣你就能計算出未來任何一天你會出貨的機率了。

現在我們就來看一下，這樣的做法會有什麼效果：

- 如果是那種神話般完美的估計者，所有速度值都是 1。除以那些始終為 1 的速度值，並不會有任何的效果。因此，每一回合的模擬都會給出相同的出貨日期，這就表示該出貨日期的機率為 100%。這簡直就像童話故事一樣！
- 比較差勁的估計者，他們的速度就會上上下下飄忽不定。有時候是 0.1，有時又變成 13.0，這些不同的速度，出現的機率都差不多。這樣一來，每個回合的模擬都會產生非常不同的結果，因為你每一次除以這種隨機的速度值，都會得到非常不同的數字。最後你得出的機率分佈曲線，就會變得很扁平，而這也就表示，出貨的日期不管是明天還是遙遠的未來，相應的機率都差不多。不過，這同樣也是蠻有用的資訊：因為這樣的結果就等於是告訴你，不要對預計的出貨日期太有信心。

- 一般比較常見的估計者，則會給出很多相當接近的速度值，例如 {0.6, 0.5, 0.6, 0.6, 0.5, 0.6, 0.7, 0.6}。你只要一除以這些速度值，就會增加工作所需花費的時間，這樣一來，原本預計八個小時完成的工作，可能就會變成要 13 個小時；套入另一個速度值，可能又會變成 15 個小時。這樣一來，這個人總是過於樂觀的估計，就可以稍微被彌補過來。而且彌補的方式還蠻精確的，因為我們所根據的是這個開發者真正驗證過的、在過去歷史中所表現出來的樂觀想法。由於所有速度值的歷史記錄全都很接近，大概都是在 0.6 左右，所以你每個回合進行模擬時，都會得出非常接近的結果，最後就會得到一個分佈比較窄的出貨日期可能範圍。

運用蒙地卡羅法進行每一回合的模擬過程中，你最後當然要把工作時數的資料轉換成日期結果，這也就表示，你一定要把每一個開發者的工作時程、休假、例節假日等等情況全都列入考慮。然後你還要觀察每個回合中，最後完成工作的是哪個開發者，因為這將會決定整個團隊真正的完工日期。這些計算其實還蠻花力氣的，不過很幸運的是，電腦最擅長的就是去做這些很花力氣的工作。

不要有強迫症

如果你的老闆總愛打斷你的工作，老是喜歡長篇大論跟你聊他的釣魚之旅，你該怎麼辦呢？如果你老是被強迫參加那些與你無關的銷售會議呢？下午茶時間呢？去幫新人設定開發環境、結果用掉半天的時間該怎麼算？

Brett 和我在 Fog Creek 公司裡開發這項技術時，我們也很擔心那些真正需要花時間但又無法提前預測的事情。有時候這種事全部加起來，甚至比寫程式碼的時間還要多。這些事情是不是也應該估算進來，並在時程紀錄表（time sheet）裡進行追蹤呢？

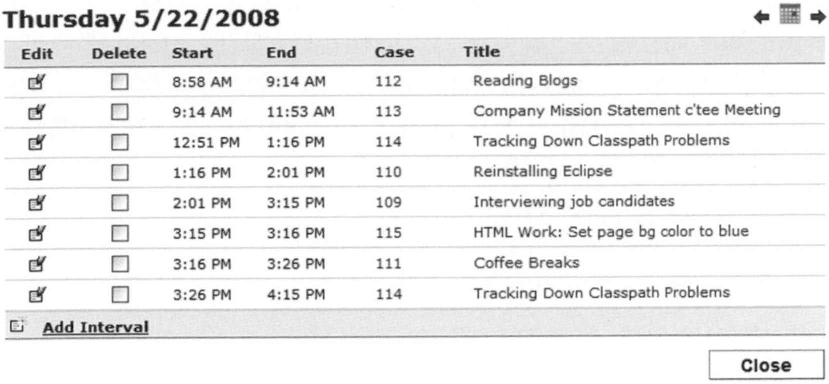

Thursday 5/22/2008

Edit	Delete	Start	End	Case	Title
		8:58 AM	9:14 AM	112	Reading Blogs
		9:14 AM	11:53 AM	113	Company Mission Statement c'tee Meeting
		12:51 PM	1:16 PM	114	Tracking Down Classpath Problems
		1:16 PM	2:01 PM	110	Reinstalling Eclipse
		2:01 PM	3:15 PM	109	Interviewing job candidates
		3:15 PM	3:16 PM	115	HTML Work: Set page bg color to blue
		3:16 PM	3:26 PM	111	Coffee Breaks
		3:26 PM	4:15 PM	114	Tracking Down Classpath Problems

Add Interval

Close

呃……可以呀，如果你想要的話，確實可以這麼做。用證據來排時程的做法，依舊可以發揮其作用。

不過，其實你不必這樣做。

事實證明，如果你的工作遇到中斷的情況，你所要做的就是繼續進行你正在做的工作，而 EBS 這套做法自然就會發揮它的效用。雖然這聽起來好像有點讓人不太放心，但如果你採取這樣的因應方式，EBS 這套做法反而可以發揮出最佳的效果。

就讓我帶你來看個簡單的例子好了。為了讓這個例子盡可能簡單一點，我們就來想像一下，有一個行為非常容易預測的程式設計師 John，他全部的工作就是寫出幾個只用一行就能完成的 getter 和 setter 函式（有一些比較差的程式語言，就是會要你寫這樣的東西）。一整天下來，他就寫了下面這些東西：

```
private int width;
public int getWidth () { return width; }
public void setWidth (int _width} { width = _width; }
```

我知道我知道……這是我故意舉的一個笨例子，不過你知道確實有這樣的人。

總之，每一個 getter 或 setter 函式，都需要用掉他兩個小時的時間。所以他所估計的工作時間是這樣的：

```
{2, 2, 2, 2, 2, 2, 2, 2, 2, 2, 2, . . . }
```

然後，這個可憐的傢伙有一個老闆，每隔一段時間就會來打斷他，跟他聊自己去釣旗魚的事，而且每次一聊就會用掉兩個小時的時間。John 當然可以在他的時程紀錄表裡，放入一個叫做「關於旗魚的痛苦對話」這樣的工作項目，不過這樣恐怕會給自己找麻煩。所以 John 並沒有這樣做，只是把時間照算，然後繼續他的工作。所以，他實際的工作時間是這樣的：

```
{2, 2, 2, 2, 4, 2, 2, 2, 2, 4, 2, . . . }
```

然後他的速度就是

```
{1, 1, 1, 1, 0.5, 1, 1, 1, 1, 0.5, 1, . . . }
```

你可以想想看，這樣會發生什麼事。在蒙地卡羅模擬中，估計值要除以 0.5 的機率，正好就等於 John 的老闆打斷他工作的機率。所以，EBS 自然就會產生出正確的時程表！

事實上，EBS 這套做法對於這種工作中斷的情況，其掌握能力甚至比一些執著於時程紀錄表的開發者還厲害。這正是它之所以能發揮良好效果的理由。下面就是我平常向大家解釋這件事的方式。每當開發者被人打擾時，他們或許會

1. 為了表達心中的不滿，就把那些打擾他們的事情，以及預計會被浪費掉的時間，全都放進時程紀錄表，這樣一來管理層就可以看到，會有多少時間被浪費在關於釣魚的談話上。

2. 雖然心中很不滿，不過並不把這種事放進時程紀錄表，而只是拖長時間繼續做他們正在做的工作，因為他們並不想把這種釣魚探險之類的愚蠢對話放進時程紀錄表，而他們這樣做也是完全正確的，畢竟他們根本沒受邀去參加什麼釣魚探險呀。

不管是哪一種情況，無論你的開發者屬於哪一種類型，EBS 這套做法都可以給出相同的、完全正確的結果。

4. 積極管理你的專案

一旦設定好這些做法，你就可以積極管理你的專案，按時達成出貨的目標了。舉例來說，如果你把各種功能區分成不同的優先等級，這樣很容易就可以看出來，如果你把優先等級比較低的功能砍掉，對於進度會有多大的幫助。

優先等級	完成 50% 的日期
1 - 一定要修正	**5/30/2008**
2 - 一定要修正	**6/30/2008**
3 - 一定要修正	**10/2/2008**
4 - 有時間才修正	10/10/2008
5 - 有時間才修正	10/19/2008
6 - 有時間才修正	12/4/2008
7 - 不修正	3/1/2009

你也可以觀察每一個開發者，看看可能的出貨日期呈現出什麼樣的分佈情況：

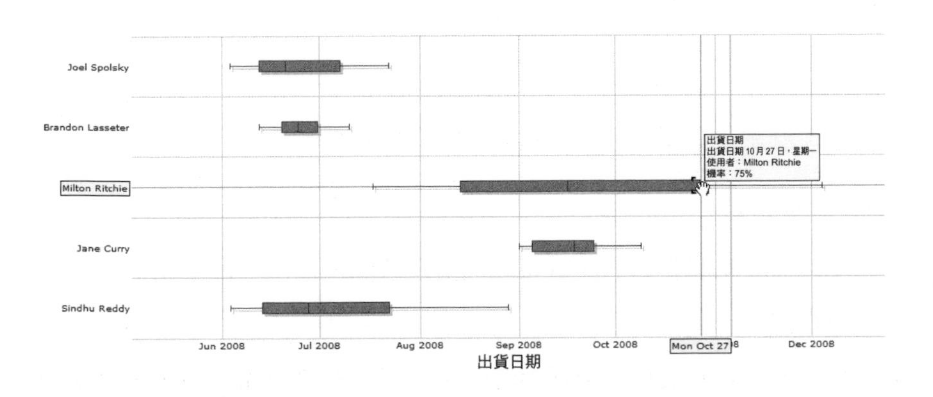

有的開發者（例如圖中的 Milton）或許會造成整體時程上的問題，因為他們所估計出來的出貨日期太不確定了：他們還需要再多努力學習，才能讓估計出來的時程更穩定一點。有的開發者（例如 Jane）雖然估計出很精確的出貨日期，但時間實在拖太晚了：他們恐怕要拿掉手上的一些工作才行。至於其他開發者（例如我本人！耶！）根本就不會影響到整體的時程，所以只需要按照原本的時程走就行了。

專案工作範圍不斷追加的情況（Scope Creep）

假設你在工作一開始，就已經把所有細節全都計畫好了，這樣的話 EBS 的做法就很好用。不過老實說，你很可能還是需要去做一些計畫之外的功能。有時候可能是你突然有了新的想法，有時候是你的銷售人員向客戶推銷了某個你沒有的功能，有時候則是董事會裡的某人提出了某個很酷的新想法，希望你可以讓高爾夫球車上的 GPS 應用程式，在高爾夫球場上監控選手的心電圖。這些全都會導致你在執行原始計畫時，出現無法事先預測的延遲狀況。

在理想情況下，你可以特別為此安排一些緩衝時間。事實上，你可以針對以下這些狀況，在原始的計畫裡安排一些緩衝時間：

1. 新功能的想法
2. 對競爭做出回應
3. 整合工作（把每個人的程式碼整合起來）
4. 除錯的時間
5. 使用性測試（還要把這些測試結果整合到產品中）
6. Beta 測試

如果你突然需要某個新功能，就可以從緩衝時間裡切出一段適當的時間，用來建立這個新功能。

如果你有很多新功能要做，但緩衝時間用完了，該怎麼辦？呃……這樣一來，你根據 EBS 所得到的出貨日期，就會開始往後推遲。實際上你每天都應該記錄一下出貨日期信心度的分佈情況，以便隨著時間的推移，持續追蹤其變化：

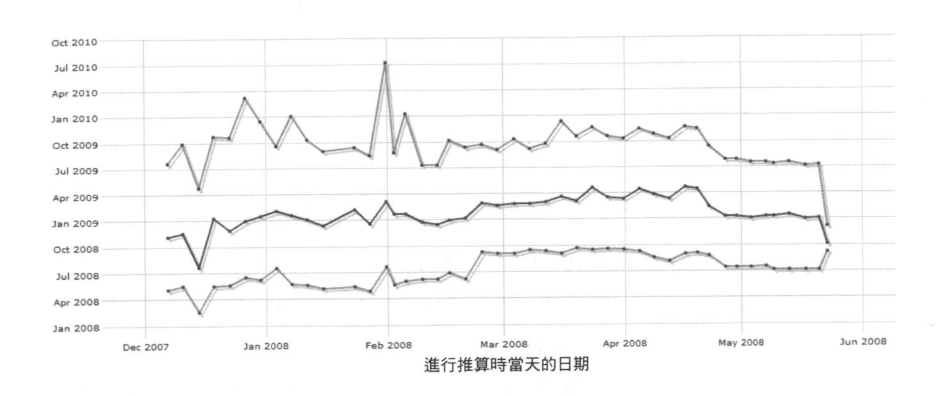

上圖中的 y 軸，代表的是 EBS 所推算出來的產品出貨日期，x 軸則是你在進行推算時當天的日期。圖中有三條曲線：最上面那條是機率為 95% 的出貨日期，中間是 50%，最下面則是 5%。因此，曲線彼此越接近，可能出貨的日期範圍就越窄。

如果你發現出貨日期越來越晚（曲線越來越往上走），你就有麻煩了。如果你發現每天都會晚一天以上，就表示你增加工作的速度比完成工作的速度還快，這樣肯定永遠都做不完。你也可以觀察出貨日期信心度的分佈，看看有沒有越來越靠近（曲線逐漸收斂），如果真的越來越收斂到某個日期，這個出貨日期應該就很可靠了。

我們的經驗分享

以下就是我多年來在時程方面所學到的一些東西。

1. 只有真正在從事工作的程式設計師，才有資格去估計出所需花費的時間。只要是由管理層來排時程，再交給程式設計師去執行，結果註定會失敗。只有真正在實作某功能的程式設計師，才有能力搞清楚需要採取哪些步驟來實作出該功能。

2. 一發現問題就要立刻進行修復，並把所花的時間計入原本的工作中。你絕對沒辦法提前針對 bug 排好時間去修復問題，因為你根本不知道會遇到哪些 bug。如果在新的程式碼中發現問題，就把除錯的時間計入你原本正在做的那項工作中。這樣一來 EBS 所預測出來的時間，就不只是讓程式碼能夠跑起來的時間而已，應該會比較接近程式碼 bug 全部解決的時間。

3. **別讓管理者去強迫開發者縮短估計的時間。**許多軟體經理菜鳥都以為，他們可以給程式設計師一份漂亮的、很緊湊的、短得不切實際的時程表，藉此來「激勵」程式設計師更快完成工作。我認為這樣的激勵方式簡直就是頭殼壞掉。每當我進度落後時，總會感到絕望、沮喪、沒有動力。如果我可以提前完成工作，我就會感到興致勃勃，更有生產力。時程表可不是讓你玩心理遊戲的地方。為什麼管理者總是想要這麼做呢？因為專案剛開始時，技術經理會去找業務人員開會，列出他們認為三個月左右就能完成的功能列表，但實際上卻需要十二個月才能完成。如果你在考慮「寫程式碼」這件事時，沒有考慮所有必須採取的步驟，就會以為只需要 n 時間，實際上卻有可能需要 4n 時間。等你真正製作出時程表之後，把所有的工作加起來，才意識到這個專案會花費比原先想像更長的時間。這時候業務人員就會很不開心。無能的管理者則會想辦法叫大家工作快一點，來解決這個問題。但其實這是很不切實際的做法。你也許可以多僱用幾個人，但這些人剛開始的速度肯定跟不上，而且前幾個月可能只有 50% 的工作效率（況且還會拖累那些必須指導他們的人）。你或許可以暫時從大家身上，多壓榨出 10% 的原始程式碼，代價就是讓他們一整年耗盡 100% 的精力。這樣的好處並不大，反倒是有點寅吃卯糧的感覺。而且你如果讓大家操勞過度，除錯的時間就會加倍，專案延遲的情況只會更嚴重而已。這就是所謂的因果循環呀。你絕對不可能用 n 的時間做出 4n 的成果；如果你自認為可以的話，請把貴公司的股票代碼告訴我，這樣我就可以趕快去放空了。

4. **時程就像是一盒積木。**如果你有一大堆積木，沒辦法全都裝進一個盒子裡，你就只有兩個選擇：買一個更大的盒子，或是捨棄掉一些積木。如果你想在六個月內出貨，但你的時程卻需要十二個月才能完成，這樣你就只能延遲出貨，或者是找出一些可以拿掉的功能。無論如何你就是不能把積木縮小，如果你假裝可以，你只不過是在騙自己，而這樣只會剝奪你自己看見未來真正的好機會而已。

既然說到了這裡，我還是要提一下，真正切合實際的時程表，還有一個很大的好處，那就是你會被迫刪除掉某些功能。為什麼這是好事呢？

假設你的心裡有兩個功能。其中一個真的很有用，可以讓你的產品變得很棒。另一個真的很簡單，程式設計師簡直迫不及待想要把它寫成程式碼（「你看！有夠簡單的！」），不過這東西沒什麼用處。

如果你不制定時程，程式設計師一定會先去做那個簡單又有趣的功能。然後，他們的時間就不夠用了，這時候你別無選擇，只好推遲時程，才有足夠的時間去做那個有用又重要的功能。

如果你確實有制定好時程，那麼你甚至在大家真正開始工作之前，就會意識到必須先拿掉一些東西，這個時候你就會去拿掉那個簡單又有趣的功能，保留住那個有用又重要的功能。強迫自己拿掉一些功能，最後反而有可能讓你製作出更強大、更好的產品，把一些好功能組合得更好，而且還可以更快出貨。

回想當初我在 Excel 5 團隊裡工作時，我們最初的功能列表真的有夠長，一看就知道一定會超出原本規劃的時程。「天啊！」我們心想：「這些全都是超重要的功能耶！沒有巨集編輯精靈程式，我們怎麼活得下去呀？」

但是我們真的別無選擇，只好忍痛拿掉一些我們認為「傷筋動骨」的東西，以滿足時程上的要求。大家都對於這樣的功能刪減感到很不爽。為了讓大家感覺好過一點，我們告訴自己這並不是功能刪減，只不過是把這些功能暫時先推遲到 Excel 6 而已。

Excel 5 快要完成時，我開始與同事 Eric Michelman 一起研究 Excel 6 的規格。我們坐下來查看那些在 Excel 5 裡暫時拿掉、預計隨後要放回 Excel 6 裡的功能列表。你猜後來怎麼樣？那簡直就是你所能想像到最糟糕的一份功能列表。那些功能沒有一個是值得去做的。我根本不認為有任何一個應該去實作出來。為了滿足時程而拿掉那些功能，或許就是我們所能做的最棒的決定。如果我們沒有這樣做，Excel 5 恐怕就要花兩倍的時間，還會多出 50% 沒用的爛功能，而且為了往前相容，這些功能全都必須持續支援，直到世界末日為止。

總結

用證據來排時程的做法非常簡單：每次重新開始時，你大概都需要一、兩天的時間來進行詳細的估計，然後每天都還要再花幾秒鐘的時間，在時程紀錄表裡記錄你開始處理新工作的時間。雖然要花一點時間，但這樣做的好處非常大：你可以擁有一個非常切合實際的時程表。

切合實際的時程表，就是建立優秀軟體的關鍵。它會迫使你先去做出最重要的功能，而且可以讓你做出正確的決定，知道自己該做什麼事。它會讓你的產品變得更好，讓你的老闆更開心，讓你的客戶更高興，而且最重要的是，讓你可以在 5 點準時下班回家。

補充說明：

用證據來排時程（EBS）目前已經是 FogBugz 6.0 內建的做法了。

21
策略書 VI

2007 年 9 月 18 日，星期二

IBM 剛發佈一個開放原始碼的 Office 套裝軟體，名叫 IBM Lotus Symphony。這感覺就好像是另一套的 StarOffice。但我懷疑，他們也許只是想消除大家對 Lotus Symphony 原本的印象，因為當時那個被大肆宣傳為「神作再次降臨」的產品，最後還是落入凡間，沒能引起太多關注。它大概就像電影《絕配殺手》（Gigli）一樣，一開始宣傳鋪天蓋地，最後卻只交出令人失望的結果。

1980 年代後期，Lotus 非常努力想搞清楚他們的試算圖表旗艦產品 Lotus 1-2-3 下一步該怎麼走。當時有兩個很明顯的想法：第一，可以添加更多功能（比如文書處理）。這一整套產品就叫做 Symphony，原本就有「交響樂」的意思。另一個想法好像也很明顯，就是去製作 3D 的試算表。這也就是後來的 1-2-3 3.0 版。

這兩個想法一開始就遇到一個蠻嚴重的問題：舊版 DOS 有 640K 記憶體限制。當時 IBM 剛推出採用 80286 晶片的電腦，雖然可以使用更多記憶體，但 Lotus 認為自家的軟體若只能在價格高達 1 萬美元的電腦上執行，這樣的市場恐怕還不夠大。所以他們就開始努力擠啊擠，希望能降低軟體所佔用的記憶體。最後他們花了 18 個月，浪費了大量的時間，還被迫放棄 3D 功能，才終於把 1-2-3 塞進 DOS 640K 的記憶體中。整套 Symphony 的功能，也被砍得亂七八糟。

結果這兩個策略都錯了。因為等到 1-2-3 3.0 發佈時，大家都已經擁有了記憶體可達 2MB 到 4MB 的 80386 電腦。Symphony 的試算表、文書處理程式，還有其他的功能，通通都沒做好。

「這個故事是不錯，老傢伙。」你說：「但現在還有誰會去在意那些只能採用文字模式的老古董軟體？」

讓容我用幾分鐘說明一下，因為歷史會在三個方面不斷的重演，而我們可採用的最明智策略，其實也都是一樣的。

記憶體受限、CPU 效能也受限的問題

自古以來一直到 1989 年左右，當時的每一個程式設計師，都非常在意效率方面的問題。因為當時的電腦記憶體就是不夠多，CPU 的效能也沒那麼好。

到了 1990 年代後期，微軟與 Apple 等幾家公司發現（他們也只是比別人早了一點）在摩爾定律的推展下，大家其實並不用太過於顧慮記憶體與 CPU 效能方面的問題……大家只要持續打造出超酷的東西，然後再等硬體追趕上來就行了。微軟首次推出 Excel for Windows 時，80386 的電腦還非常昂貴，大家根本買不下去，不過微軟還是很有耐心。幾年之內，市場就推出了 80386SX，後來只要買得起 1,500 美元相容電腦的人，全都可以順利執行 Excel 了。

由於記憶體價格每年都在暴跌，CPU 速度也是每年翻一倍，你身為一名程式設計師，這時候就面臨了不同的選擇。你可以花六個月的時間用組合語言去重寫你的內部迴圈，也可以花六個月的時間去找個搖滾樂團當個鼓手，不管你最後怎麼選，你的程式一定都會執行得越來越快。只不過，選擇寫組合語言的程式設計師，大概不會有一大堆仰慕你的粉絲團追著你跑吧。

總之，現在我們已經不再那麼關注效能或最佳化的問題了。

不過這裡還是有個例外，那就是在瀏覽器執行 JavaScript 的 Ajax 應用程式。由於這幾乎可說是所有軟體的開發趨勢，所以這個例外非常的重要。

如今許多 Ajax 應用程式的客戶端程式碼，都超過了 1MB 以上。這一次受限的並不是記憶體或 CPU 的效能，而是下載的頻寬與編譯的時間。不管是哪方面受限，你都必須想辦法再擠一擠，才能讓複雜的 Ajax 應用程序順利運行。

不過，歷史還是會重演的。現在的網路頻寬越來越便宜了。而且大家也紛紛在研究，如何讓 JavaScript 進行預編譯（precompile）。

此時投入大量精力去做各種最佳化工作，讓程式變得更緊湊、更快速，這樣做的程式開發者很有可能一覺醒來，突然就發現自己的努力多少有點白費力氣，或是用經濟學家的口吻來說的話，至少可以說「在競爭優勢上並沒有帶來任何長期的好處」。

因此，如果從長遠的角度來看，也許我們可以先忽略掉一些效能上的問題，更勇往直前去為自己的應用程式加入一些超酷的功能，這樣的程式開發者往往更有機會做出更棒的應用程式。

跨平台的程式語言

C 語言的發明有個很明確的目標，就是希望可以讓應用程式從某個指令集輕鬆移植到另一個指令集。以這點來說，它做得還不錯，但還沒做到真正 100% 的程度，所以我們又有了 Java，嗯嗯，它確實比 C 更容易進行移植。

目前在跨平台可移植性方面問題最多的，就是客戶端的 JavaScript，尤其是網路瀏覽器裡的 DOM 文件物件模型。要想寫出能夠在各種不同瀏覽器裡順利執行的應用程式，簡直就是一場可怕的惡夢。實際上我們根本別無選擇，只能分別用 Firefox、IE 6、IE 7、Safari 和 Opera 來進行詳盡的測試，而且你猜怎麼樣？我根本沒有時間去用 Opera 做測試。Opera 所面臨的局面，確實很令人同情。更別說還有那些最新推出的網路瀏覽器，根本就沒機會在市場上立足呀。

接下來會發生什麼事呢？好吧，你可以嘗試去拜託微軟和 Firefox，請他們盡量把瀏覽器做得更相容一點。但我只能說，祝你好運囉。你也可以採用 p-code / Java 模型，並針對相應的系統打造出一個小小的沙盒環境。可是，採用沙盒的做法根本就是找罪受，因為速度又慢又很難用；這其實就是 Java applet 為什麼永無翻身之地的理由。如果採用沙盒環境，你大概就註定只能用 1/10 的速度來執行程式了，而且你的程式也註定無法使用那種只支援某平台、卻不支援其他平台的任何酷炫功能了。（我還在苦苦等待，看有沒有人可以展示出一個 Java applet 小程式，有能力存取手機的各種功能——例如相機、聯絡人清單、簡訊或 GPS 等等。）

沙盒的做法在過去行不通，現在一樣行不通。

接下來會發生什麼事呢？最後的勝利者應該會採用 1978 年在貝爾實驗室裡就確認過有效的做法：打造出一種程式語言，可以像 C 語言那樣，不但能跨平台輕鬆移植，還能具有很高的效率。它應該可以針對不同的目標平台，運用不同的後端，編譯出各種「原生」程式碼（這裡的原生程式碼，指的就是 JavaScript 和 DOM），而寫出這個編譯器的人，一定會很關注效能的表現，所以你就不必再關心這個問題了。這東西應該具有與原生 JavaScript 相同的效能，而且可以運用很一致的方式對 DOM 進行完整的存取，還能自動編譯出跨平台可移植的 IE 原生程式碼與 Firefox 原生程式碼。而且，沒錯，它也會跨入 CSS 的領域，然後以一種相當可怕但已證明為正確的方式來進行處理，所以你再也不必考慮 CSS 不相容的問題了。永遠都不用再煩惱了。啊！那樣的日子光是想像，都讓人覺得超開心的呀。

高度的互動性與標準的 UI

IBM 360 大型主機的電腦系統使用的是一種叫做 CICS 的使用者介面，如果你在機場登機櫃檯探頭看看，還是可以看到這個東西。你可以看到一個 24 行、每行 80 個字元的綠色螢幕，畫面當然是採用文字模式。大型主機會發出一份表單給「客戶端」（這台客戶端是一部 3270 的智慧型終端機）。這台終端機確實很聰明；它知道如何為你呈現表單，讓你可以在完全不與大型主機溝通的情況下，把資料輸入到表單中。這是大型主機比 Unix 強大許多的理由之一：大型主機的 CPU 完全不必去處理你的每一行編輯工作；這些工作交給智慧型終端機來處理就行了。（如果你沒辦法幫公司裡每個人購買一台智慧型終端機，你也可以購買一台 System/1 迷你電腦，放在啞終端機（dumb terminal）和大型主機之間，這樣它就可以為你處理表單編輯的工作了。）

總之，在你填寫完表單之後，只要按下發送鍵，你所填寫的東西就會被送回到伺服器去進行處理。然後它又會向你發出另一份表單，就這樣一直不斷持續下去。

這樣的運作方式很可怕吧。在這樣的環境下，你要如何製作出文書處理程式呢？（還真的沒辦法。所以大型主機系統從沒出現過像樣的文書處理程式。）

這還只是電腦發展的第一個階段而已。如果對應到 Web 網路的發展，這個階段正好可以對應到 HTML 的階段。其實我們從伺服器取得 HTML 的整套做法，就與 CICS 的運作方式非常類似，HTML 只不過是多了一些字體而已。

到了第二階段，每個人都買了一台 PC 放到自己的辦公桌上，突然之間，程式設計師就可以隨心所欲在電腦螢幕上，以各種不同方式玩弄文字，而且使用者只要一敲鍵盤輸入任何東西，你馬上就可以讀取到，而不必等使用者按下發送鍵，才讓 CPU 跳進來接手處理，所以，你真的可以創建出一些很棒的快速應用程式。舉例來說，你可以製作出一個會自動折行的文書處理程式，讓一行空間塞不下的單詞，自動移到下一行。這種事瞬間就能完成。而且做起來很輕鬆！你不覺得很神奇嗎？

第二階段的問題，就是沒有很明確的 UI 使用者介面標準……程式設計師做事的彈性實在太大了，以至於每個人都可以用不同的方式來做事，結果就算你知道 X 程式怎麼使用，想要使用 Y 程式時還是必須重新學過。WordPerfect 和 Lotus 1-2-3 的選單系統、鍵盤介面和命令結構，根本就完全不同。想要在兩者之間複製資料，根本就是不可能的事。

我們如今在進行 Ajax 開發時，面臨的就是同樣的處境。沒錯，如今在使用性方面的進步，當然比最早的 DOS 應用程序好太多了，畢竟我們一路走來也學到了不少經驗。但 Ajax 應用程式之間不一致的情況，在彼此協同工作時肯定會讓我們遭遇很多麻煩——舉例來說，你真的就是無法從某個 Ajax 應用程式，剪下某物件後再貼到另一個 Ajax 應用程式中，所以我也不知道，究竟該如何把某張照片從 Gmail 丟到 Flickr 中。嘿！各位，「剪下」與「貼上」在 25 年前就已經發明出來了耶。

PC 發展的第三個階段，就是麥金塔和 Windows。它們各自提供了一套標準、一致的使用者介面，還有很多個視窗與剪貼板等功能，讓各種不同的應用程式可以更容易搭配在一起協同工作。新的 GUI 圖形使用者界面，確實給我們帶來了更高的使用性和更強大的功能，進一步讓個人電腦呈現出爆炸式的成長。

所以，如果歷史再度重演，我們應該可以預期，Ajax 的使用者介面應該會出現某種標準化的做法，這件事應該會像微軟的 Windows 一樣，以相同的方式降臨到我們的世界。應該會有人去寫出一個很吸引人的 SDK，讓你可以用它來製作出功能強大的 Ajax 應用程式，而且每一個 Ajax 應用程式都具有共通的使用者介面元素，很容易就能互相搭配使用。最後不管是哪個 SDK 獲得最多開發者的青睞，它都將擁有與微軟 Windows API 相同程度的競爭優勢。

如果你是一個 Web 應用程式的開發者，卻不想去支援那些別人都支援的 SDK，到最後你就會越來越發現，大家好像都不想去使用你的 Web 應用程式，因為你的程式無法支援剪下與貼上的功能，而且通訊錄也沒辦法同步，還缺少了許多我們在 2010 年就會需要的各種奇怪的最新交互操作功能。

舉例來說，假設你是 Google，你擁有 Gmail 這項服務，所以你非常志得意滿。但後來有個你從沒聽過的討厭鬼，叫做 Y Combinator 新創公司什麼的，他們在銷售最新的 NewSDK 時獲得了極大的成功，因為這東西結合了一種非常強大的跨平台程式語言，可以編譯出 JavaScript 程式碼，而且更棒的是，它還有個很龐大的 Ajax 函式庫，其中包含各種非常聰明的交互操作功能。它不只能提供剪下和貼上的功能，還有非常酷炫的混搭功能，可以進行同步與單點身分管理（這樣一來，你就不必透過 Facebook 和 Twitter 來驗證自己的身分，只要在單一處進行身分認證即可）。這時候你可能會嘲笑他們，因為他們那個 NewSDK 竟然有 232 MB 那麼大……232 MB 耶！把這個 JavaScript 全部載入要 76 秒耶！而且你的應用程式 Gmail 實在太好用了，你的客戶才不會離開你呢！

可是正當你坐在 google 總部的 google 專用辦公椅上喝著 google 咖啡，心裡正感到沾沾自喜時，新版的瀏覽器已經可以支援快取功能、也可以支援預編譯的 JavaScript 了。突然之間 NewSDK 的速度就變得超快。知名創投 Paul Graham 又給他們公司買了 6,000 碗泡麵，這下子他們又能再多撐三年，繼續努力不斷完善自己的產品。

而你的程式設計師們這時候只會嘆口氣說，天哪，Gmail 實在太龐大了，我們根本沒辦法把 Gmail 移植到那個笨重的 NewSDK 呀。我們的每一行程式碼，恐怕都要做修改才行。真是見鬼了，這樣等於是整個重新寫過；目前整個程式設計模型根本就上下顛倒，而且還有很多遞迴，如果採用跨平台的程式語言，一定會出現一大堆的括號，多到連 Google 再有錢也買不完呀。結果每個函式的最後一行，都會出現一大串數量多達 3,296 個的右括號。你甚至需要去買個特殊的編輯器，才能計算出正確的數量。

NewSDK 的開發者則在此時，推出了一個相當不錯的文書處理程式，以及一個功能相當不錯的電子郵件應用程式，還有一個能與所有東西進行同步的殺手級 Facebook/Twitter 事件發佈工具，於是大家紛紛開始使用這個最新的 NewSDK。

就在你沒注意到的時候，大家全都開始跑去寫 NewSDK 應用程式了。大家突然發現它真的還蠻棒的，於是就有一堆企業開始說，只想要 NewSDK 應用程式，而那些老式的純 Ajax 應用程式，看起來實在很可憐，既沒有剪下貼上的功能，也沒有混搭的功能，還無法做好同步的工作，更別說要搭配其他應用程式一起使用了。結果 Gmail 突然就成為過時的產品，這根本就是 email 版 WordPerfect 的故事呀。當你告訴你的孩子，你獲得 2GB 的 gmail 儲存空間有多麼興奮時，他們恐怕只會嘲笑你而已。因為到時候或許連他們的指甲油，恐怕都超過 2GB 了。

這故事很瘋狂嗎？只要把「Google Gmail」換為「Lotus 1-2-3」，看起來就會合理多了。這個 NewSDK 一定會成為另一個即將來臨的 Microsoft Windows；這正是當年 Lotus 失去試算表市場控制權的理由。這件事一定會在 Web 世界裡再度發生，因為相同的動能和力量，全都已經就定位了。我們唯一不知道的，就只有過程的細節而已，不過，這件事一定會發生的。

22

你所用的程式語言，能做到這些事嗎？

2006 年 8 月 1 日，星期二

有一天你瀏覽自己的程式碼，發現其中有兩段看起來幾乎完全相同。事實上，這兩段程式碼只有字串的部分稍有不同，一個是「Spaghetti」（意大利麵），另一個是「Chocolate Mousse」（巧克力慕斯），其他部分則完全相同。

```
// 一個簡單的例子：

alert("I'd like some Spaghetti!");
alert("I'd like some Chocolate Mousse!");
```

本章所舉的範例都是用 JavaScript 寫的，不過你就算不太會寫 JavaScript，應該還是看得懂才對。

像這樣重複的程式碼好像不太好，於是你就建立了一個函式：

```
function SwedishChef( food )
{
    alert("I'd like some " + food + "!");
}

SwedishChef("Spaghetti");
SwedishChef("Chocolate Mousse");
```

我知道，這個例子好像有點殺雞用牛刀的感覺，但你一定可以舉出其他更實際的例子。總之，採用函式似乎是比較好的寫法，理由蠻多的，你大概都聽過一百萬次了吧。比如說，這樣的程式碼比較容易維護、可讀性更高，而且更抽象也就等於更棒，對吧！

接下來，你又發現另外兩段程式碼，看起來也幾乎完全相同，只不過其中一段調用的是名為 BoomBoom 的函式，另一段調用的則是名為 PutInPot 的函式。除此之外，其他的程式碼幾乎完全相同。

```
alert("get the lobster");
PutInPot("lobster");
PutInPot("water");

alert("get the chicken");
BoomBoom("chicken");
BoomBoom("coconut");
```

現在你需要一種方式，可以把函式當作參數，傳遞給另一個函式。這是一種很重要的能力，因為這樣你才有機會把一些經常用到的重複程式碼，送進另一個函式之中。

```
function Cook( i1, i2, f )
{
    alert("get the " + i1);
    f(i1);
    f(i2);
}

Cook( "lobster", "water", PutInPot );
Cook( "chicken", "coconut", BoomBoom );
```

你看！這樣就可以把函式當成一個參數，送進另一個函式了。

你所使用的程式語言，能做到這樣的事嗎？

等一下……假設你根本還沒定義 PutInPot 或 BoomBoom 這兩個函式。如果你可以直接把函式寫在行內，而不必在別處宣告函式的定義，這樣豈不是更棒嗎？

```
Cook( "lobster",
    "water",
    function(x){ alert("pot " + x); }  );
Cook( "chicken",
    "coconut",
    function(x){ alert("boom " + x); } );
```

天呀，這真的是太方便了。你可以看到我在 Cook 函式的第三個參數位置上，直接定義了一個函式，甚至連名字都不用取，就可以把它直接丟進函式裡了。

只要可以把這樣的匿名函式當作參數來使用，你就可以把特定的一段程式碼，運用到很多的地方；舉例來說，有時我們可能會想針對陣列裡的每一個元素，進行某些特定的操作。

```
var a = [1,2,3];

for (i=0; i<a.length; i++)
{
    a[i] = a[i] * 2;
}

for (i=0; i<a.length; i++)
{
    alert(a[i]);
}
```

針對陣列裡的每一個元素做某些特定的操作，其實是很常見的動作，我們可以寫個函式來做這些特定的操作：

```
function map(fn, a)
{
    for (i = 0; i < a.length; i++)
    {
        a[i] = fn(a[i]);
    }
}
```

這樣一來，你就可以把前面的程式碼重寫成下面這樣：

```
map( function(x){return x*2 ;}, a );
map( alert, a );
```

陣列還有另一種常見的操作，就是用某種方式把陣列裡所有的值整併起來。

```
function sum(a)
{
    var s = 0;
    for (i = 0; i < a.length; i++)
        s += a[i];
    return s;
}
```

```
function join(a)
{
    var s = "";
    for (i = 0; i < a.length; i++)
        s += a[i];
    return s;
}

alert(sum([1,2,3]));
alert(join(["a","b","c"]));
```

sum 和 join 這兩個函式看起來很類似，你或許想把這兩個函式的本質抽象化成一個通用的函式，這個通用的函式就可以把陣列裡所有的元素整併成一個值：

```
function reduce(fn, a, init){
    var s = init;
    for (i = 0; i < a.length; i++)
        s = fn( s, a[i] );
    return s;
}

function sum(a){
    return reduce( function(a, b){ return a + b; }, a, 0 );
}

function join(a){
    return reduce( function(a, b){ return a + b; }, a, "" );
}
```

在很多比較古老的程式語言裡，根本無法進行這類的操作。還有一些程式語言雖然可以做得到，但做起來比較困難（舉例來說，C 可以使用函式指針，不過你還是必須在別處進行函式的宣告與定義）。物件導向的程式語言更不會允許你用函式來做這類的事情。

如果你想把函式當成第一級（first class）物件，Java 就會要求你建立一個只有單一方法的物件，這個物件就是所謂的 functor。而且許多物件導向程式語言，都希望你為每一個物件類別建立一個完整的檔案，這樣一來程式碼就會變得很笨重。如果你所使用的程式語言，要求你一定要使用 functor，你就無法享受到現代程式設計環境所帶來的各種好處了。趕快拿著你花錢買的程式語言產品，去辦理退款吧！也許你還可以拿一點錢回來。

寫這種小小的匿名函式，去對陣列裡的每個元素執行某些操作，這樣真的可以從中獲得什麼好處嗎？

好吧，我們先回頭看看那個 map 函式吧。有時候，你想針對陣列裡的每個元素執行某些操作，而且執行的順序，或許對結果沒什麼影響。你可以從前面開始逐一往後、也可以從後面開始逐一往前，遍歷整個陣列裡所有的元素，最後都會得到相同的結果，對吧？在這樣的情況下，如果你手邊有兩個 CPU，或許就可以寫一段程式碼，讓兩個 CPU 各自處理一半的元素，這樣一來 map 函式的速度就會突然翻倍。

又或者也許，假設你在世界各地好幾個資料中心裡，擁有好幾十萬台伺服器，而你同時又有一個非常大的陣列，假設其中包含了整個網際網路全部的內容。這樣一來，你就可以在好幾十萬台電腦中運行這個 map 函式，每台電腦都可以幫你解決掉問題其中的一小部分。

這樣一來，舉個例子來說，如果你想寫一些程式碼，來搜索整個網際網路全部的內容，採用 map 函式的做法就會變得非常簡單而快速，只要把一個很基本的字串搜索函式當成 map 函式的參數送進去就可以了。

這裡我希望你可以注意到，其中一件真正有趣的事情就是，一旦 map 和 reduce 變成每個人都可以使用的函式，你只要把那種超級困難的程式碼交給超級天才去寫，寫好之後再丟進 map 或 reduce 函式，就可以運用全球大規模的電腦陣列進行平行運算；而且你原本在一個迴圈裡可以順利執行的舊程式碼，同樣可以用這種方式來執行，只不過速度快了無數倍；這也就表示，即使是非常龐大的問題，也有可能瞬間解決了。

我再重複一遍。只要把迴圈的概念抽象出來，你就可以專心去實作出原本想在迴圈裡進行的任何操作，而且還可以利用額外的硬體來進行擴展，達到更快速的執行效果。

現在你應該可以理解我之前寫過的一些東西了吧！我之前曾抱怨有些資訊科學系的學生，除了 Java 以外什麼都沒學到：

> 如果不懂函數式程式設計，你就無法發明出 *MapReduce* 演算法，*Google* 就是靠著它，才能擁有如此巨大的可擴展性。「*Map*」和「*Reduce*」這兩個用語，就是來自 *Lisp* 和函數式程式設計。回想起來，只要上過 *6.001* 這類程式設計課程的人，還記得純函數式的程式並不會有副作用，可直接進行平行運算，那麼 *MapReduce* 的做法就很顯而易見了。*Google* 發明 *MapReduce*，微軟卻沒有，這個事

> 實正好可以說明微軟為什麼還在後面苦苦追趕，一心只想讓基本搜尋功能發揮作用，而 *Google* 卻早已轉往下一個問題了：打造天網（*Skynet*）——世界上最大規模的平行運算超級電腦。我認為微軟還沒有完全理解，他們在這股浪潮中究竟落後了多遠。

好啦。我希望你已經被我說服，使用那種把函式當成第一級物件的程式語言，往往可以讓你找出更多抽象化的可能性，而這也就表示，你的程式碼有機會變得更小、更緊湊、更具有可重用性，而且更具有可擴展性。Google 有許多應用程式都使用了 MapReduce 的做法，只要有人進行了最佳化或解決了某些問題，這些應用程式都會跟著受益。

接下來我要說一些比較感性的想法；我認為最有生產力的程式開發環境，就是能讓你在不同抽象層次工作的環境。如果你用的是古老又難用的 FORTRAN，甚至連函式都沒辦法寫。C 雖然有函式指針，但寫起來很醜，而且沒辦法在需要用到的地方直接寫匿名函式，只能先在別處把函式實作出來。Java 可以讓你使用 functor，不過這種寫法就更醜了。正如 Steve Yegge 所指出的，Java 根本就是個名詞的王國（`steve-yegge.blogspot.com/2006/03/execution-in-kingdom-ofnouns.html`）。

更正： 我最後一次使用 FORTRAN，已經是 27 年前的事了。它顯然是有函式可以使用的。也許我當時心裡想的是 GW-BASIC 吧。

23

讓錯誤的程式碼看起來很不對勁

2005 年 5 月 11 日，星期三

早在 1983 年 9 月，我就開始了第一份真正的工作，當時我在以色列一家大型的麵包廠 Oranim 工作，每天晚上都會用六個跟航空母艦一樣大的烤爐，烤出大約 10 萬個麵包。

我第一次走進麵包廠時，看到那裡一片混亂的情況，簡直難以置信。烤爐的外表已經泛黃、機器也生鏽了，而且到處都是油。

「這裡一直都是這麼髒亂嗎？」我問。

「蛤？你在說什麼呀？」經理說：「我們才剛打掃完。現在可是這幾個禮拜以來最乾淨的時候了。」

我的天呀！

我花了好幾個月的時間，每天早上打掃麵包廠，後來才真正瞭解這件事。在麵包廠裡，乾淨的意思就是機器上沒有麵糰。乾淨的意思就是垃圾桶裡沒有發酵的麵糰。乾淨的意思就是地板上沒有麵糰。

乾淨的意思並不是烤爐的油漆潔白閃亮。給烤爐上油漆是每十年才會做一次的事，並不是每天都會做一遍。乾淨的意思也不是機器上面沒有油。事實上，有很多機器都需要定期上油，如果機器上面有薄薄一層乾淨的油，通常就是機器才剛保養過的意思。

麵包廠裡「乾淨」這個概念，你必須真正學習過才會懂。如果是外行人，根本不可能一走進去就看得出乾不乾淨。外行人絕對想不到，應該要去檢查滾圓機（一種把麵糰滾成球狀的機器）的內壁，看看裡頭有沒有刮乾淨。外行人一定覺得烤爐外面顏色泛黃肯定有問題，因為大家第一眼看見的就是烤爐的外觀。但是麵包師傅根本不在乎烤爐外面有沒有泛黃。這爐子烤出來的麵包，味道還是一級棒。

在麵包廠工作兩個月之後，你就能學會怎麼「看出」乾不乾淨了。

程式碼也是一樣。

如果你是從一個初級程式設計師開始做起，或是想去讀另一種新程式語言所寫的程式碼，所有的東西看起來全都好像很難理解。在你真正瞭解這個程式語言本身之前，你甚至連明顯的語法錯誤都看不出來。

學習的第一階段，你必須學習認識的東西，就是我們常說的「程式碼風格」。一開始你應該會注意到，程式碼裡有一些地方不符合縮排標準、還有一些奇怪的大寫變數。

這時你通常就會說：「這樣可不行！我們一定要先建立一些比較具有一致性的程式碼慣例！」然後隔天你就會幫你的團隊寫出一堆程式碼慣例，並在接下來六天裡討論要不要使用「One True Brace」程式碼風格，然後在接下來三個禮拜重寫整個舊程式碼，以符合「One True Brace」程式碼風格；後來你的經理把你抓出來罵，指責你把時間全都浪費在永遠賺不到錢的事情上；不過你還是覺得把程式碼風格維持好並不是件壞事，所以你只要看到不符合風格的地方，還是會去做修改，最後你就會有大約一半的程式碼，符合「One True Brace」程式碼風格；後來你很快就忘記這一切，因為你又開始沉迷於其他與賺錢無關的事了（比如用某一種字串物件類別，來替換掉原本的字串物件類別）。

如果你在特定的環境裡寫程式碼，隨著你越來越熟練，你一定會逐漸開始學習觀察到一些其他的東西。如果以程式碼慣例來看，有些程式碼可能完全合法，看起來好像完全沒問題，但你還是會覺得有點不放心。

舉個例子來說，在 C 語言裡，

```
char* dest, src;
```

這是一行完全合乎語法的程式碼；它應該能完全符合你的程式碼慣例，而且你甚至有可能是故意寫成這樣的，但如果你寫 C 語言程式碼累積了足夠的經驗，就會注意到這裡會把 dest 宣告成一個 char 指針，而 src 只會宣告成一個 char；這或許正是你想要的效果，但也有可能不是。總之，這段程式碼的味道，聞起來就是有點怪怪的。

再舉個更微妙的例子：

```
if (i != 0)
    foo(i);
```

在這個例子裡，程式碼 100% 是正確的；它應該能符合大多數的程式碼慣例，不會有任何的問題，不過 if 語句裡的單一語句主體，並沒有用大括號包起來，這有可能會讓你覺得有點困擾，因為你可能會想，天哪，將來哪天會不會有人在後面插入另一行程式碼：

```
if (i != 0)
    bar(i);
    foo(i);
```

如果忘了添加大括號，一不小心就會讓後面的 foo(i) 變成不屬於條件語句裡的一部分，結果無論如何都會被執行！因此，你只要一看到程式碼沒有放進大括號裡，可能就會覺得這樣有點不夠乾淨，感覺很不放心。

好，到目前為止我已經把程式設計師的程度，分成三個不同的層次：

1. 一開始你連乾不乾淨都還搞不太清楚。
2. 你對「乾淨」的概念還很膚淺，主要還停留在符不符合程式碼慣例的層次上。
3. 你開始可以嗅出一些藏在表面底下不大對勁的微妙暗示，這些東西會讓你覺得不舒服，促使你出手去修正這些程式碼。

不過，還有另一個更高的層次，這才是我真正想談的：

4. 你會故意用一些方式來構建你的程式碼，讓你更容易嗅出不對勁的東西，進而讓你自己更有機會寫出更正確的程式碼。

這才是真正的藝術：直接創造出一些慣例做法，讓錯誤變得很容易看得出來，用這樣的方式製作出更可靠的程式碼。

那麼，我現在就來帶你看個小例子，然後我會向你展示一個通用的規則，讓你自己發展出一些可以讓程式碼更可靠的慣例做法，最後我們會幫匈牙利命名法（不是那種會讓人昏頭的做法哦）做一點辯解，還會針對特定的情況（雖然你不太會遇到這種情況）批評一下例外處理的做法。

但是如果你堅信匈牙利命名法是壞東西，而例外處理則是除了巧克力奶昔以外最棒的發明，你甚至也不想聽任何其他的意見，那就請你自行前往 Rory 的網站（`www.neopoleon.com/home/blogs/neo/archive/2005/04/29/15699.aspx`） 去看一些精彩的漫畫好了；總之，你就算不看我的文章，應該也不會錯過太多東西吧。事實上，稍後我會提供一些實際的程式碼範例，這些範例很可能會讓你在生氣之前就先睡著了。是的沒錯。我的計畫就是要讓你幾乎快睡著，這樣我就可以在你半睡半醒無力抵抗之際，把「匈牙利命名法就是好，例外處理就是不好」這個觀念偷偷塞進你腦中。

一個例子

好啦。接著就來看個例子吧。假設你正在打造某個 Web 應用程式；現在這類應用程式好像特別受到年輕人的歡迎。

不過，有一種叫做跨網站腳本（Cross-Site Script，也叫做 XSS）的安全漏洞。我並不打算在這裡詳細說明：你所要知道的是，當你在打造 Web 應用程式時，一定要特別小心，千萬別把使用者在表單裡輸入的任何字串，直接輸出到你的頁面中。

舉個例子來說，如果你的網頁裡有個「你叫什麼名字？」的編輯框，使用者把輸入提交之後，網頁就會把他帶到另一個頁面，上面寫著「你好，Elmer！」（假設使用者的名字就是 Elmer），好吧，這就是一個安全漏洞，因為使用者有可能會輸入各種奇怪的 HTML 和 JavaScript，而不是「Elmer」，然後他們所輸入的那些奇怪的 JavaScript，可能就會做出一些很討厭的事，而且那些很討厭的事，看起來就好像是你做的；舉例來說，這樣一來，它就可以讀取到你原本放在 cookies 裡的東西，然後再把這些東西轉發到邪惡博士的邪惡網站。

我們就用一些模擬程式碼來說明好了。假設程式碼如下：

```
s = Request("name")
```

它可以從 HTML 表單裡讀取到輸入字串（這是一個 POST 參數）。如果你曾經寫過下面這樣的程式碼：

```
Write "Hello, " & Request("name")
```

你的網站就很容易受到 XSS 攻擊。光只是這樣，你的網站就有個大漏洞了。

所以，在把這個輸入送回 HTML 之前，你一定要先進行編碼。編碼的意思就是要把「"」替換為「"」，把「>」替換為「>」之類的操作。所以，

```
Write "Hello, " & Encode(Request("name"))
```

這樣就絕對安全了。

只要是來自使用者的字串，一定都是不安全的。只要是不安全的字串，就絕對不能在沒有編碼的情況下直接輸出到網頁中。

接著我們來嘗試想出一個程式碼慣例，看能不能讓你在犯下這種錯誤的時候，讓程式碼看起來就是很不對勁。如果程式碼有錯誤，一看就讓人覺得不對勁，正在處理或審查這段程式碼的人，才有可能把問題抓出來。

可能的解法 #1

其中一種解法就是，只要字串是來自使用者，馬上就對它進行編碼：

```
s = Encode(Request("name"))
```

所以我們的慣例就是這樣：只要一看到 Request 沒有被 Encode 包起來，程式碼就一定有問題。

然後你就可以開始訓練自己的眼睛，去找出那種沒有被包起來的 Request，因為這樣就違反了你的慣例。

某種意義上來說，只要你確實遵循這個慣例，就永遠不會遇到 XSS 的問題了，所以這算是一種可行的做法，但卻不一定是最好的架構。舉例來說，也許你想把這些使用者輸入的字串，保存到資料庫裡的某個地方，但在保存到資料庫之前先對字串進行 HTML 編碼，其實是很沒有意義的，因為這些字串有可能

會被送去某個 HTML 頁面以外的其他地方（比如信用卡處理應用程式），如果都先進行過 HTML 編碼，反而會造成混淆。大部分的 web 應用程式在開發階段，都會依循以下的原則：內部所有的字串，都要等到送往 HTML 頁面的前一刻，才會進行編碼的動作，這或許才是正確的架構。

有時候我們確實有需要讓這種不安全的格式，可以在程式碼裡存在一段時間。

好的。我們再來嘗試另一種做法吧。

可能的解法 #2

我們可以制定出另一種程式碼慣例，規定在輸出任何字串之前，一定要先進行編碼，這樣的做法怎麼樣？

```
s = Request("name")

// 過了很久之後：
Write Encode(s)
```

現在你只要一看到 Write 沒有搭配 Encode 進行編碼，就知道一定有問題了。

呃，這樣的做法好像也不太好用……有時候在你的程式碼裡，真的就是會有一些 HTML 元素，而你並不想對它進行編碼：

```
If mode = "linebreak" Then prefix = "<br>"
// 過了很久之後：
Write prefix
```

根據我們的慣例，這樣的寫法看起來很不對勁，因為在使用到 Write 的時候，一定要先用 Encode 對字串進行編碼才對：

```
Write Encode(prefix)
```

可是這樣一來，原本用來換行的「
」就會被編碼成「
」，而且使用者也只會看到它以文字的形式呈現出來。這樣就不對了。

所以，有時候你就是不能一讀取到字串就對字串進行編碼，也不能一遇到字串輸出的情況就對字串進行編碼，這兩種建議做法全都不怎麼管用。但如果沒有慣例做法，我們就必須冒著下面這樣的風險：

```
s = Request("name")
... 過了好幾頁之後 ...
name = s
```

```
... 又過了好幾頁之後 ...
recordset("name") = name // 把 name 保存到資料庫的 "name" 欄位中
... 過了好幾天之後 ...
theName = recordset("name")
... 過了好幾頁或甚至好幾個月之後 ...
Write theName
```

我們還會記得要對字串進行編碼嗎？沒有一個地方可以看出問題。根本就沒有地方可以讓你嗅出問題。如果你有很多這樣的程式碼，就要花很大的力氣，去追蹤每個字串的來源，以確保它在輸出之前已經進行過編碼了。

真正的解法

所以，我就來建議一個有效的程式碼慣例好了。我們的規則只有一個：

只要是來自使用者的字串，全都必須保存在變數（或資料庫的某個欄位）中，變數名稱的前面一定要以「us」為開頭（unsafe string；不安全字串的意思）。只要是進行過 HTML 編碼，或是可以確定為安全的字串，一定都要保存在變數名稱前面以「s」（代表 safe 安全的意思）做為開頭的變數中。

我來重寫一下同一段程式碼，根據我們的新慣例，只要修改一下變數的名稱就可以了。

```
us = Request("name")
... 過了好幾頁之後 ...
usName = us
... 過了好幾頁之後 ...
recordset("usName") = usName
... 過了好幾天之後 ...
sName = Encode(recordset("usName"))
... 過了好幾頁或甚至好幾個月之後 ...
Write sName
```

現在你應該有注意到，只要你確實遵守這個程式碼慣例，萬一你在使用字串時犯了錯，用了不安全的字串，你一定可以在某行程式碼中看出問題：

```
s = Request("name")
```

這一看就知道有問題，因為你看到 Request 的結果，被送入一個 s 開頭的變數，這樣就違反規則了。Request 的結果一定是不安全的，所以一定要把它放進一個名稱是「us」開頭的變數。

```
us = Request("name")
```

這樣一定沒問題。

```
usName = us
```

這樣也一定沒問題。

```
sName = us
```

這肯定有問題。

```
sName = Encode(us)
```

這樣當然沒問題。

```
Write usName
```

這肯定有問題。

```
Write sName
```

這沒問題，效果就跟下面一樣：

```
Write Encode(usName)
```

每一行程式碼都可以獨立進行檢查，如果每一行程式碼都沒問題，整段程式碼大體上就沒問題了。

最後在這樣的程式碼慣例下，你的眼睛就可以學會，只要一看到 `Write usXXX` 就知道它有問題，而且你馬上就知道怎麼修正問題。我知道，一開始想要看出程式碼裡的錯誤有點困難，但只要堅持三個禮拜，你的眼睛很快就會適應，這就像麵包廠裡的工人一樣，他們在龐大的麵包廠裡只要看一眼就知道：「我的天呀！這裡怎麼都沒人在清理呀！這是在搞什麼鬼呀！」

事實上，我們還可以把這個規則稍微再擴展一下，把 Request 和 Encode 這兩個函式重新命名（或包裝）成 UsRequest 和 SEncode……換句話說，只要是會送回不安全字串的函式，就以 Us 開頭；如果是會送回安全字串的函式，就以 S 做為開頭，做法上就跟變數是一樣的。現在再來看一下程式碼：

```
us = UsRequest("name")
usName = us
recordset("usName") = usName
sName = SEncode(recordset("usName"))
Write sName
```

看到我在做什麼了嗎？現在你只要看看等號兩邊的開頭相不相同，就可以看出有沒有錯誤了。

```
us = UsRequest("name") // 沒問題，兩邊的開頭都是 US
s = UsRequest("name")  // 有問題
usName = us            // 沒問題
sName = us             // 當然有問題
sName = SEncode(us)    // 當然沒問題
```

如果想做得更徹底，我們還可以再進一步，把 Write 命名為 WriteS，並把 SEncode 重新命名為 SFromUs：

```
us = UsRequest("name")
usName = us
recordset("usName") = usName
sName = SFromUs(recordset("usName"))
WriteS sName
```

這樣就會讓錯誤變得更加明顯。如此一來，你的眼睛就能學會「看出」有問題的程式碼，你只要這樣去寫你的程式碼，在閱讀程式碼的過程中，就可以發現一些隱藏的安全漏洞了。

讓錯誤的程式碼看起來很不對勁，這絕對是一件好事，不過這並不一定是解決所有安全問題的最佳解決方案。這樣並不能抓出所有可能的問題或錯誤，因為你有可能並不會仔細去查看每一行程式碼。不過這樣的做法肯定比沒有這樣做好太多了；我寧願用這樣的一個程式碼慣例，讓錯誤的程式碼至少看起來很不對勁。你當下就能獲得好處，因為每當有程式設計師的眼睛掃過這行程式碼，就可以檢查到這類特定的問題，進而防範這類的錯誤。

一個通用的規則

讓錯誤的程式碼看起來很不對勁，這件事的成敗取決於，能不能在畫面上足夠靠近的單一位置，看出程式碼正不正確。我們在看一個字串時，為了判斷所寫的程式碼正不正確，就必須知道這個字串所出現的任何地方，究竟是安全還是不安全。我並不希望這樣的資訊，被放到另一個檔案，或是非要滾動到另一頁才能看到。我一定要在同一個畫面裡就能看到，而這也就表示，唯有變數命名慣例才能做到。

其實還有很多改進程式碼的其他做法，大體上都是讓相關的東西越靠近越好。大多數的程式碼慣例，都會包括下面這些規則：

- 函式盡量保持簡短。
- 變數宣告的位置，與使用到變數的地方越靠近越好。
- 不要用巨集來建立你自己個人專屬的程式語言。
- 不要使用 `goto`。
- 不要讓右大括號與相應的左大括號相隔超過一個螢幕的距離。

所有這些規則的共同點就是，盡可能讓一行程式碼相關的資訊，在實際的位置上越靠近越好。這樣才能讓你的眼睛更有機會一眼看出所發生的事情。

一般來說，我必須承認我有點害怕那種會隱藏住某些事情的程式語言。當你看到下面這行程式碼：

```
i = j * 5;
```

如果是 C 語言，你至少可以確定這就是把 `j` 乘以 5 的結果保存在 i 裡頭。

但如果你是在 C++ 看到相同的程式碼，恐怕就很難確定這是什麼意思了。真的就是沒辦法。如果想知道這行 C++ 程式碼究竟做了什麼事，唯一的方式就是先去確認 `i` 和 `j` 的型別，這些資訊必須到宣告變數的其他地方才能找到。因為 j 的型別定義中，有可能針對 * 這個符號做了多載的（overloaded）定義，當你對 `j` 使用乘號時，它有可能會做出一些很聰明的動作。`i` 這個型別也有可能針對 = 這個符號做了多載的定義，而且不同型別之間有可能不相容，因此最後有可能還會調用到自動型別強制轉換函式。想要找出答案唯一的辦法，不只是要查出這幾個變數各自的型別，還要找到實作出這些型別的程式碼；如果型別是繼承而來，你還要順著物件類別的層次結構，一路靠自己往上找出程式碼真正的所在；如果還要考慮多型（polymorphism）的情況，那你就真的麻煩大了，因為光只知道 `i` 和 `j` 所宣告的型別還不夠，你還必須知道這些變數當下是什麼型別，因此你有可能還需要再去查看大量的程式碼，而且因為有所謂的「停機問題」（halting problem），你根本就無法確定自己是否已經把每個地方全都查看過了（哇咧）。

所以，當你在 C++ 的程式碼裡看到 `i = j * 5` 時，老兄，你就只能自求多福了；在我看來，這肯定會降低我們想要「光靠查看程式碼，就能找出可能問題」的能力。

當然，這些全都不重要。如果你真的像個聰明的小學生那樣，跑去覆寫 `*` 這個運算符號，那你大概就只是想做出一個超棒的、各方面都很完備的抽象對吧。我的天哪，`j` 是個 Unicode 字串型別，如果用整數去乘以一個 Unicode 字串，這顯然就是「把繁體中文轉換成簡體中文」的超棒抽象，你是這樣想的沒錯吧？

當然囉，問題就在於根本沒有什麼「各方面都很完備的抽象」。我在我的前一本書《約耳趣談軟體》（Joel on Software；Apress，2004 年）其中「抽象必有漏洞法則」一章裡，已經廣泛討論過這件事，這裡我就不再重複了。

Scott Meyers 在他整個職業生涯裡，已經用各種方式向你證明這是個很有問題的做法，而且很有可能給你帶來各種麻煩（至少 C++ 是如此）。順便提一下，Scott Meyers 的《Effective C++》（Addison-Wesley Professional，2005 年）第三版才剛出版上市；書的內容完全重新寫過，你不妨今天就去買一本來讀吧！

好了。

我有點離題了。我最好還是總結一下目前的重點吧：

找出一些程式碼慣例，讓錯誤的程式碼看起來很不對勁。讓程式碼裡相關的東西盡可能集中在同一個螢幕中，越靠近越好，因為這樣才能讓你看出特定類型的問題，而且馬上就可以進行修正。

匈牙利命名法之亂

現在我們再來回頭看看那個名聲不大好的匈牙利命名法吧。

匈牙利命名法是由微軟的程式設計師 Charles Simonyi 所發明的。Simonyi 當初在微軟所從事的主要專案之一就是 Word。事實上，他所領導的專案建立了世界上第一個「所見即所得」（WYSIWYG）的文書處理程式（也就是 Xerox 公司的 PARC 研究中心裡一個名叫 Bravo 的專案）。

在「所見即所得」的文書處理過程中，一定會用到可滾動的視窗，因此每一個座標不是相對於視窗就是相對於頁面；由於這兩者有很大的不同，因此一定要想個辦法讓兩者可以明確區分而不混淆，這是非常重要的事。

Simonyi 之所以開始使用這個後來被稱之為匈牙利命名法（Hungarian notation）的做法，我猜這就是其中的一個好理由。這種變數命名方式看起來很像匈牙利語，而且 Simonyi 本人就來自匈牙利，所以這個名字還蠻合理的。在 Simonyi 版本的匈牙利命名法中，每個變數的名稱最前面都會有個小寫標籤，用來表示這個變數內容的「種類」（kind）。

我之所以採用「種類」這個詞其實是故意的，因為 Simonyi 在他的論文裡錯用了「type」這個詞（譯註：type 在程式設計領域通常指的是資料「型別」），而之後一代又一代的程式設計師全都誤解了他的意思。

如果你仔細閱讀 Simonyi 的論文，就會發現他的意思與我在前面範例中所使用的命名慣例是一樣的 —— 我在前面用 us 表示「不安全的字串」，而 s 則表示「安全的字串」。這兩種變數的「型別」（type）都是字串。如果你把其中的一個變數值指定給另一個變數，編譯器並不會給你任何警告，IntelliSense 這個程式開發工具也不會說這有什麼問題。但這兩者在語義上是不同的；它們各自有不同的解釋方式，也有不同的處理方式，如果把其中的一個變數值指定給另一個變數，就要調用某種轉換函式才行，否則就有可能會在執行階段出問題。在這種情況下，你就只能自求多福了。

Simonyi 最原始的匈牙利命名法概念，微軟內部稱之為「應用」匈牙利命名法（Apps Hungarian），因為這種做法主要運用於應用程式部門（也就是 Word 和 Excel）。在 Excel 的原始程式碼裡，你可以看到很多 rw 和 col；只要一看到這兩個東西，你就知道它分別指的是行（row）和列（column）的意思。沒錯，這兩種變數值全都是整數，可是把其中「某一種」值指定給「另一種」變數，絕對是沒什麼意義的。有人跟我說，Word 裡可以看到很多的 `xl` 和 `xw`，其中 `xl` 代表「相對於整個排版佈局（layout）的水平座標」，`xw` 則代表「相對於整個視窗（window）的水平座標」。這兩個同樣都是整數，不過彼此肯定是無法互換的。在 Excel 和 Word 這兩個應用程式裡，都可以看到很多 `cb`，意思就是「Byte 的數量」（count of bytes）。沒錯，這又是另一個整數，但是你只要一看到這個變數名稱，對於這個變數的內容就有更多的瞭解了。它代表的就是 Byte 的數量：有可能指的是緩衝區的大小。如果你看到 `xl = cb`，好吧，你可以吹哨子了，因為這行程式碼顯然有問題，就算 xl 和 cb 都是整數值，但把一個 Byte 的數量值指定給另一個以像素為單位的水平偏移值，絕對是發瘋了。

在「應用」匈牙利命名法的做法中，前綴詞也可以放在函式名稱的開頭，用法上和變數名稱是一樣的。所以，老實說我雖然從沒看過 Word 的原始程式碼，不過我敢打賭一定有個叫 YlFromYw 的函式，可以把相對於視窗（windows）的縱向座標，轉換成相對於排版佈局（layout）的縱向座標。「應用」匈牙利命名法會要求大家採用 TypeFromType 而不是比較傳統的 TypeToType 的做法，因為這樣一來每個函式名稱的開頭，一定就是函式送回來的東西相應的型別，就像我在之前範例中把 Encode 重新命名為 SFromUs，其實也是一樣的道理。事實上，在比較正規的「應用」匈牙利命名法中，Encode 這個函式一定要命名為 SFromUs。「應用」匈牙利命名法在幫這個函式命名時，並不會讓你有什麼選擇。這其實是好事，因為這樣你需要記住的東西就變少了，而且你不必去想 Encode 這個詞指的究竟是哪一種編碼：事實上這種命名方式還比較精確一點。

「應用」匈牙利命名法非常有價值，尤其是在 C 語言程式設計的時代，當時的編譯器並沒有提供非常有用的型別系統。

但是，後來卻出了一些差錯。

黑暗勢力佔領了匈牙利命名法。

這件事好像沒有人知道為什麼，也不知道事情究竟是怎麼發生的，不過好像是 Windows 團隊的文件作者們，無意之間就發明了所謂的「系統」匈牙利命名法（Systems Hungarian）。

大概是有人在某個地方閱讀了 Simonyi 的論文，因為論文裡使用了「type」這個詞，就以為論文裡所指的東西，比較像「物件類別」（class）這樣的東西，或是「型別系統」、「編譯器型別檢查」的那個「型別」（type）。他並不是那個意思。Simonyi 非常仔細解釋了「type」這個詞的確切涵義，但實際上卻沒什麼用。傷害已經造成了。

「應用」匈牙利命名法確實提供了相當多非常有用、很有意義的前綴詞，例如「ix」代表的是陣列索引值（index），「c」代表的是計數的數量（count），「d」則代表兩個數字之間的差（difference，例如「dx」代表的就是「寬度」）等等。

「系統」匈牙利命名法的前綴詞就少得多了，例如「l」代表長整數（long），「ul」代表無正負號的長整數（unsigned long），「dw」則代表雙字組（double word，呃……其實就是個 unsigned long 無正負號的長整數）。在「系統」匈牙利命名法裡，前綴詞唯一可以告訴你的就是變數實際的資料型別。

這其實是對於 Simonyi 的意圖與做法非常微妙而徹底的誤解，這整件事給了我們一個教訓，那就是如果你寫出一篇令人費解、學術感濃厚的文章，沒有人會去好好理解，然後你的想法就會被誤解；而那些被誤解的想法，就會被世人所嘲笑，即使那並不是你原本的想法。所以在「系統」匈牙利命名法裡，你就會看到很多 dwFoo 這樣的東西，意思就是「雙字組的 foo」，但事實上這樣幾乎沒給我們太多有用的資訊。這也難怪大家對於「系統」匈牙利命名法會有這麼多的反感了。

「系統」匈牙利命名法之所以被廣泛傳播，是因為它後來成為了 Windows 程式設計文件的標準。像是 Charles Petzold 的《Programming Windows》（Windows 程式設計；Microsoft Press，1998 年）這本書，可說是學習 Windows 程式設計的聖經，在這類書籍廣泛傳播之後，「系統」匈牙利命名法更迅速成為了這個命名法的主要形式，甚至在微軟內部也是如此，實際上除了 Word 和 Excel 團隊以外，大概很少有程式設計師真正理解自己究竟犯了多麼大的錯誤吧。

然後就是後來的大反抗了。到了最後，那些從一開始就沒搞懂匈牙利命名法的程式設計師，發現自己用的是煩人又沒用的命名方式，自然就開始群起反抗。其實「系統」匈牙利命名法還是有一些不錯的特性，可以幫助大家發現問題。就算你使用的是「系統」匈牙利命名法，至少你還是可以看出變數的型別。只不過它的價值遠不及「應用」匈牙利命名法就是了。

隨著 .NET 的首次發佈，大反抗也來到了巔峰。微軟此時終於開始告訴大家：「不推薦使用匈牙利命名法。」大家一聽到簡直樂翻了。我甚至覺得，微軟也懶得解釋了。他們只是稍微瀏覽了一下舊文件裡關於命名的說明，然後就在每個條目裡寫下「不要使用匈牙利命名法」。到了此時，匈牙利命名法已經變得非常不受歡迎了，以至於已經沒有人真正在抱怨了，而除了 Excel 和 Word 團隊裡的人以外，全世界都因為不再需要使用這種尷尬的命名方式而鬆了一口氣；大家都認為，如今有了強型別檢查和 IntellizSense 這樣的工具，自然就沒必要再去使用那樣的變數命名法了。

但是，「應用」匈牙利命名法還是有很大的價值，因為它確實可以增加程式碼所透露出來的意涵，讓程式碼更容易閱讀、編寫、除錯與維護，而且最重要的是，它可以讓錯誤的程式碼看起來很不對勁。

在我們繼續往下走之前，我還要做一件之前承諾要做的事，那就是再批評一下「例外處理」的做法。上次我做這件事的時候，結果給我帶來了很多的麻煩。在我的 Joel on Software 網站首頁一篇即興評論中，我寫說我並不喜歡例外處理的做法，因為它其實就是無形的 `goto`，而且我認為它比 `goto` 還糟糕，因為你至少還能看到 `goto` 出現在什麼地方。當然囉，有許多人都對我的說法嗤之以鼻。全世界唯一為我辯護的人，當然就是 Raymond Chen，順便說一句，他可是世界上最好的程式設計師，所以他總得出來說點什麼，對吧？

下面就是我在那篇文章裡對於例外處理的看法。一般來說，只要有東西可看，你的眼睛就會去看有沒有錯誤，而這樣的習慣確實可以避免掉一些問題。如果你真的想讓程式碼變得非常可靠，就應該採用一些程式碼慣例做法，這樣你在重新檢視程式碼時，程式碼本身就會透露出更多的訊息。換句話說，「程式碼究竟正在做些什麼」這樣的資訊，如果可以盡可能多呈現在你眼前，你就越能找出程式碼裡的錯誤。如果你看到下面這樣的程式碼：

```
dosomething();
cleanup();
```

你的眼睛能不能告訴你，這裡有何問題呢？我們做了某件事（do something）之後，一定會做清理（cleanup）！不過，`dosomething` 其實有可能拋出例外，這也就表示 `cleanup` 有可能不會被調用。這問題修正起來也很容易，只要使用 `finally` 或諸如此類的東西即可，但這並不是我要講的重點：我要講的重點是，如果想確定 `cleanup` 一定會被調用，唯一的方法就是去調查 `dosomething` 的整個調用相關樹狀結構（call tree），看看其中有沒有哪裡會拋出例外；就算是這樣也沒關係，還有一些像是「可控例外」（checked exception）之類的東西，也能減少我們的痛苦，但真正的重點是，例外處理的做法讓我們無法一目了然看出問題。你一定要去查看其他地方，才能知道程式碼有沒有在做正確的事，因此你無法運用眼睛天生的優勢，一眼看出錯誤的程式碼，因為根本沒東西可看。

現在我如果要寫一個極簡的腳本，用來蒐集大量的資料，而且每天都要把資料列印出來……沒錯，我必須說，例外處理的做法還真是超級好用。我最喜歡的部分，就是可以忽略掉所有可能發生的錯誤，只要把整段該死的程式碼，包在一個超大的 `try/catch` 裡，只要一出現任何問題，就讓它發 email 給我。例外處理的做法非常適合那種「雖然手法骯髒但做起來很快」的程式碼、各種腳本，或是一些既不是重大任務也不會有生命危險的程式碼。但如果你正在寫的軟體是給作業系統或核電站使用，或是用來控制心臟手術裡的高速圓鋸，採用例外處理就是極其危險的做法。

我知道大家會覺得，我一定是個很蹩腳的程式設計師，因為我並沒有正確理解例外處理的做法，也沒有好好去理解，如果我可以接納例外處理的做法，絕對可以改善我生活上所有的面向；我只能說，這真是太糟糕了。想要寫出真正可靠的程式碼，就是要嘗試去使用一些確實有考慮到人類典型弱點的簡單工具，而不是去使用一些具有隱藏副作用的複雜工具，況且抽象必有漏洞，但這些工具往往都會假設，程式設計師是絕對不會出錯的。

想閱讀更多東西的話

如果你還是很熱衷於例外處理的做法，建議去閱讀一下 Raymond Chen 的文章「Cleaner, More Elegant, and Harder to Recognize」（更簡潔、更優雅、更難識別；`blogs.msdn.com/oldnewthing/archive/2005/01/14/352949.aspx`）：「程式碼如果採用例外處理的做法，想分辨出程式碼寫得好不好實在太困難了……例外處理的做法實在太難了，我真的不夠聰明，實在沒辦法處理這樣的東西。」

Raymond 對於巨集之死的咆哮，「A Rant Against Flow Control Macros」（對於流程控制聚集的咆哮；`blogs.msdn.com/oldnewthing/archive/2005/01/06/347666.aspx`），文章裡介紹了另一個案例，說明無法在同一個地方取得所有的資訊，會讓程式碼變得難以維護。「當你看到使用『巨集』的程式碼時，你一定要深入研究 header 檔案，才能搞清楚它究竟在做什麼。」

關於匈牙利命名法的歷史背景，建議可以從 Simonyi 的原始論文「Hungarian Notation」（匈牙利命名法；msdn.microsoft.com/en-us/library/aa260976(VS.60).aspx）開始讀起。Doug Klunder 在另一篇更清晰的論文「Hungarian Naming Conventions」（匈牙利命名慣例；www.byteshift.de/msg/hungarian-notation-dougklunder）中，向 Excel 團隊引進了這個做法。如果想知道更多關於匈牙利命名法以及它如何被一些文件作者誤用的故事，請閱讀 Larry Osterman 的文章（blogs.msdn.com/larryosterman/archive/2004/06/22/162629.aspxf），尤其是 Scott Ludwig 的留言（blogs.msdn.com/larryosterman/archive/2004/06/22/162629.aspx#163721），或是 Rick Schaut 的文章（blogs.msdn.com/rick_schaut/archive/2004/02/14/73108.aspx）。

VI 軟體事業的開展

24

《ERIC SINK 談軟體事業》的前言

2006 年 4 月 7 日，星期五

Eric Sink 很早之前就在 *Joel on Software* 的網站裡出沒了。他是 *Spyglass* 網路瀏覽器的建立者之一，他也建立了 *AbiWord* 這個開放原始碼的文書處理程式，而現在他則是 *SourceGear* 的一名開發者，該公司生產的是原始程式碼版本控制軟體。

不過我們這裡大多數人之所以認識他，主要是因為他身為「軟體事業」（*The Business of Software*）討論區版主的貢獻，這討論群組如今已成為軟體創業人聚集的中心了。他還創造出「微型 *ISV*」（*micro-ISV*；微型獨立軟體商）一詞，多年來也一直在他自己的部落格裡寫一些關於軟體事業的文章，並為 *MSDN* 撰寫了一系列相當有影響力的文章。最近他剛出版一本內容相當成熟的紙本書，名為《*Eric Sink on the Business of Software*》（*Eric Sink* 談軟體事業；*Apress*，*2006* 年），他叫我幫他寫前言，以下就是相應的內容。

我有沒有告訴過你，我自己第一次創業的故事？

我來想想看，能不能記起整件事。我記得當時我才十四歲吧。他們在新墨西哥大學開辦了某個 TESOL 暑期學院，而我當時受僱坐在一張桌子後面，只要有人有需要，我就幫他們複印期刊裡的文章。

在我的桌子旁邊，有個裝滿咖啡的大罐子，如果你想喝咖啡，可以自行取用，然後只要在一個小杯子裡頭留下 25 美分就行了。我自己並不喝咖啡，不過我真的很喜歡吃甜甜圈；當時我心裡想，美味的甜甜圈應該和咖啡很搭吧。

在我那個小小的世界裡，步行範圍內並沒有任何甜甜圈店，而且我還太年輕，還不會開車，因此我當時在 Albuquerque 幾乎是與甜甜圈完全隔絕了。不知道怎麼回事，總之我說服了一個研究生，請他每天幫我買幾十個甜甜圈帶進來。然後我就貼了一張手寫的牌子，上面寫著「甜甜圈：25 美分（超級便宜！）」然後就看到錢一直流進來了。

每天都有人路過這裡，看到這個小招牌，就往杯子裡扔一些錢，然後拿走一個甜甜圈。後來我們開始有了常客。甜甜圈每天的消費量，一直在上升。甚至有一些並不需要前來研究所會客廳的人，也會特地偏離自己每天日常的路線，來買我們的甜甜圈。

當然囉，我擁有小小的特權，可以獲得免費的甜甜圈，但這幾乎完全沒有影響到我的利潤。甜甜圈的成本大概是一打一美元。有些人甚至願意花 1 美元來買一個甜甜圈，只因為他們懶得從杯子裡挖零錢出來。我簡直不敢相信，竟然會有這種事！

到了夏末，我每天都能賣出兩大盤……也許有一百個甜甜圈吧。最後確實積累了相當多的錢……具體的金額我已經不記得了，反正就是幾百美元左右吧。你知道，那可是 1979 年。這筆錢在當時大概足夠買下全世界所有的甜甜圈吧！不過當時我已經厭倦了甜甜圈，開始喜歡起那種超辣的墨西哥起司捲餅了。

後來，我用這筆錢去做了什麼呢？什麼事也沒做。語言學系的系主任把錢全都拿走了。他決定用那筆錢，為研究所的員工辦一場盛大的聚會。可是我沒辦法參加聚會，因為我當時年級太小了。

所以，這個故事給了我什麼教訓呢？

嗯，沒有什麼教訓啦。

不過，看著一家新企業的成長，總有一些令人難以置信、非常激動人心的事。看到每一個健康的企業，能夠經歷有機成長的過程，真的非常快樂。我所說的「有機」，字面上的意思就是「碳水化合物之類的東西」。哦不，等一下，我不是那個意思啦。我的意思是可以像植物一樣，逐漸成長。上個禮拜你賺到了 24 美元。這個禮拜你又賺了 26 美元。等到明年的這個時候，你或許已經可以一個禮拜賺 100 美元了。

大家喜歡成長型企業的理由，與喜歡園藝的理由是相同的。在花園裡種下一顆小小的種子，每天澆水，清除雜草，然後看著一株小小的幼芽，長成一棵茂密的大樹，或是長滿美麗的菊花（如果你很幸運的話），或是長出刺蕁麻（也許你覺得這只是雜草，但請不要失望，刺蕁麻其實可以用來泡茶，只是要小心別觸碰到就是了），這實在非常有趣。

當你在查看自己事業的營業額時，剛開始可能會說：「天哪，現在才 3 點整，我們已經有 9 個客戶了！這一定是有史以來最美好的一天！」等到了下一年，九個客戶就變成好像只是個笑話而已；再過幾年之後，你就會發現，光只是要列出上禮拜所有銷售額的報告，就已經多到快要無法處理了。

到了某一天，你就會把「每次有人購買你的軟體，就向你發送電子郵件」這個功能關閉掉。這肯定是個巨大的里程碑。

最後，你也許會發現你所僱用的一個暑期實習生，每個禮拜五早上都會帶一些甜甜圈到公司裡賣，一個就賣一美元。我只希望你不要拿走他的利潤，還把錢用到一場他無法參加的聚會中。

25

《微型-ISV：從願景到現實》的前言

2006 年 1 月 11 日，星期三

下面就是我寫給 Bob Walsh 的新書《Micro-ISV：From Vision to Reality》（微型獨立軟體商：從願景到現實；Apress，2006 年）一書的前言。

我究竟為什麼會變成 Micro-ISV（微型獨立軟體商）運動的代表人物呢？

明明有這麼多人，偏偏挑中我。真是太扯了。

我當年創辦 Fog Creek 軟體公司時，並沒有什麼「微型」的想法。我的計畫是建立一家大型跨國軟體公司，在 120 個國家或地區設有辦公室，總部在曼哈頓的摩天大樓，樓頂上還有直升機停機坪，可以快速往來 Hamptons 的豪宅區。這或許要花好幾十年的時間——畢竟我們一直都是靠自己自力更生，打算慢慢小心謹慎地持續成長——不過我們的雄心壯志絕不渺小。

說真的，我其實並不喜歡「Micro-ISV」這個詞。其中「ISV」就是獨立軟體商（Independent Software Vendor）的意思。這其實是微軟所虛構出來的一個詞，意思其實是「微軟以外的軟體公司」，或者更具體來說，就是「基於某種原因還沒被微軟收購或淘汰的軟體公司；或許只是因為所從事的是某種特別奇怪而迷人的業務，比如婚禮餐桌佈置什麼的，微軟實在不屑去做那樣的業務，所以這些小公司就自己好好玩個痛快吧。不過別忘了要用 .NET 喲！」

這個詞的用法，就很像微軟喜歡用「legacy」（傳統）來泛指其他所有非微軟的軟體一樣。因此，當他們一提到 Google 那個「傳統」搜尋引擎時，他們的意思其實是在暗示 Google 「只是個老舊蹩腳的搜尋引擎，你只不過是因為一個歷史上的意外，所以才會到現在還在使用它，不過，你最後還是會切換到 MSN 的啦。」總之，他們愛怎麼說都行啦。

我個人更喜歡「軟體公司」這樣的說法，而且如果說我們是一家新創公司，也沒什麼不對。「軟體新創公司」就是我們描述自己的說法，我覺得根本沒必要用微軟的說法來定義自己。

我猜你之所以會來讀這本書，是因為你正打算創辦一家小型軟體公司，以這個目的來說，這確實是一本好書，所以我不妨利用這個機會，向你提供我個人的一份檢查清單，列出你創辦你的 Micro……哦不！是創辦你的軟體新創公司應該要注意的三件事。你應該要注意的事，當然不止這些；Bob 在這本書裡，已經把那些事全都講得很清楚了，不過在你開始讀這本書之前，我先來做一點小小的貢獻吧。

第一件事。你的公司可以解決什麼痛苦、可以為誰解決痛苦、你的產品為什麼可以消除掉這些痛苦，客戶怎麼樣才會付錢來解決這些痛苦，這些問題你如果無法解釋清楚，你就別創業了。前幾天我去聽了六家高科技新創公司的簡報，卻沒有一家公司很清楚知道自己打算解決的是什麼痛點。我看到有家新創公司正在開發一種方法，可以用來設定與朋友見面喝咖啡的時間，另一家新創公司希望你在瀏覽器裡安裝一個插件，可追蹤你在線上的一舉一動，以換取一種可刪除歷史紀錄的能力，還有一家新創公司則可以讓你的朋友與特定的地點綁在一起，然後你就能用簡訊留言給你的朋友（這樣一來，如果你的朋友正好路過某個酒吧，就會收到你在那裡留給他們的留言）。這些公司有個共同點就是，他們全都沒解決任何問題，最後恐怕註定都要失敗，就像一隻長尾貓跑進一間擺滿搖椅的房間，雖然不知道什麼時候會夾到尾巴，但幾乎可以百分百確定，最後一定會被夾到的。

第二件事。不要自己獨自一人創業。我知道，獨自一人創業成功的例子很多，但失敗的例子更多。如果你連「去說服一個朋友認同你的想法真的很有價值」都做不到，嗯……會不會是你的想法真的沒什麼價值呀？此外，創業的過程很孤獨，經常會讓人覺得很沮喪，而且沒有人可以經常與你交流想法。有時如果事情變得很艱難（一定會的），而你只有一個人，很容易就會把公司收掉了。如果有兩個人一起創業，你就會覺得自己有義務，支持著你的伙伴繼續前進。附帶一提，貓可不能算伙伴喲。

第三件事。一開始不要期望太高。大家永遠都不知道，自己的產品上市之後，第一個月能賺多少錢。我記得五年前，我們剛開始銷售 FogBugz 時，我們根本不知道第一個月的銷售額會是 0 美元還是 50,000 美元。在我看來，這兩個數字好像都有可能。現在，我已經與足夠多的企業家交流過，而且我也有了足夠的資料，可以為你提供一個明確的答案了。

沒錯，我有一個水晶球，現在我就可以告訴你這個你最想要知道的事實：你的產品上市之後，第一個月究竟能賺多少錢。

準備好了嗎？

好的。

你第一個月會賺到的錢，就是，

大概是，

364 美元，如果你把事情全都做對的話。如果收費太低，你只會賺到 40 美元。如果你的收費太高，就只會賺到 0 美元。如果你期望賺更多，一定會很失望，然後只好選擇放棄，跑去幫「大家都知道的那個人」工作，再把我們這些創業的人，稱之為「傳統微型獨立軟體商」（legacy micro-ISV）。

364 美元聽起來好像很令人沮喪，不過事實並非如此，因為你很快就會察覺到一些很致命的問題，所以你 50% 的潛在客戶才沒去掏腰包付錢，然後，登登！接下來你每個月就能賺 728 美元了。你只要非常努力工作，就能獲得一些宣傳的機會，然後你就會搞懂如何有效利用 AdWords，並在當地婚禮策劃人最喜歡看的雜誌裡刊出你公司的故事，然後，登登！你每個月就能賺 1,456 美元了。接下來你會發佈 2.0 版，內建垃圾郵件過濾與通用 Lisp 直譯器，你的客戶終於可以相互聊天交流了，然後，登登！你每個月就可以賺 2,912 美元了。於是你調整定價、增加技術支援合約、發佈 3.0 版，然後又在「每日聯播秀」節目裡被 Jon Stewart 提及……登登！每個月可以賺 5,824 美元了。

現在事情總算有點起色了。預計幾年之後，如果你可以堅持下去，實在沒理由不能每隔 12-18 個月就把你的營業額翻一倍，所以不管你剛開始時有多麼微小（詳細的數學公式就先略過吧——編者按），不用多久你就可以在曼哈頓建造你自己的摩天大樓，樓頂還有個直升機停機坪，這樣你就能在三十分鐘之內，抵達你在 Southampton 那片佔地二十英畝的豪宅了。

我認為，這才是創辦公司真正的樂趣：完全靠你自己創造出某些東西，然後再努力培育、不斷投資、看著它逐漸成長，然後看到投資獲得回報。這將是一段地獄般艱困的旅程，但我是絕對不會錯過的。

26
飆高音

2005 年 7 月 25 日，星期一

2000 年 3 月，我推出了我的網站 Joel on Software，並提出了一個看似不太可靠的觀點——我認為大多數人其實都誤會了，誤以為一定要先有想法，才能創建出一家成功的軟體公司（`www.joelonsoftware.com/articles/fog0000000074.html`）：

> 一般人的想法是，如果你要創立一家軟體公司，目標就是要先找出一個巧妙的想法，解決一些過去無法解決的問題，然後只要把這個想法實作出來，就可以準備發大財了。我們把這樣的想法，稱之為「打造出更好的捕鼠器」的信念。不過，軟體公司真正的目標，應該是把資本轉化成真正好用的軟體才對。

過去五年，我一直在現實世界裡，持續不斷檢驗這個理論。我在 2000 年 9 月與 Michael Pryor 一起創辦公司，背後的方程式大體上可歸納成四個步驟：

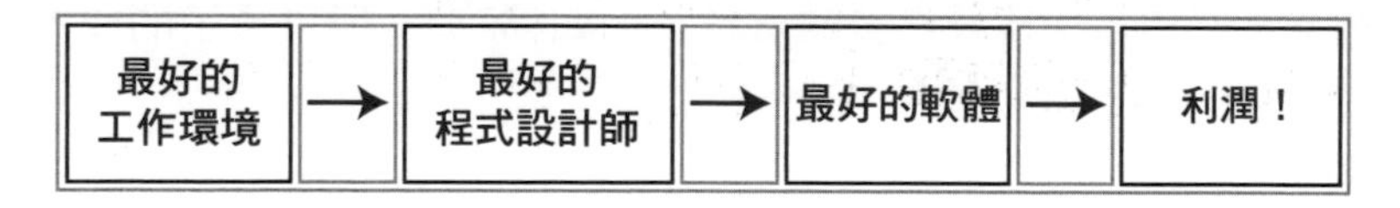

這是個非常方便的方程式，尤其我們創辦 Fog Creek 真正的目標，其實是建立一家我們自己都很願意埋頭工作的軟體公司。當時我宣稱，良好的工作環境（或不害臊的說，「打造出全世界最優秀的軟體開發者都想來工作的公司」）自然就會帶來利潤，這就像巧克力會讓人發胖、遊戲裡有色情就有暴力一樣，應該是很自然而然的事。

不過，今天我只想回答一個問題，因為這個部分如果錯了，我們的整套理論就不成立了。這個問題就是，「最好的程式設計師」真的有那麼重要嗎？不同的程式設計師之間的落差，真的有差到那麼多，多到如此舉足輕重嗎？

也許對於我們來說，這點再明顯也不過了，但是對於很多人來說，如果要做出這樣的斷言，還是需要一些證明。

幾年前，曾有一家更大的公司打算考慮收購 Fog Creek 公司，當時我聽到這家公司的 CEO 說，他並不是真的很贊同我「一定要僱用最好的程式設計師」這個理論，那時候我就知道這件事絕對成不了。當時他用一個聖經的故事來比喻：我們只需要一個大衛王，其他人只需要扮演好執行命令的軍隊士兵就足夠了。後來他們公司的股價很快就從 20 美元跌到了 5 美元，看來我們沒被收購也算是一件好事，不過倒也不能說這是因為他太迷信大衛王的結果啦。

事實上，那些只懂得抄襲的商業記者，還有一些只想靠高薪管理顧問來幫自己思考（甚至幫自己咀嚼食物）的大型公司，在他們的世界裡最傳統的智慧好像總認為，最重要的就是降低程式設計師的成本。

在某些行業裡，東西便宜確實比東西品質好更重要。沃爾瑪（WalMart）就是靠著賣廉價商品而非優質商品，而成為了地球上最大的公司。如果沃爾瑪想賣高品質商品，成本就會上升，這樣他們整個低價的優勢就會喪失。舉例來說，如果他們想賣一種可承受嚴苛條件的直筒襪（例如可直接丟進洗衣機裡洗），由於這種襪子必須採用比較昂貴的材料（例如棉花），所以襪子的成本肯定就會高起來。

那為什麼軟體行業就不能用最便宜的程式設計師，難道這種低成本的軟體公司沒什麼生存的空間嗎？（說到這裡我倒是想到，應該去問問 Quark 公司才對；他們解僱了所有的人，再去聘用成本最低的人來取而代之；不知道他們的計畫現在怎麼樣了？）

我的理由如下：軟體的複製，根本不用花什麼錢。這也就表示，程式設計師的成本會被公司所賣出的每一份軟體分攤掉。你可以盡量多花力氣去提高軟體的品質，不過在每一份賣出去的軟體產品上，卻不會因此而增加多少成本。

本質上來說，設計提升價值的速度，會比成本增加的速度還快。

或者用比較粗略的方式來說，如果你對程式設計師很吝嗇，做出來的軟體肯定很糟糕，到頭來根本省不了錢。

同樣的道理，在娛樂界也很適用。譬如請布萊德彼特（Brad Pitt）來主演最新拍攝的大片肯定很值得，因為就算他片酬很高，但布萊德彼特實在太性感了，一定會吸引好幾百萬觀眾來看你的電影，自然就會幫你分攤掉他超高的片酬。

換句話說，請安潔莉娜裘莉（Angelina Jolie）來主演你的大片肯定也很值得，因為就算她片酬很高，但安潔莉娜實在太性感了，一定會吸引好幾百萬人來看你的電影，順便幫你分攤掉她的片酬。

不過，我這樣還是沒證明什麼事。「最好的程式設計師」究竟是什麼意思呢？不同的程式設計師所開發出來的軟體，在品質上真的有這麼大的差異嗎？

我們就從最老掉牙的「生產力」開始談起好了。程式設計師的生產力，其實是很難衡量的；幾乎所有你所能想到的各種指標（像程式碼除錯的行數、函式/指令行參數的數量等等）其實都很容易操弄，而且就算在大型專案裡，也很難取得具體的資料，因為很少有兩個程式設計師會被指派去做同樣的工作。

我所根據的資料，主要是來自耶魯大學的 Stanley Eisenstat 教授。他每年都會開一門 CS 323 課程，修課的學生全都必須進行大量的程式設計，花很多力氣去完成五份程式設計的作業，其中每一份作業大概都需要花兩週的時間。以大學課程來說，這些作業算是蠻難的：譬如實作出 Unix 指令行 shell、實作出 ZLW 檔案壓縮程式等等。

由於很多學生經常抱怨，這門課的作業實在很花時間，因此 Eisenstat 教授開始要求學生回報，自己在每一個題目上花了多少時間。他很仔細蒐集這些資料，留下了好幾年的紀錄。

我花了一點時間，去研究他所提供出來的這些數字；據我所知，這是唯一針對「好幾十個學生同時使用相同技術完成相同作業」來進行衡量的一組資料集。這些資料在實驗進行過程中，一直都有相當不錯的管控。

我對這些資料所做的第一件事，就是針對這些作業裡的 12 個題目，計算出其中每一題所花費小時數的平均值、最小值、最大值和標準差。結果如下：

專案	平均時數	最小時數	最大時數	標準差時數
CMDLINE99	14.84	4.67	29.25	5.82
COMPRESS00	33.83	11.58	77.00	14.51
COMPRESS01	25.78	10.00	48.00	9.96
COMPRESS99	27.47	6.67	69.50	13.62
LEXHIST01	17.39	5.50	39.25	7.39
MAKE01	22.03	8.25	51.50	8.91
MAKE99	22.12	6.77	52.75	10.72
SHELL00	22.98	10.00	38.68	7.17
SHELL01	17.95	6.00	45.00	7.66
SHELL99	20.38	4.50	41.77	7.03
TAR00	12.39	4.00	69.00	10.57
TEX00	21.22	6.00	75.00	12.11
所有專案	21.44	4.00	77.00	11.16

你應該有注意到，這其中最明顯的就是每個人的差異非常大。速度最快的學生比一般的學生快三、四倍，而且還比最慢的學生快了十倍左右。標準差的值還蠻離譜的。所以我就想，嗯……也許這些學生其中有些人真的做得很不順利。我想先剔除掉那些花了四個小時以上還做不出作業的學生。於是我縮小資料的範圍，先用成績來排序，然後只考慮程式碼品質比較好的前 25% 學生的資料……我應該要提一下，Eisenstat 教授這門課的成績是完全客觀的：分數全都是根據一個自動化測試程序，看程式碼可以過關的數量，再利用一個公式計算出來，完全沒有別的因素。態度不好、遲到什麼的，都不會被扣分。

總之，下面就是前 25% 的結果：

專案	平均時數	最小時數	最大時數	標準差時數
CMDLINE99	13.89	8.68	29.25	6.55
COMPRESS00	37.40	23.25	77.00	16.14
COMPRESS01	23.76	15.00	48.00	11.14
COMPRESS99	20.95	6.67	39.17	9.70
LEXHIST01	14.32	7.75	22.00	4.39
MAKE01	22.02	14.50	36.00	6.87
MAKE99	22.54	8.00	50.75	14.80
SHELL00	23.13	18.00	30.50	4.27
SHELL01	16.20	6.00	34.00	8.67
SHELL99	20.98	13.15	32.00	5.77
TAR00	11.96	6.35	18.00	4.09
TEX00	16.58	6.92	30.50	7.32
所有專案	20.49	6.00	77.00	10.93

結果竟然沒有很大的差別！就算只看前 25% 的學生，標準差也幾乎完全相同。事實上，你只要仔細查看資料，就可以清楚發現，大家所花的時間與成績分數之間並沒有明顯的相關性。下面就是其中一題作業典型的散點圖……我在這裡選擇的題目是 COMPRESS01，這是在 2001 年的一題作業，學生所要實作的是 Ziv-LempelWelch 壓縮，我之所以選它是因為其標準差的值，與整體標準差的值最為接近。

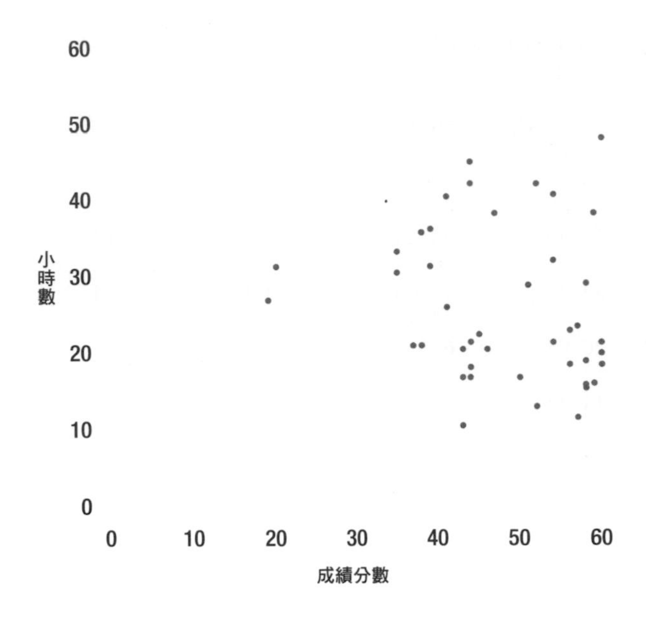

這張圖實在看不出什麼東西，不過這正是重點。工作的品質與所花費的時間，完全是不相關的。

我問過 Eisenstat 教授，他還提到了一件事：由於收作業的時間是固定的（通常都是半夜十二點），而且遲交的處罰很重，所以有很多學生還沒寫完就把作業交出來了。換句話說，寫這些作業所需花費的最大時間，實際上有可能比這裡看到的還要更久，其中部分的原因就是「出作業」到「交作業」之間的時間，對某些人來說或許還不夠用。如果學生有無限多的時間來完成這些作業（這樣應該更接近實際職場上的情況），大家的差異只會更大而已。

這份資料其實也不是完全符合科學要求。其中應該也有作弊的情況。有些學生也許會多報一些寫作業的時間，希望爭取到一些同情，好讓自己下次可以拿到比較容易的作業。（我只能說，真是想太多了！目前 CS 323 這門課的作業，與我當時在 1980 年代修課時所拿到的作業都是相同的。）有些學生也許會少報一些時間，單純只是因為他們搞錯了。雖然如此，但我還是覺得這份資料足以證明，不同程式設計師的生產力也許會有 5 到 10 倍的差異，這樣的結論應該不算過分才對。

等一下，還不只這樣呢！

如果程式設計師之間唯一的區別就是生產力，或許你會以為只要找五個平庸的程式設計師，就能取代掉一個真正優秀的程式設計師。但這顯然是行不通的。理由正如 Brooks 定律所述：「如果軟體專案延遲了，增加人力只會讓專案延遲得更加嚴重」（參見 Fredrick Brooks 的《人月神話》The Mythical Man-Month:Essays on Software Engineering，Addison-Wesley，1975）。優秀的程式設計師自己一個人在從事單一項工作時，並不需要進行協調或溝通。如果有五個程式設計師從事同一項工作，就一定需要進行各種協調與溝通。這一定會花很多的時間。盡可能讓團隊小一點，還是有其他的好處；至於「人月」這東西，真的就只是個神話而已。

再等一下，還不只如此呢！

如果真的不想找優秀的程式設計師，而改去用大量平庸的程式設計師，這樣做真正的問題在於，無論這些人工作的時間有多長，永遠都無法做出真正優秀的程式設計師所能做到的那種優秀成果。

五個嫉妒莫扎特的 Antonio Salieris 全加起來，也無法創作出莫扎特的安魂曲。想都別想。就算他們花 100 年也沒用。

Jim Davises 是加菲貓的創作者，這部漫畫其中 20% 的笑點都是在說星期一有多糟糕，其餘部分則是說這隻貓有多麼喜歡義式千層面（這就是它的笑點！）……我想就算有五個 Jim Davises 用整個餘生來編寫喜劇，恐怕都寫不出《歡樂單身派對》（Seinfeld）這部影集其中的一集。

Creative 公司的 Zen 團隊就算再多花好幾年的時間，來改進他們那醜陋的 iPod 仿製品，也絕對無法製作出 Apple iPod 那漂亮優雅又令人滿意的音樂播放器。而且他們絕對無法削弱 Apple 的市場佔有率，因為他們並沒有那種魔法般神奇的設計天才。他們整個公司裡，根本就沒有這樣的人才。

平庸的人絕對無法唱出頂尖的人才能飆上去的高音。有能力唱出莫扎特《夜之女王》（Queen of the Night）F6 的女高音少之又少，但如果唱不出那個著名的 F6，當然也就無法表演《夜之女王》這個曲目了。

寫軟體與飆高音的藝術，真的有關係嗎？「有些地方也許是吧。」你說：「但我做的是醫療廢棄物行業裡應收帳款的使用者介面。」這話說得其實也沒錯。我談的是軟體產品公司，成敗取決於產品的品質。如果你只是想靠內部用軟體來支持你整個公司的運營，那你或許只需要足夠好用的軟體就行了。

在過去的幾年裡，我們確實看到了許多真正優秀、真正能飆高音的那種軟體：平庸的軟體開發者，根本無法開發出那樣的產品。

早在 2003 年，Nullsoft 就開發出新版的 Winamp，並在他們的網站上，發出了以下的通知：

- 時尚的新外觀！
- 絕妙的新功能！
- 大多數功能確實能運作！

最後一項：「大多數功能確實能運作！」這句話真的讓大家忍不住笑了出來。感覺上他們真的很開心，對自家的 Winamp 也感到很興奮，不但自己會去使用這個軟體，也會推薦給自己的朋友，而且大家都覺得 Winamp 確實很棒，因為他們真的就在自己的網站上，大大方方地寫著：「大多數功能確實能運作！」這不是很酷嗎？

如果你只是把一群程式設計師丟進 Windows Media Player 的團隊裡，他們就能飆出那種程度的高音嗎？一千年都做不到。因為你丟進那個團隊裡的人越多，就越有可能出現一個壞脾氣的人，認定在網站寫「大多數功能確實能運作！」這樣的說法，顯然是既不成熟又不專業。

更別說像是「Winamp 3：幾乎就跟 Winamp 2 一樣新！」這樣的論調了！

但事實上，就是這樣的東西，讓我們愛上了 Winamp。

後來 AOL 時代華納公司的高層接手這家公司之後，網站裡原本那些有趣的東西就這樣消失了。你可以看到他們一副氣嘟嘟的憤慨模樣，就像《阿瑪迪斯》（Amadeus）這部電影裡的 Salieri 一樣，一心只想消滅掉所有創造力的跡象，只因為有可能會嚇到明尼蘇達州的老太太，可是所付出的代價，卻讓所有原本可能會讓大家喜愛產品的東西全都被消滅了。

不妨來看看 iPod 吧。這個產品無法換電池。所以電池如果壞了，那就糟了。買台新的 iPod 吧。事實上，如果你把它送回工廠，Apple 也只會換一台給你，費用還要 65.95 美元。哇　！

為什麼不能換電池呢？

我的理論就是，因為 Apple 不想破壞原本漂亮、性感的 iPod 那完美無暇、光滑無縫的表面，而你在其他廉價的消費性垃圾產品中，總是可以看到可怕的電池蓋，上面的小卡扣總是會斷掉，而且接縫處經常塞滿棉絮和其他噁心的東西。iPod 是我所見過最無縫化的消費電子產品。它真的很漂亮。感覺起來超美的，就像一顆光滑的鵝卵石。只要一個電池的卡扣，就足以毀掉整個完美的效果。

Apple 是根據風格來做出決策的；事實上，iPod 充滿各種源自於風格的決策。風格（style）這種東西，絕不是微軟 100 名程式設計師或 Creative 公司 200 名工業設計師就能夠做出來的東西，因為他們都沒有 Jonathan Ive 這樣的人才，而這世上像 Jonathan Ives 這樣的人才也不多。

對不起，我一直在講 iPod。它那漂亮的滾輪式選盤，會發出輕巧的咔嗒聲……Apple 額外花了一些成本，在 iPod 裡安裝了一個揚聲器，好讓滾輪式選盤發出咔嗒聲。他們原本可以省下這幾毛錢——幾毛錢耶！——只要用耳機來播放咔嗒聲就行了。但滾輪式選盤可以讓你感覺一切盡在掌握之中。大家都很喜歡一切盡在掌握之中的感覺。它確實可以讓大家很開心，擁有掌控一切的感覺。滾輪式選盤對於你各種命令的回應，可以說是非常平順流暢而清晰，而實際上這確實可以讓你感到非常愉悅。它不像其他 6,000 種袖珍型消費性電子垃圾，需要很長的時間才能開機，每次你一按下開關，就要等一分鐘才能確定發生了什麼事。這樣你會有掌控一切的感覺嗎？才不會咧！你上次一按下開機按鈕手機馬上就開機，已經是多久以前的事情了？

風格。

快樂。

情感訴求。

這些全都是軟體產品、電影和消費電子產品，能夠取得巨大成功的理由。如果你沒把這些事情做好，你的產品或許還是可以用，但絕不會變成殺手級產品，讓你的公司裡每個人全都變有錢人，可以擁有那種充滿風格、讓人快樂、滿足情感訴求的好車（比如法拉利 Spider F1），還能擁有足夠的錢，在你家後院蓋一座私人道場。

這絕不是「生產力提高十倍」就能解決的問題。問題是「只具有一般生產力」的開發者，絕對無法飆高音、製作出真正優秀的軟體。

遺憾的是，如果不是開發軟體產品，這樣的概念就不適用了。僅供內部使用的內部用軟體，其重要性很少達到需要僱用頂尖人才的程度。沒有人會花大錢去邀請 Dolly Parton 到自己的婚禮上唱歌。這也就是為什麼，如果你是一名軟體開發者，真正最令人滿意的職業往往是在軟體公司，而不是到某些銀行裡去做 IT 工作。

如今的軟體市場，已經成了一個贏家通吃的系統。除了 Apple 之外，已經沒人能靠 MP3 播放器賺錢了。除了微軟之外，也沒有人可以靠試算表和文書處理程式賺錢了；沒錯，我知道，他們都是靠壟斷的方式來取得如今的地位，但這還是沒有改變贏家通吃的事實。

你不能只是做出第二名的產品，或者是「足夠好」的產品。你的產品必須非常厲害，我的意思是，厲害到大家紛紛去議論你的產品。那些真正超厲害的軟體開發者所帶來的額外價值，才是讓你的產品出色的唯一希望。而所有的這一切全都包含在下面這個計畫之中：

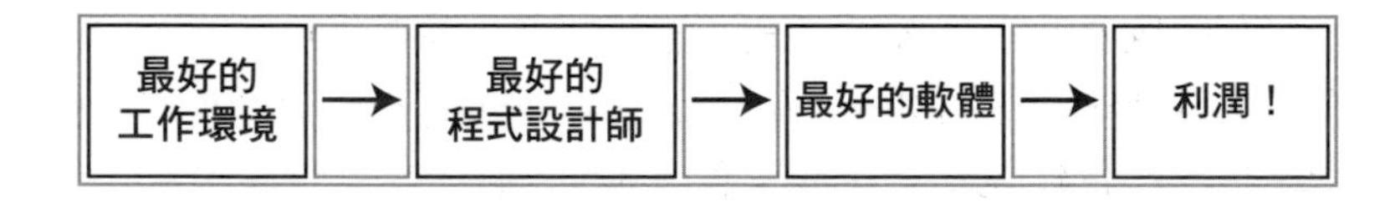

Ⅶ 軟體事業的經營

27
仿生辦公室

2003 年 9 月 24 日，星期三

呃……

這比我預期花了更長的時間。

我們終於搬進 Fog Creek 公司位於第八大道 535 號的全新辦公室，算一算從我開始尋覓新辦公室到今天正式進駐，總共經過了十個月左右。我們前幾年的辦公室其實是我祖母的舊房子，大家在工作時經常穿梭於臥室與花園之間。

大多數軟體經理都知道，好的辦公室空間應該長什麼樣子，不過他們也知道，自己並沒有這樣的環境，也無法擁有這樣的環境。辦公室空間就好像是個沒有人做對、但又非常無能為力的事情。公司的租約一簽就是十年，每次公司搬家時，軟體團隊的經理往往都是最後一個被詢問辦公空間該如何設計的人；通常他都是到了搬家之後，星期一踏進辦公室才第一次看到他圈養小牛的圍欄……哦不！是辦公室的小隔間長什麼樣子。

好吧，這次畢竟是我自己的公司，我總可以做點什麼吧！所以我就去做了。

也許我根本就是個空間設計狂。我可能比一般的軟體開發者更在意我實際身處的環境。說不定我太過於認真了。但我之所以如此認真，有下面三個理由：

- 有大量證據顯示，合適的辦公室空間（尤其是私人辦公室）確實可以提高程式設計師的工作效率。

- 擁有超級華麗、絕對私密、有對外窗戶的辦公室，可以更容易招募到那種才華橫溢的超級高手，而這種人比起那種已經算很強的軟體開發者，或許還要再厲害個十倍。我們公司付的薪水可是紐約的水準，如果我的競爭對手只需要付出印度 Bangalore 程度的薪水，那我當然一定要找超級高手才行，所以當大家來我公司面試時，我一定要讓大家的下巴掉到地板上。這就是我要的戲劇效果。
- 嘿！這可是我自己的工作；這也是我度過大半日子的地方；在這段期間，我不得不離開朋友和家人。它最好是個很棒的地方，這樣才能勉強說得過去吧。

我們有建築設計師 Roy Leone，還有一塊很大的空間（每位員工可以分配到 425 租賃平方呎），再加上我們有個開明的 CEO，因此我卷起袖子開始著手打造，希望能創造出一個終極的軟體開發環境。

建築設計師會用「brief」（需求簡述）這個術語，這個術語就等同於我們軟體開發者所說的「系統需求」。下面就是我給 Roy 的「需求簡述」：

1. 絕對要有能關上門的私人辦公室；關於這點，絕對沒有妥協空間。
2. 程式設計師會用到很多電源插座。電源插座應該盡量設在桌面的高度，讓大家的新玩意兒可以輕鬆插上電源，而不必趴到地板上插電。
3. 我們要能在不必挖牆的情況下，輕鬆針對任何資料線（電話線、網路線、有線電視線、警報器的線等等）進行重新佈線的工作。
4. 應該要能輕鬆進行「結伴程式設計」（pair programming）。
5. 看了一整天的螢幕之後，大家往往需要眺望遠處來讓眼睛休息一下，所以螢幕不應該貼著牆壁擺放。
6. 辦公室應該要像個窩：最好是個可以消磨時間的好地方。如果你下班後想找朋友一起吃飯，就想說乾脆約在辦公室，要是能做到這樣就太好了。Philip Greenspun 就曾經直言不諱地指出（`ccm.redhat.com/asj/managing-software-engineers/`）：「你的事業能不能成功，取決於程式設計師有多麼喜歡住在你的辦公室裡。為了讓這件事成為大家經常考慮的選項，你的辦公室最好能比程式設計師自己的家更舒適一點。要達到這樣的效果，有兩種做法。第一種就是去僱用那種住在超破舊公寓裡的程式設計師。另一種做法則是去創造出一個環境超棒的辦公室。」

Roy 把這件工作做得非常好。這就是我們付錢給建築設計師的目的。我預測他應該會成為軟體團隊辦公室設計的世界級專家。以下就是他把我的需求簡述，轉換成三度空間設計的做法：

私人辦公室：我們不僅擁有了寬敞、有對外窗戶的私人辦公室，而且即使是（給非開發人員使用的）公共工作區，也巧妙隱藏在角落裡，所以每個人都有自己的私人空間，大家的視線都不會掃到其他的人。

個人辦公室與公共空間之間的牆壁，都是用高科技、半透明的壓克力所製成，它本身會映射出柔和的光線，可以為室內提供自然光，又不會影響到隱私性。

電源插座：每張桌子都有 20 個（沒錯，就是 20 個）插座。其中四個橘色插座會從伺服器機櫃的 UPS 直接提供不中斷的電源，這樣就不需要在每間辦公室裡安裝 UPS 了。

所有的插座全都放在桌子下方的一層特殊溝槽中，這個溝槽會貫穿整張桌子，溝槽的深度與寬度都大約 6 英寸左右。所有的電線都能很整齊地藏在溝槽裡，而且還有個很方便的蓋子，一蓋起來就與桌面融為一體了。

各種接線：在天花板附近有一個蛇型線槽（Snake Tray）系統，各種纜線全都會從伺服器機房連接到辦公室，貫穿每一個房間。這東西用起來很方便，如果你想從 A 點拉一條任何類型的（低壓）電纜到 B 點，利用它就能很俐落完成。我們星期五才剛搬進來，就已經把辦公室的內部網路線整個重新佈線過，這整件事只花了我們大約半個小時，所以蛇形線槽這個東西確實已證明非常好用。每個辦公室裡都有自己專用的八埠網路交換器（switch），所以你的主要電腦如果需要安裝 Windows 更新而必須重新開機，你還是可以把你的筆記型電腦、另一部桌上型電腦或麥金塔，和你用來看 Joel on Software 網站的那部老電腦，全部同時接上網路，即便如此還是有三個空埠可以用。（數學小天才請注意：請別急著寫 email 告訴我算錯了。還有一個埠是給 uplink 用的。）有些愚蠢的大樓管理人員，到如今還認為一個辦公室只需要一個網路接口，這實在太好笑了。也許對律師來說，一個就夠用了吧。

結伴程式設計：如果你採用的是典型的 L 形辦公桌，很多開發者都會坐在桌面轉彎處。如果臨時需要與別人合作，或是要結伴進行程式設計工作，甚至只是想在螢幕上向某人展示某些內容，這時候第二個人就必須俯身跨過整個桌面，或是站到第一個人後面跨過他的肩膀看螢幕。為了避免這種情況，我們把所有的桌子全都設計成長桌，這樣不管軟體開發者坐在哪裡，旁邊總有空間可以讓另一個人拉張椅子坐下來。

眼睛的休息：雖然桌子全都靠牆，但牆上有一扇內窗，可以讓眼睛的視線巧妙地望向隔壁辦公室的角落，再從隔壁的窗戶看到外面去。由於佈局的方式十分巧妙，因此這樣並不會影響到隱秘性，就算你的窗戶可以看到隔壁辦公室，但由於角度的關係，所以從大部分的位置來看，實際上你只能看到隔壁辦公室的小角落，然後再從它的外窗望出去。最後的成果就是，每個辦公室三個面都有窗戶，其中兩扇窗戶可以看到外面，而在這樣的設計模式下，每個房間都會有兩個面有光照進來。這是個很了不起的成就：我們真的想出了一個方案，可以在傳統的建築裡，讓每一間辦公室都像在轉角一樣，擁有兩面的採光。這就是聘用一個真正優秀的建築設計師，真的非常超值的另一個理由。

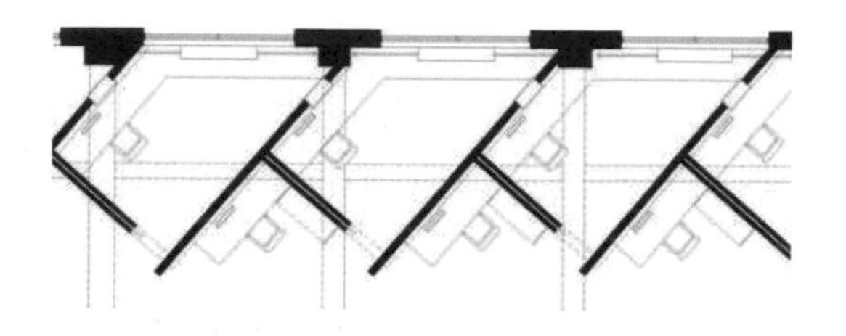

休閒：我們在辦公室裡弄了一間小廚房，還在休息區放了一套沙發，還有一台大尺寸高畫質電漿電視，另外還附帶 DVD 播放器。我們也正在計畫要放一個撞球桌和一部遊樂器。而在私人的辦公室裡，你也不一定非要戴耳機，只要是合理的音量，就能盡情聽音樂，也不會打擾到別人了。

我來做個結論吧

我們辦公室每個月的租金，如果全坐滿的話，平均每個員工要分攤 700 美元。最後整個裝修的費用，並沒有超出原本的預算，而且幾乎全都是房東支付的。我在想，每個人 700 美元的月租金，就算是以全世界的軟體開發者來看，還是有點偏高；但如果這樣能讓我們聘用到「千裡挑一」、而不只是「百裡挑一」的優秀人才，這一切也就值得了。

28

巧婦難為無米之炊

2000 年 12 月 2 日，星期六

到昨天為止，FogBugz 的授權規定還是不允許你對程式進行逆向工程，也不讓你查看原始程式碼，或是用任何方式修改程式碼。有許多很誠實的人都跑來問我們，能不能另外支付一些額外的費用，以取得原始程式碼的授權，因為這樣他們才能自己客製化一些東西。

嗯……為什麼我們不授權給大家自己去修改原始程式碼呢？我實在想不出任何的理由。事實上，我反而想到了很多應該授權的理由，於是我馬上就把我們的授權協議修改掉了。好啦！現在各位可以好好坐下來，聽聽我說一些老掉牙的故事囉。

時間回到 1995 年，我還在 Viacom 集團裡工作，當時我們有一小群性格頑強的先行者，負責為 Viacom 各個子公司建立各式各樣的網站。

當時根本還沒有所謂的 Web 應用伺服器。Sybase 簡直沒辦法用，因為他們會告訴你說，如果想在網路使用它的資料庫，你就一定要先替所有連接到你網站的每一個使用者，購買 150 美元的客戶端授權。至於 Netscape 的 Web 網路伺服器，當時也只開發到 1.0 版而已。

當時有家很勇敢的公司叫 Illustra，他們開始告訴大家，他們的資料庫管理系統非常適合 Web 應用。你可以看到 Illustra 設計的目標，就是要讓大家可以透過一些 C 語言程式碼，輕鬆添加一些新的資料型別，然後連結（link）到他們的 DBMS 資料庫管理系統。（只要是使用過 DBMS 的程式設計師都會告訴你，這樣的做法聽起來實在有點太危險了。C 語言程式碼？link 連結？還是別這樣做比較好吧。）這樣的做法原本只是為了建立一些經常用到的資料型別（例如經緯度、時間序列等等）。但後來 Web 網路突然就流行了起來。於是 Illustra 就寫了一個他們稱之為 Web Blade 的東西，然後就把它整併進去了。Web Blade 是個還不太成熟的系統；不過，據說它可以從資料庫提取資料，並即時建立出一大堆的動態網頁；在 1995 年時，這絕對是每個人都想要的功能呀。

當時我在 Viacom 有一個同事，負責為百事達（Blockbuster）建立一個電子商務網站，好讓他們可以在網路上銷售 CD。（這可不是開玩笑。畢竟大家一想到百事達，就會聯想到這件事，對吧？）總之，當時他認為 Illustra 非常適合用來完成這項工作。問題是，當時 Illustra 的售價大約 125,000 美元，但在 Viacom 想要籌出那麼多錢實在太困難了，所以這件事花了好一段時間。我的同事甚至在他的座位放了一個紙杯，上面貼著「Illustra 基金」，最後靠這種方式還募到了好幾美元。後來公司的 CTO 與 Illustra 進行了長時間的艱苦談判，最後終於達成了協議。我們總算把 Illustra 安裝了起來，然後開始用它來製作網站。

遺憾的是，這件事後來變成了一場災難。Illustra 的 Web Blade 根本還不成熟，完全無法勝任我們的需求。它每隔幾分鐘就會當掉一次。就算可以運行，也沒什麼用處，因為它根本就是我所見過唯一「非圖靈等效」的一種程式語言（你能想像竟然有這種東西嗎？）。授權管理程式一直不斷做出關閉程式的判斷，然後你的網站就掛掉了。用它來建立網站真的超可怕，這簡直就是我同事最悲慘的一年。所以後來他們跑來找我說：「約耳呀，你幫 MTV 做個網站吧。」我立刻回問：「嗯哼？」

「請問我可以不用 Illustra 嗎？」我幾乎是用懇求的語氣。

「好吧，好吧，可是你打算改用什麼做法呢？」當時確實沒有什麼好用的 Web 應用伺服器。PHP 還不太能用，也沒有內建 TCL 腳本語言的 AOLserver，就算使用 Perl，也必須把程式碼分叉（fork）出來自己做修改；當時我們就像還沒有青黴素可用的醫生一樣，這樣的日子實在太艱難了。

我當時的情況可說是岌岌可危。我認為 Illustra 最可怕之處，就是在它掛掉時，我們根本無能為力。我心裡想，如果我們手裡至少有原始程式碼，要是 Illustra 掛掉了，好吧，我們至少可以用除錯工具抓出問題，然後再嘗試去修正問題。雖然這樣一來，你或許不得不花整整一個星期，熬夜去幫別人的程式碼除錯，但至少這樣你還有點機會。如果沒有原始程式碼，你大概就只能像那句諺語所說的，巧婦難為無米之炊了。

這就是我在軟體架構方面，所學到的重大教訓：對任務來說，如果是最重要、最關鍵的東西，你所使用的工具一定要比理想的抽象層級還要再低一級。舉例來說，如果你正在寫一款超級酷的 3D 射擊遊戲（例如 Quake 雷神之鎚——這差不多是同一時期的遊戲），擁有最酷的 3D 畫面就是你最關鍵的優勢，那你絕對不能去用那種現成的 3D 函式庫。你一定要自己寫，因為這就是你最基本的競爭力。至於那些使用 DirectX 這類 3D 函式庫的人，他們之所以能用現成的 3D 函式庫，主要是因為他們的遊戲競爭優勢，根本就不是 3D 的性能表現。（也許他們靠的是故事情節。）

當時我決定不要去相信那些問題一大堆的 Web 應用伺服器，而是用 C++ 搭配 Netscape 伺服器的低階 API，靠自己寫一套出來。因為我知道，這樣如果出現任何問題，至少問題一定在我的程式碼中，到最後我一定可以把它解決掉。

這就是開放原始碼 / 自由軟體最大的優點之一，因為就算你買得起價值 125,000 美元的 Illustra，沒有米還是煮不出飯來呀！下定決心靠自己來的話，如果出現任何問題，你至少還有機會解決，而不至於被開除，MTV 那些過動的好心人也不會對著你發脾氣了。

每次我要坐下來建構一個系統時，我一定都會先決定要使用哪些工具。只要是優秀的架構師，一定會去採用「可信賴」（can be trusted）、「有辦法去修正」（can be fixed）的工具。「可信賴」的意思並不表示，一定要去採用 IBM 這類可信賴的大公司所推出的工具；「可信賴」的意思是說，你在內心深處很清楚知道，你所使用的工具一定可以正常運作。舉例來說，當今大多數的 Windows 程式設計師，應該都很信賴 Visual C++。大家或許還不太信賴 MFC，不過大家都可以看到 MFC 的原始程式碼，所以它就算沒那麼可信賴，如果你覺得它的非同步 socket 函式庫真的很糟糕，你還是「有辦法去修正」它的問題。因此，你還是可以把你的職業生涯押在 MFC 上。

你也可以把你的職業生涯押在 Oracle DBMS 上，因為它確實很管用，而且大家都知道它沒問題。你想把自己的職業生涯押在 Berkeley DB 上也沒問題，因為它如果出了問題，你還是可以查看它的原始程式碼，然後再去修正它的問題。但你或許並不想把你的職業生涯，押在一個非開放原始碼、沒什麼名氣的工具上。你當然可以拿它來做一些實驗，但它絕不是你可以用來賭上整個職業生涯的工具。

所以，我已經開始在考慮，如何讓 FogBugz 成為聰明工程師一個安全的選擇。雖然這幾乎是出於偶然，但 FogBugz 上市時就是採用原始程式碼的形式——因為如今的 ASP 網頁，全都是採用這樣的做法。關於這點，我一點都不擔心。問題追蹤軟體內部並沒有什麼特別神奇的商業機密演算法。這東西並不是什麼特別先進的科學。（事實上，任何軟體都很少有什麼特別神奇、非要列為商業機密的演算法。只要透過反組譯可執行檔的技術，就能搞懂其中的工作原理，這個事實已經讓這類的智慧財產權，變得不像律師所想的那麼重要了。）大家跑去查看程式碼，或是直接修改程式碼以供自己使用，這對我來說倒是沒什麼問題。

如果你想修改軟體商那裡買來的原始程式碼，這其中還有另一個風險：如果軟體商的程式碼升級了，你就必須花很長的時間，才能把你的修改移植到軟體的新版本中。關於這點，我當然也可以做點事情，來改善這個問題：如果你發現 FogBugz 有某個問題，而且還修正了這個問題，你可以把你的修正做法寄回來給我們，然後我們就可以把它合併到下一個版本中。這樣一來，大家心裡感覺應該會比較舒服一點，因為（a）FogBugz 確實可以正常運作；（b）如果無法正常運作，而你正好又有重大任務需要完成，這時你就可以直接去修正問題，而不是等著被開除；況且（c）如果你發現的問題確實必須修正，而且你的修正方式確實很合理，這個修正方式就會被放進原始程式碼，並且在軟體的下一個版本中修正掉這個問題，這樣的日子自然也就好過多了。

現在我幾乎可以聽到開放原始碼和自由軟體的倡導者，用尖叫的方式大喊著：「你這個呆頭鵝！只要開放原始碼，這一切就搞定啦！開放原始碼就不會有這一堆問題了！」沒錯，這樣是很好。不過我的小公司裡養了三個程式設計師，每個月都有 40,000 美元的運營成本。所以，我們的軟體還是一定要收費才行，而且我們絕對不會說抱歉，因為我們的軟體確實物有所值。我們並不會宣稱我們的產品是開放原始碼，但我們可以保證，FogBugz 確實是個很安全的選擇，因為我們會採納開放原始碼世界的意見，為大家多提供幾個很不錯的功能。

29
簡單

2006年12月9日，星期六

Donald Norman 做了一個結論（www.jnd.org/dn.mss/simplicity_is_highly.html），他認為「簡單」這個東西被高估了：「記者們經常會蒐集一堆號稱『簡單化』的產品，開始進行各種角度的檢視與審查，然後他們會抱怨說，這些產品少了某些他們認為很『關鍵』的功能。大家所要的『簡單』，究竟是什麼意思呢？當然是『一鍵式操作』囉！不過大家最喜歡的功能，還是一個都不能少喲。」

很久之前我也曾寫過下面這樣的看法（《約耳趣談軟體》，Joel on Software，Apress，2004）：

> 許多軟體開發者都會被「*80/20*」這個古老的規則所吸引。聽起來好像很有道理：*80%* 的人只會用到 *20%* 的功能。所以你會說服你自己，只要實現了 *20%* 的功能，你的產品還是可以賣出 *80%* 的銷售成果。
>
> 遺憾的是，每個人心中的 *20%* 都是不相同的。大家都會用到各自不同的功能。在過去十年裡，我大概聽過好幾十家公司決定不管別家公司的經驗，一心只想發佈那種只實現 *20%* 功能的「精簡版」文書處理程式。這類故事簡直和 *PC* 差不多一樣的古老。大多數情況下，他們會把程式交給記者去做審查，記者則會用這個新的文書處理程式來寫評論，過程就當作是對這個軟體進行審查，然後當記

者想找出他們所需的「字數統計」功能時（因為大多數記者都需要精確統計字數），卻發現沒有這個功能，只因為這功能「*80%* 的人不會用到」，於是記者最後就會寫出一篇報導，一邊宣稱精簡的程式很棒，臃腫的軟體很爛，另一邊則說他不會再用這套爛軟體，因為它根本沒辦法計算字數。

製作出一個很簡單、只提供 20% 功能的產品，以創業來說是個不錯的策略，因為你可以用很有限的資源，來製作出這樣的產品，並建立起一定的客戶基礎。這就像是一種柔道策略，讓你可以把自己的弱點變成優勢，就像《厄夜叢林》（The Blair Witch Project）這部電影一樣，拍攝的人只不過是幾個沒什麼錢的小夥子，用的是他們唯一買得起的手持式攝影機，不過他們卻創造出一段情節，實際上讓這一切變成了一種優勢。你只不過是把你所販賣的「簡單」，變成了好像是很棒的東西，而湊巧的是，這也是你唯一有能力做出來的東西。這真是幸運的湊巧呀，雖然只不過如此而已，但是做出來的成果真的超棒的！

我相信，用這種方式來創業固然可行，但這並不是一個很好的長期策略，因為你幾乎沒辦法阻止下一個只有兩人的新創公司，直接複製你這個簡單的應用，而且你終究無法克服人性：「大家還是想要一大堆的功能。」Norman 說道。《厄夜叢林》確實很適合用手持式攝影機來拍攝，但這並不表示每一部好萊塢大片都應該用這種方式來拍攝。

崇尚簡單的擁護者，往往會舉出 37signals 和 Apple iPod 做為例子，證明簡單的東西就是能大賣。我倒認為這兩個例子的成功，都是結合了許多東西的結果：信徒的建立、持續的傳福音佈道、乾淨簡潔的設計、情感的訴求、美學、快速反應、直接而即時的使用者回饋、程式模型直接對應使用者模型，塑造出更高的使用性，讓使用者感覺能掌控一切，所有這些東西從某種意義上來說，都是一個一個的功能，而且全都是客戶們會喜歡而且願意付錢的優點，不過，其中沒有任何一個東西可以用「簡單」來描述。舉例來說，iPod 確實有著美麗的外觀，這正是 Creative Zen Ultra Nomad Jukebox 所沒有的特點，所以連我也想選 iPod。以 iPod 來說，它的美感恰好是透過簡單明瞭的設計而來，但美感這東西並不是非如此不可。悍馬車之所以在美感上特別有魅力，正是因為它既醜陋又複雜。

我認為，說 iPod 是因為功能少所以才那麼成功，實在是找錯理由了。如果你真的相信這種理由，你就會誤以為你的產品也該拿掉一些功能，才能讓你的產品更成功。我憑著我自己經營軟體公司六年的經驗，可以告訴你一件事：我們在 Fog Creek 公司裡所做過的事情，沒有什麼比發佈更多功能的新版本，更能有效提高我們的營業額。別的做法都沒有那麼強的效果。提供新功能的新版本，對公司利潤的影響絕對是不可否認的。它的影響就像重力一樣，既直接又明顯。我們嘗試過 Google 廣告、實施過各種不同的策略合作行銷計畫，或是在媒體上刊登 FogBugz 相關的文章，但這些做法對於收益來說，幾乎都看不出什麼明顯的影響。可是，每當提供新功能的新版本上市時，我們就可以看到營業額突然增加，而且這種非常實際且永久性的成長，真的非常明顯而難以否認。

如果你用「簡單」這個術語來說明，你的使用者模型與程式模型對應得很好，讓你的產品變得很容易使用，這樣很好，沒什麼問題。如果你用「簡單」這個術語來形容產品的外觀很簡潔、很清新，你只是用這個術語來描述美感而已，就像你或許會用「南安普敦白人貴族風格」來形容 Ralph Lauren 的衣服一樣，這樣也沒什麼問題。最近極簡美學主義確實非常流行。但如果你認為「簡單」就代表「功能不多」或「只做一件事而且做得很好」，我很欣賞你的正直，但你故意拿掉產品的一堆功能，這樣的產品肯定是走不遠的。就算是 iPod，也有提供一個免費的撲克牌遊戲。甚至連最簡潔的 Ta-da List 待辦事項服務，也有提供 RSS 的支援。

總之，我要先離開了……我要去升級我的手機，換成一支能夠高速存取網路、收發電子郵件、收聽 podcast、播放 MP3 的最新手機了。

30

大掃除囉

2002 年 1 月 23 日，星期三

大家總想把整個程式碼砍掉重練，理由之一就是原始程式碼一開始並不是針對它目前所做的事情而設計。當初在設計時，它只是一個原型、一個實驗、一個練習、一個九個月從零到上市的做法，或者是只會用到一次的示範程式而已。但如今它已發展成一個既龐大又脆弱的爛攤子，根本無法再添加新的程式碼，所有人都在抱怨，資深程式設計師因絕望而離職，新來的程式設計師也搞不懂程式碼，只能想盡辦法說服管理層放棄重來，最後微軟便趁機把所有的生意全都搶走了。今天就來讓我告訴你一個故事，看看大家其實可以怎麼做吧。

FogBugz 這個軟體是我六年前因為想自學 ASP 程式設計所做的一個實驗。很快它就變成一個公司內部的程式問題追蹤系統。一開始，幾乎每天都會加入一些大家需要的功能，一直到後來完成到一定程度，就不再需要花更多的力氣了。

後來有許多朋友問我，能不能在他們的公司裡使用 FogBugz。問題是，有太多的東西寫死在程式碼中，因此很難部署到其他電腦中執行。而且我用到一大堆 SQL 伺服器儲存程序，這也就表示，必須要有 SQL 伺服器才能執行 FogBugz，這對於只有兩個人的團隊來說，實在太過昂貴而且也矯枉過正了。除此之外，還有其他種種的問題。所以我告訴我的朋友：「呃……你只要付我 5,000 美元的顧問費，我就可以花幾天的時間清理一下程式碼，然後就可以改用 Access，而不必用 SQL 伺服器來執行了。」不過，我的朋友都認為這樣實在太貴了。

這樣的情況發生好幾次之後，我得到了一個啟示——如果我可以把同一個程式賣給比如說三個人，就可以每個人只收 2,000 美元，這樣我還能賺到更多錢。如果可以賣給三十個人，每個人就只要付 200 美元。軟體就是這樣的東西呀。所以，到了 2000 年底，Michael 總算坐下來開始移植程式碼，讓它可以在 SQL 或 Access 伺服器上執行，同時也把所有與網站相關的內容，提取到一個 header 標頭檔案中，然後我們就開始銷售這套軟體了。我當時真的沒想過，接下來會有什麼樣的發展。

在那段日子裡，我也曾想過，天哪，市面上已經有超多的程式問題追蹤軟體。每一個程式設計師，自己也都會寫程式問題追蹤軟體。為什麼還會有人跑來買我們的軟體呢？我只知道一件事：創業的程式設計師往往有一個壞習慣，認為其他人都是和他們一樣的程式設計師，想要的東西也和他們自己想要的一樣，所以這種人都有一種不太健康的傾向，總想要創業來兜售一些程式設計工具。這就是為什麼你會看到這麼多骨瘦如柴的公司，兜售著一些原始程式碼生成工具、程式問題擷取與電子郵件工具、程式碼除錯工具、語法分色編輯工具、FTP 檔案傳輸工具，還有……嗯哼……程式問題追蹤工具。這些各式各樣的軟體工具，只有程式設計師會喜歡。我可不想落入這樣的圈套呀！

當然囉，事情的發展總與計畫不同。FogBugz 大受歡迎。真的很受大家青睞。它佔了 Fog Creek 公司營業額很大的一部分，而且銷售額一直穩定成長。大家並沒有打算停止購買這個產品。

所以我們就推出了 2.0 版。新版本嘗試加入了一些很明顯大家都需要的功能。David 在開發 2.0 版時，老實說我們當時並不認為這件事值得投入很大的精力，所以他更傾向於採用一些「權宜」的做法、而不是選擇比較「優雅」的做法。於是，原始程式碼裡某些設計上的問題，就在我們的容許下逐漸滋生了出來。例如程式 bug 編輯主頁面的繪製，就有兩套幾乎完全相同的程式碼。HTML 裡也到處亂放了一大堆的 SQL 語句。我們的 HTML 早已陳舊不堪，主要是針對之前那些漏洞百出的舊瀏覽器而設計，因為那些瀏覽器連載入 `about:blank` 空白頁面都有可能會掛掉。

是的，這個軟體一直運作得很好，我們已知的程式問題，也已經有好一段時間都維持在零的狀態。不過公司內部如果從技術的角度來看，我們的程式碼簡直就是「一團亂」。要添加新功能，簡直就是件超級痛苦的事。如果想在主要的程式 bug 表格裡添加一個新的欄位，可能就有五十個地方需要進行修改，而且過了很久之後，等你都買了第一架家用飛行車，週末飛到火星的海濱別墅度假回來之後，你還是會發現有很多地方忘了修改。

如果是一家規模比較小的公司，公司高層之前也許是從事包裹快遞業務，或許他就會決定把整個程式碼砍掉重練。

我有沒有說過，我根本不相信砍掉重練這回事？我想我已經說過很多次了吧。

總之，我決定花三個禮拜的時間，把程式碼徹底清理一下，而不是砍掉重練。總之就是來個大掃除囉。在重構（refactor）的精神下，我針對這次大掃除活動設下了幾個規則：

1. 不添加任何新功能，甚至連小功能也不添加。
2. 任何時候、任何一次提交，程式碼都還是要能完美運行。
3. 只做一些合乎邏輯的轉換——幾乎全都是一些機械式的修改，而且隨時都可以看得很清楚，很有把握相信自己絕不會改變程式碼的行為。

我把每個原始程式碼檔案全都檢查過，一次只看一個檔案，從上到下仔細查看每一行程式碼，並思考怎麼樣的架構比較好，然後再進行簡單的修改。以下就是我在這三個禮拜所做的一些事：

- 把所有的 HTML 全都改成 XHTML。舉例來說，`<br>` 全都改成 `<br />`，所有的屬性全都加上引號，所有的巢狀標籤全都做好前後的對應，所有的頁面全都進行過驗證檢查。
- 刪除所有與格式相關的東西（例如 `<font>` 標籤等等），把所有這類東西全都放進 CSS 樣式表中。
- 在負責呈現畫面的程式碼裡，把所有的 SQL 語句全部移除；實際上就連所有的程式邏輯（行銷人比較喜歡稱之為業務規則）裡頭的 SQL 語句也全都移除了。這些東西全都被放進物件類別中，不過這些物件類別目前還沒好好進行過真正的設計——我只是在需要的時候，用很懶惰的方式直接加上一些 method 方法而已。（現在某個地方一定有某個人手裡拿著一大疊 4×6 的卡片，正在削著鉛筆準備戳我的眼睛。你說你還沒有好好設計你的物件類別，你這是在幹嘛呀？）

- 找出重複的程式碼，然後建立一些物件類別、函式或方法，來消除掉這些重複的情況。把一些比較大的函式，分解成好幾個比較小的函式。
- 把主程式碼裡所有的英語文字，全都移到另外一個檔案中，以便輕鬆進行多國語言處理。
- 重新整理 ASP 網站的結構，只留下一個進入點（entry point），而不要把進入點放在許多不同的檔案中。這樣一來之前很難做到的事，就會變得非常容易；舉例來說，現在我們可以在輸入錯誤的位置直接顯示輸入錯誤的訊息；如果之前有把程式碼安排好，這應該是很簡單的事，但我之前剛開始學 ASP 程式設計時，並沒有把程式碼安排好。

三個星期下來，程式碼的內部結構變得越來越棒了。對於一般的使用者來說，變化其實並不大。不過多虧我們用了 CSS，現在有些字體變得更漂亮了。而且我可以隨時停止修改，因為在任何時間點我都有 100% 可以正常運作的程式碼（我每次簽入 check-in 都會上傳到公司內部的 FogBugz 伺服器，以確保程式碼可以正常運作）。事實上，我根本不需要花太多力氣去思考，也不必設計任何的東西，因為我所做的只不過是一些簡單、合乎邏輯的轉換而已。我偶爾還是會看到一些很奇怪的程式碼。這些程式碼通常都是多年來針對問題修復所實作出來的結果。幸運的是，我可以完全不去碰那些已經修復的問題。很多次遇到這樣的東西，我都會在心裡想，當初如果選擇砍掉重練，一定會再犯同樣的錯誤，而且很有可能過了好幾個月、甚至好幾年都不會注意到那些問題。

現在我基本上已經做完了。依照計畫，總共花了三個星期。現在幾乎每一行的程式碼都不太一樣了。是的，我查看過每一行程式碼，而且其中大部分都做了修改。程式碼的結構已經完全不同了。所有的程式問題追蹤功能，都與 HTML 的 UI 界面功能完全獨立開來了。

以下就是我這次的程式碼大掃除活動，感覺特別好的一些重點：

- 相較於完全重寫，所花費的時間少得多。假設完全重寫需要一年的時間（參考的是 FogBugz 走到今天所花費的時間）。嗯！這也就表示我省下了 49 個禮拜的工作時間。這 49 個禮拜代表的正是我們過去在程式設計方面所累積起來的知識，這個部分我完全沒動到。我從來都不用去想：「哦，我要在這裡加一行程式碼。」我只要無腦的把 `<br>` 改成 `<br />`，就可以繼續前進了。我根本不必花時間去搞清楚，如何分段上傳檔案。這功能原本就已經存在了。我只是稍微整理一下程式碼而已。

- 我並沒有引入任何新問題。當然啦，也許還是搞出了幾個小問題。但我從來沒有去做那種會導致問題的事情。
- 如果有必要的話，我隨時可以停下來，讓產品繼續出貨。
- 整個時程完全是可預測的。經過一個禮拜後，你就可以準確計算出一個小時內可以清理多少行程式碼，並對整個專案其餘的部分做出非常準確的預估。Mozilla 團隊裡的人們呀，不妨嘗試看看這樣的做法吧。
- 現在我們的程式碼更容易添加新功能了。我們接下來所要實作的第一個最新主要功能，也許就能把這三個禮拜的時間賺回來了。

許多關於重構的文獻，都可以歸功於 Martin Fowler 的貢獻，不過關於程式碼的清理原則，這幾年下來程式設計師們當然都已經很熟悉了。其中有一個蠻有趣的新領域，就是所謂的重構工具，這東西對程式設計來說聽起來好像蠻炫的，大體上就是可以自動執行一些此類的操作。我們當然很希望可以擁有這類好用的工具，不過實際上好像還有很長的路要走——在大部分的程式設計環境裡，甚至連一些簡單的轉換（例如修改變數名稱，並自動修改所有引用到該變數的地方）都沒有那麼容易。不過情況確實越來越好了，如果你想去創辦一家骨瘦如柴的公司，兜售這些程式設計工具，或是想要為開放原始碼做出一些有用的貢獻，這個領域的大門，永遠為你而敞開。

31

執行 BETA 測試的十二大技巧

2004 年 3 月 2 日，星期二

針對一些面對大眾的軟體產品（我習慣稱之為「熱縮膜軟體」），這裡列出了一些如何進行 Beta 測試的技巧。這一些技巧只能適用於商業軟體或開放原始碼專案；無論你所獲得的回報是白花花的現金、眾人們的關注，還是同行之間的認可，這些我都不在意，我在意的是這些產品一定要有大量的使用者，而不是那種只供內部使用的 IT 專案。

1. 公開 Beta 測試根本就沒什麼用。你很可能一下子就必須面對過多的測試人員（想想 Netscape 的遭遇），但實際上卻很難從他們手中拿到很好的資料，或是根本只能拿到很少的報告。

2. 要讓 Beta 測試人員向你發送回饋意見，最好的方式就是勾起他們心中想要信守承諾的自我期許。你要讓他們自己說會向你發送回饋意見，或者更好的做法就是，讓他們自己去申請加入 Beta 測試計畫。一旦他們做出積極的行動，例如主動填寫申請表並且勾選「我同意主動發送回饋意見和問題報告」，他們在心理上就會更想要信守承諾，而更願意去做這些事。

3. 不要以為你可以在不滿八到十週的時間內，完成整個完整的測試週期。我試過了；就算有老天幫忙，這樣的事就是做不到。

4. 不要期望每兩個禮拜都可以向 Beta 測試人員發佈超過一次的新版本。這我也試過了；就算有老天幫忙，這樣的事還是做不到。

5. Beta 測試計畫所發佈的版本，絕不能少於四個版本。這我倒是沒試過，因為少於四個版本很顯然就是行不通！

6. 如果你在測試過程中添加了某個新功能，即使是很小的功能，你還是要把時鐘調回起點，重新開始八週的測試，而且還是要再發佈三到四個版本。我所犯過最大的錯誤之一，就是在 Beta 測試週期結束時，在 CityDesk 2.0 裡添加了一些保留空白字元的程式碼，後來果然出現了一大堆意想不到的副作用，而且還花了更長的時間來進行 Beta 測試，這些副作用好不容易才被察覺出來。

7. 就算有申請程序，大概也只有五分之一左右的人會向你發送回饋意見。

8. 我們的政策就是，只要有發送任何回饋意見（無論是正面或負面），就能免費獲得我們的軟體。不過在測試結束之後，沒有向我們發送任何東西的人，就得不到這個免費的獎勵了。

9. 你所需要的、真正會認真進行測試的人（也就是會向你發送三頁經驗總結的人）最少的數量大概是 100 人左右。如果你整個公司只有一個人，這就是你所能處理的回饋意見數量。如果你有一整組測試人員或 Beta 測試管理團隊，請盡可能幫每一個有能力處理回饋意見的員工，分配到 100 份很認真的測試報告。

10. 就算有申請程序，還是只會有五分之一左右的測試人員，真的會去試用你的產品，並向你發送回饋意見。因此，舉個例子來說，如果你 QA 部門有 3 個測試人員，你就應該批准 1,500 份 beta 測試申請書，以取得 300 份認真的測試結果。只要低於這個數量，你就無法充分利用到所有的回饋意見。如果高於這個數量，你就會被很多重複的回饋意見給淹沒掉。

11. 大部分的 Beta 測試人員，都會在第一次取得軟體時嘗試使用該軟體，然後很快就會失去興緻。除非他們真的每天都在使用你的軟體，否則他們並不會特別有興緻，針對你每次發佈的新版本重新進行測試，因為這對於大多數的人來說，實在是不太可能的事。因此，你可以把不同的發佈版本，交給不同組的人來進行測試。你可以把 Beta 測試人員分成四組，每次發佈新版本，就讓其中一組人拿到新版軟體，這樣一來每個里程碑都會有新的 Beta 測試人員來進行測試。

12. 不要把「技術 Beta 測試」與「行銷 Beta 測試」搞混了。我在這裡談的是「技術 Beta 測試」，其目標就是找出問題，並獲得最即時的回饋意見。「行銷 Beta 測試」則是軟體的預發布（pre-release）版本，通常會提供給媒體、大客戶，以及一些要在產品發佈同一天、同時出版產品相關書籍（例如《Dummy for XXX》）這樣的人。對於這種「行銷 Beta 測試」來說，你並不會特別期待能夠得到什麼回饋意見（不過寫書的人可能會給你大量的回饋意見，而且你如果忽略這些意見，這些意見就會全都被複製貼上、寫進他們自己的書中）。

32

建立卓越客服的七個步驟

2007 年 2 月 19 日，星期一

Fog Creek 做為一家白手起家的軟體公司，我們前幾年根本無力聘請客服人員，所以 Michael 和我就把這件事自己做掉了。我們把時間用來協助客戶，自然就少掉一些時間去改進我們的軟體，不過我們還是學到了不少東西，而現在我們也擁有更好的客服系統了。

以下就是我們在提供卓越客服方面所學到的七件事。我用卓越（remarkable）這個詞的目的，就是希望我們所提供的客戶服務，確實可以卓越到令人讚嘆（remark）的程度。

1. 用兩種做法來解決所有問題

幾乎每一個技術支援問題，都有兩種以上的解決做法。比較膚淺的直接解決方案，往往只是解決客戶的問題。但如果你更認真思考，通常就可以找出更深入的解決方案：也就是足以防止這個特定問題再次發生的做法。

有時候這也就表示，要讓軟體或安裝程式變得更聰明一點——目前我們的安裝程式都會進行某些特例檢查。有時你只需要改進錯誤訊息的措辭；有時你可以想到的最好做法，就是寫一篇知識庫文章。

我們對待每一個技術支援來電，就像 NTSB（美國國家運輸安全委員會）對待客機事故一樣。每次飛機失事，NTSB 都會派出調查人員，去搞清楚究竟發生什麼事，然後再制定出新政策，以防止這個特定的問題再次發生。這樣的做法對於航空安全非常有效，因此我們在美國的飛航事故可說是非常、非常罕見，通常都是發生了非常不尋常的一次性狀況。

這其中有兩個涵義。

第一：技術支援人員必須能接觸到開發團隊，這一點非常重要。這也就表示，你絕不能把技術支援外包出去：一定要讓他們與開發者在同一個地址上班，而且要有辦法真正解決問題。有很多軟體公司還是認為，把技術支援的工作移到印度 Bangalore 或菲律賓，或是完全外包給另一家公司，是一種比較「經濟」的做法。沒錯，單一事件的成本可能會從 50 美元降到 10 美元，不過這樣一來你很有可能不得不一次又一次付出這 10 美元。

如果我們是在紐約與一位合格的人員共同處理技術支援事件，很可能那就會是我們最後一次看到那個特定的事件。因此，這 50 美元的事故只會發生一次，而且我們也許有機會同時解決掉整個一大類的問題。

不知道為什麼，電話公司、有線電視公司和 ISP 網路服務供應商就是無法理解這樣的做法。他們總是把技術支援外包給最便宜的供應商，然後一次又一次地付出 10 美元，一次又一次地解決同樣的問題，而不是在原始程式碼裡一勞永逸解決問題。廉價的電話客服中心並沒有解決問題的機制；事實上，他們根本沒動力去解決問題，因為他們的收入完全取決於重複的業務；他們最喜歡的東西莫過於能夠一次又一次針對相同的問題給出相同的答案。

用兩種做法來解決所有問題的第二個涵義，就是到最後所有常見和簡單的問題全都會被解決，只剩下一些非常奇怪的罕見問題。這樣很好，因為這種問題的數量少得多，如果不必去做那些照本宣科的技術支援，你就可以先省下一大筆錢；當然，缺點就是不再有那種可以照本宣科的技術支援了：剩下的問題全都必須認真除錯才能解決。你不再能夠只教那些菜鳥支援人員十個常見的解決方法：你必須教他們如何進行除錯才行。

對我們來說，「用兩種做法來解決所有問題」這樣的信仰，確實讓我們得到了很好的回報。我們可以把銷售額提高十倍，但技術支援的成本卻只增加一倍。

2. 建議吹一下灰塵

微軟的 Raymond Chen 曾說過一個故事，提到有個客戶抱怨鍵盤無法正常使用（blogs.msdn.com/oldnewthing/archive/2004/03/03/83244.aspx）。當然囉，其實是鍵盤根本就沒插好。但如果你嘗試去問客戶有沒有插好鍵盤，「他們就會覺得自己被侮辱，然後很憤怒地說，『當然有呀！你當我是白痴嗎？』問題是，客戶實際上並不會真的去檢查。」

「不如換個說法吧。」Chen 建議：「你就說『好的，有時鍵盤接頭會積灰塵，導致連接的訊號會變弱。你可以幫我把接頭拔掉，往裡頭吹一下把灰塵吹掉，然後再插回去嗎？』」

「然後他們就會趴到桌子底下，發現自己真的忘記插接頭（或是插錯接頭），然後吹一吹灰塵再把接頭插上，再回答說，『嗯，沒錯，修好了，謝謝。』」

如果你想請客戶去檢查某個東西，這類的請求其實都可以用這種方式來表達。與其要他們去檢查某個設定值，還不如請他們去修改那個設定值，然後再改回原來的值，最後再跟客戶說：「這樣做只是為了確保軟體有寫入設定值」。

3. 讓客戶變成粉絲

我們 Fog Creek 公司每次需要採購一些商標相關的商品時，我都會去跟 Lands' End 下單。

為什麼呢？

我來講個故事吧。有一次我們參加某個貿易展，需要採購一些襯衫。我打電話給 Lands' End 訂購了兩打襯衫，並交代他們要使用的商標設計，與我們之前所採購的背包是相同的。

襯衫送達時，我們一看就發現完蛋了，因為商標看起來很不清楚。

事實上，背包的顏色比襯衫還亮一點。縫線的顏色在背包上看起來很不錯，但在襯衫上面就顯得太暗，看起來實在很不顯眼。

於是我打電話給 Lands' End。就像往常一樣，電話幾乎還沒響，就有人把電話接起來了。我很確定他們一定有個系統，可以讓下一個接聽者隨時待命，所以客戶根本還沒等鈴聲響完，就有真人接起電話可以開始交談了。

我跟他們解釋說，我這下子慘了。

他們告訴我說：「別擔心。你可以退貨並取得全額退款，我們也會用不同顏色的線，把襯衫全部重新做過。」

我說：「但是兩天後貿易展就要開始了耶。」

他們說，他們會用聯邦快遞寄一箱新襯衫過來，我明天就可以拿到了。我只要看何時方便，再把舊襯衫寄回去就行了。

來回寄送的運費，他們也會支付。我一毛錢都不用花。雖然那些商標看不清楚的 Fog Creek 襯衫，對他們來說不可能有什麼用處，但他們還是會把這些成本全都吃下來。

現在只要是有需要這類商品的人，我都會把這個故事告訴他。事實上，每次我只要一談到電話語音系統，就會說起這個故事。只要一講到客服，我也會想起這件事。他們真的提供了非常卓越的（remarkable）客戶服務，我實在對他們感到讚歎不已（remark）。

如果客戶遇到了問題，而你真的幫他們解決了，客戶實際上還會比完全沒問題更感到滿意。

這其實與期望有關。在技術支援和客服方面，大家的經驗多半來自航空公司、電話公司、有線電視公司和 ISP 網路服務供應商，而他們所提供的客服通常都很糟糕。實在太糟糕了，你甚至連電話都懶得打了，對吧？因此，如果有人打電話給 Fog Creek，不必先在電話語音系統裡按來按去，馬上就有人接聽，而且這個人非常友善，還真的可以解決他們的問題，這樣他們或許就會給我們公司更高的評價，因為那些從來沒和我們聯繫過、只能假設我們與其他公司差不多的人，說不定反而還不會給我們那麼高的評價呢！

我們當然不會矯枉過正，真的去搞出一些問題，只為了有機會展示我們卓越的客服。有很多客戶遇到問題就是不會去打電話；他們只會默默地生悶氣而已。

但只要有人打電話進來，我們就會把它視為創造狂熱的忠誠客戶絕佳的機會，讓這樣的粉絲客戶不斷想跟別人說，我們把這件工作做得多麼出色。

4. 承受責難

有一天早上，我想多配一組公寓的鑰匙，所以在上班的路上，我跑去找了街角的鎖匠。

我在紐約市公寓生活了十三年，我知道永遠都別相信鎖匠；他們打的鑰匙大概有一半機會沒辦法用。所以我一回家測試新鑰匙，果然發現有一把沒辦法用。

於是我就把鑰匙拿回去給鎖匠。

他重新打了一把。

我又回家去測試這把新鑰匙。

結果還是不能用。

這下子我有點生氣了。我頭上大概開始冒煙了。我上班已經遲到半小時，現在卻不得不第三次去找鎖匠。我真的很想放棄他算了。不過我還是決定再給這個傢伙一次機會。

我跺著腳走進商店，準備發洩我的怒氣。

「還是不行嗎？」他問：「讓我看看。」

他盯著鑰匙看。

我簡直快氣瘋了，心裡只想著要怎麼表達我被迫來回虛度一整個上午的憤怒。

「啊！是我的錯。」他說。

突然之間，我一點也不生氣了。

很奇怪的是，「是我的錯」這句話竟讓我徹底消氣了。我的氣就這樣消了。

他第三次打了一把新鑰匙。我一點也不生氣了。這次鑰匙也沒問題了。

而且，我在這個星球活了四十年，我真不敢相信「是我的錯」這幾個字竟然就在幾秒鐘之內，徹底改變了我的情緒。

紐約大多數的鎖匠，都不是那種會承認自己錯的人。會說「是我的錯」，完全不符合鎖匠的性格。但他還是這麼做了。

5. 背幾句緩頰的話

我想，好吧，反正上午已經過了一大半，我乾脆去找個餐館吃點早餐吧。

這是一家經典的紐約餐館，就像《歡樂單身派對》（Seinfeld）裡的那家一樣。菜單大概有三十頁，廚房卻只有一個電話亭那麼大。這實在太不合理了。他們一定有某種高科技，才能把所有食材放進如此狹小的空間。搞不好他們有能力重新排列原子的順序也說不定。

我就坐在收銀台的旁邊。

有位年長的婦女走過來結帳。付錢的時候，她對老闆說：「你知道，我已經來你們這家店很多年了，剛才那個服務生對我真的很粗魯。」

老闆突然暴怒了起來。

「你是什麼意思？不，他才不會咧！他是個很好的服務生！我從沒聽過有人抱怨過他！」

這個客人簡直不敢相信。她來到這裡，做為一位忠實顧客，她只是想幫老闆，讓他知道有個服務生在禮貌方面需要稍作改善，可是老闆卻和她吵了起來！

「嗯，那很好，不過我已經來你們這家店很多年了，每個人都對我很好，只有那個人對我特別粗魯。」她很有耐心地解釋著。

「我才不管你有沒有常來我們這家店。我的服務生才不粗魯咧。」老闆繼續對著她大吼大叫：「我這裡從沒發生過這種問題。你為什麼要來找麻煩呢？」

「你聽好，如果你非要這樣對我，我以後再也不會來了。」

「我才不在乎呢！」老闆說。在紐約擁有一家小餐館，其中的一個好處就是，這座城市的人實在太多了，你完全可以得罪每一個來你店裡的客人，就算這樣你還是會有很多客人來光顧。「你就不要回來了！我才不要你這個客人咧！」

我心想，你也太威了吧。你一個 60 幾歲的男人，身為一家餐館的老闆，吵架吵贏一個小老太太，你覺得這樣很了不起嗎？這樣很有男子氣概是嗎？吵架吵成這樣，你會覺得比較開心嗎？你真的有必要賠上一個忠實的老客戶嗎？

如果你說：「很抱歉。我會找他談談」，這樣會讓你覺得很沒有男子氣概嗎？

一般人遇到有人抱怨時，很容易就會陷入情緒高漲的狀態。

解決方式就是經常在心裡念一些特別重要的話，並練習把它說出來，這樣一來如果遇到需要說這些話的場合，你就可以放下高漲的情緒，說出這些讓人比較寬心的話了。

「對不起，是我的錯。」

「很抱歉，我不能收你的錢。這頓飯我請客。」

「太糟了，請告訴我發生了什麼事，這樣我才能阻止這種事再次發生。」

「是我的錯」這句話很難說出口，這是很正常的。只要是人都會這樣。不過這幾個字可以讓你生氣的客人比較寬心一點。所以你一定要學會說這些話。而且你說起來一定要讓人覺得這就是你的本意。

所以，開始練習吧。

每天早上淋浴時，練習說一百次「是我的錯」，直到這句話聽起來像是無意義的音節為止。然後你就可以在需要的時候，順利說出這句話了。

還有一點。你可能會覺得，承認錯誤是個很嚴重的禁忌，因為這樣有可能會害你被告。這根本就是無稽之談。如果你不想被告，最好的方法就是別讓人對著你發脾氣。如果想做到這一點，最好的方式就是承認錯誤，然後去解決那該死的問題。

6. 練習扮木偶

憤怒的餐館老闆顯然是把整件事看成是針對他個人，但鎖匠卻不是如此。如果遇到憤怒的顧客在抱怨或發洩時，很容易就會建立起防禦的心態。

在這樣的爭吵中，你永遠贏不了；如果你以為這是針對你個人，情況還會更糟一百萬倍。當你聽到那個老闆說：「我才不要你這樣的混蛋來當我的客人！」這個老闆就是把整件事變成個人恩怨了。他雖然吵贏了，但結果卻得不償失。哇，這樣很厲害是嗎？只是個小餐館的老闆，就可以開除客人了。這也太跩了吧。

歸根究底，這對生意來說畢竟不是什麼好事，甚至對情緒健康也很不利。就算你吵贏了，把客人開除了，你到頭來還是會覺得很不爽很生氣，因為客人無論如何還是可以從信用卡公司那邊拿回自己的錢，而且還會把這件事告訴一大堆的朋友。正如 Patrick McKenzie 所寫的：「跟客戶吵架，你永遠不會贏」（kalzumeus.com/2007/02/16/how-todeal-with-abusive-customers/）。

如果想讓自己的情緒，不被憤怒的客人所影響，只有一種方法：你一定要意識到他們其實並不是在生你的氣；他們只是對你的公司很生氣，而你只是剛好在那一刻成為了公司的代表。

既然客人把你當成木偶，只是公司的一個替身，那你也可以讓自己扮演好這個木偶。

你可以假裝自己就是個木偶。客人只是在對著木偶大呼小叫而已。他們並不是在對著你大呼小叫。他們只是在對著木偶發脾氣。

這時候，你的工作就是要搞清楚：「天哪，我要讓這個木偶說些什麼，才能讓這個人變成一個比較開心的客人？」

你只是個木偶。你根本就沒有參與到這場爭吵之中。如果客戶說「你們這些人到底怎麼回事」，他只不過是在扮演某個角色（以這個例子來說，他只是引用《上班一條蟲》（Office Space）這部電影裡 Tom Smykowski 所說的話而已）。你其實也可以扮演另一個角色：「對不起。是我的錯。」你只要搞清楚應該讓木偶做些什麼，讓客人開心一點就行了，別再把整件事當成是針對個人了。

7. 太貪錢的人賺不到錢

最近我與去年幫 Fog Creek 做了大部分客服工作的人員聊天，我問他們有沒有發現什麼方法，可以最有效處理憤怒的客戶。

「坦白說，」他們說：「我們的客戶都很棒。我們還真的沒遇過任何憤怒的客戶。」

嗯，好吧，我們的客戶確實很不錯，不過接聽了一整年的電話，沒遇過半個人生氣，這好像很不尋常。我還以為在電話客服中心工作的本質，就是整天都要與一些生氣的人打交道。

「沒有啦。我們的客戶人都很好。」

下面就是我的想法。我認為我們的客戶人都很好，是因為他們並不擔心。他們之所以不擔心，是因為我們有一個很荒謬的寬鬆退貨政策：「如果你沒有特別開心，我們就不收你的錢。」

客戶心裡都知道，他們沒什麼好怕的。他們在這段關係裡，擁有絕對主控權。所以，他們並不會亂罵人。

90 天無條件退款保證，可以說是我們 Fog Creek 公司所做出的最佳決定之一。想想看：你或許一整天都在使用 Fog Creek Copilot，可是過了三個月之後，你打電話來說：「嘿各位，我需要 5 美元去買杯咖啡。請把 Copilot 一日通（day pass）的費用退還給我好嗎？」這樣我們就會把錢退還給你。你也可以嘗試在第 91 天、第 92 天或第 203 天打電話來。你還是可以拿回退款的。你只要不滿意，我們就真的不收你的錢。我很確定，我們所提供的工作職缺（job listing）服務，應該是市面上唯一「廣告無效即可退費」的服務。這應該是前所未聞的創舉，不過這也就表示，我們可以得到更多的廣告量，因為我們的客戶並不會有什麼損失。

在過去六年左右，接受大家退回軟體的做法，只讓我們損失 2% 的成本。

對。就是 2%。

你知道嗎？大部分的客戶都是使用信用卡付款，如果我們不讓客戶退款，他們還是可以打電話給銀行，要求進行所謂的「拒付」（chargeback）。客戶還是可以拿回自己的錢，我們還要支付退款的費用，如果這種情況經常發生，我們的手續費也會增加。

各位知道我們 Fog Creek 公司的拒付率是多少嗎？

0%。

我可沒有在開玩笑。

如果我們在退款方面更嚴格一點，唯一可能的發展就是會激怒某些客戶，然後這些人就會在自己的部落格上咆哮、抱怨。然後，我們大概就再也賺不到他們的錢了。

我知道有些軟體公司會在網站上非常明確表示，任何情況下都不得進行退款；不過事實上，如果你打電話給他們，他們最後還是會退款給你，因為他們知道如果不退款，你的信用卡公司還是可以拒付。對於買賣雙方來說，這其實是最糟糕的結果。總之，最後你還是必須退款給客戶，而且你無法給你的潛在客戶一種溫暖的感覺，讓他們相信買你的產品絕對不會錯，所以他們就會在購買前猶豫不決。也許到了最後，他們乾脆就不買了。

8.（多附送一個！）為客服人員提供職涯規劃

我們在 Fog Creek 所學到的最後一個重大教訓就是，你一定要讓非常稱職的人去跟客戶交談。身為 Fog Creek 的銷售人員，一定要在軟體開發過程方面擁有豐富的經驗，而且要能夠解釋 FogBugz 的工作原理，還有它為什麼可以讓軟體開發團隊運作得更好。Fog Creek 的技術支援人員沒辦法只靠常見問題解答來提供服務，因為我們已經透過軟體的修正，消除掉各種常見的問題，因此技術支援人員必須實際進行故障排除，這通常也就表示要進行除錯的工作。

有很多非常稱職的客服人員，都會逐漸對第一線的客服工作感到厭倦，我覺得這還蠻正常的。為了彌補這個缺憾，我在找人來擔任這個職位之前，一定都會先幫他們做好明確的職涯規劃。在 Fog Creek 公司裡，客戶支援只不過是為期三年的管理培訓計畫其中第一年的工作，這整個計畫還包括要取得哥倫比亞大學技術管理碩士的學位。這樣的計畫讓我們可以找到一些雄心勃勃、相當聰明的技客，讓他們願意在絕佳的職涯規劃下，更有意願與客戶交談並解決客戶的問題。我們為這些職位所付出的錢，比起平均水準還要高出很多（尤其是考慮到一年 25,000 美元的學費），不過我們也從中獲得了遠遠高出許多的價值。

VIII 軟體的發佈

33
挑個出貨日吧

2002年4月9日，星期二

之所以要制定出詳細的時程，其中最好的理由之一就是，你這樣就有藉口可以刪減掉某些功能了。如果非要實作出「跟著 Bob 一起唱」的 MP3 對唱功能，一定沒辦法滿足出貨日期的目標，這樣的話，直接砍掉這個功能就好了，Bob 並不會覺得難過的。

所以，針對軟體發佈週期，我的基本規則就是：

1. 設定一個出貨的日期；這個日期也許可以隨意設定。
2. 列出各種功能，然後按照優先順序進行排序。
3. 每次一出狀況，就砍掉一些優先順序比較低的功能，以滿足出貨日期的需求。

如果你做得很好，很快你就會發現，刪減掉那些功能並不會讓你覺得很後悔。這些被刪減掉的功能，通常都有點蠢。如果真的那麼重要，也可以下次再做。這就像編輯文章一樣。如果你想寫一篇 750 字的精彩文章，一開始可以先寫出一篇 1,500 字的文章，然後再好好編輯一下就行了。

順帶一提，如果你忘了要按照優先順序來製作各種功能，到最後一定會搞砸。因為你如果忘了這件事，你的程式設計師就會根據功能好不好玩的順序，選擇先做一些好玩但不重要的功能；結果你不但無法準時出貨，也無法刪減功能，因為你所有的程式設計師全都跑去寫卡拉 OK 的計分功能，至於程式最基本的選單功能，卻沒有人去做；到最後你就會看到，雖然時間已經比原本預計的出貨日期晚了六個月，但你的產品竟然只做了一個該死的復活節彩蛋功能，至於其他真正重要的功能，呃……還不知道要做多久呢！

好吧。如果你確實有按照優先順序做事，那你最明顯的問題就是，該如何選擇出貨日期？

想必你一定有一些外在的限制。例如股票市場某天開始就從分數計價方式轉換成小數點計價方式，這時你的新軟體如果還沒準備好，你的公司恐怕就要被迫停業，而你也會被人帶到碼頭後面幹掉吧。或者是，某個新版本的 Linux 內核即將推出，它採用了另一種全新的系統來實現封包過濾的功能；你所有的客戶全都已經升級到最新的內核，但你現有的應用程式在新系統上卻還跑不起來。好吧，對你的客戶來說，你最應該出貨的日期，早就已經錯過了。現在你也不必再讀這篇文章了。你還不如去幫真心所愛的人，好好做一頓豐盛的晚餐吧。

再見囉，你可以先離開了！

至於我們這些其他的人，究竟該如何選擇出貨日期呢？

你有三種做法可以採用：

1. **頻繁發佈小改版。**這就是「極限程式設計」（Extreme Programming）的做法，最適合客戶數量比較少的小團隊專案（比如公司內部的 IT 開發專案）。

2. **每 12 到 18 個月發佈一個版本。**這就是一般熱縮膜軟體、桌面應用程式等等這類產品典型的做法；這類產品通常擁有比較大的團隊，以及成千上萬的客戶。

3. **每 3 到 5 年發佈一個版本。**這是自成體系的大型軟體系統和平台最典型的做法。作業系統、.NET、Oracle 都屬於這一類；而基於某種理由，Mozilla 也被劃歸到這一類。這些系統或平台通常都有好幾千名的開發者（VS .NET 光是安裝團隊就有 50 人），而且與其他軟體也有著極其複雜的交互作用，絕對不能害其他軟體出問題。

以下就是你在決定軟體發佈的頻率時，需要考慮的一些事情。

短時間內頻繁發佈小改版的做法，可以很快速取得客戶的回饋意見。有時候與客戶合作最好的方式，就是提供最新版程式讓他們試用，然後再馬上把他們的回饋意見納入到隔天的最新小改版中。這樣你就不會浪費一整年的時間，開發出一套很複雜的系統，其中卻包含許多沒有人會去用的功能，因為你光是要做客戶當下所要求的東西，就已經忙不過來了。如果你的客戶數量比較少，頻繁發佈小改版的做法就蠻不錯的。只要做出某個很有用的功能，即使只動到一小塊程式碼，還是可以發佈小改版給客戶使用。

好幾年前，我被指派去幫 MTV 開發出一個 Web 內容管理系統。他們要求建立一個以資料庫為基礎、可套用樣板的系統，還需要一個完整的工作流程系統，可以讓全國各地大學裡那些未支薪的 MTV 特約記者，輸入一些關於俱樂部、唱片行、廣播電台和音樂會的資訊。「你們目前是採用什麼方式，來製作網站的內容呢？」我問。

「哦，我們現在都是用 BBEdit，靠人工的方式來製作。」他們告訴我：「我們當然知道，要做的頁面有好幾千個，不過 BBEdit 的全域查找替換功能還蠻好用的……」

我估算了一下，整個系統大概要六個月才能做出來；「不過，我另外再提個別的建議好了。我們可以先把樣板的部分做起來。這個部分三個月就能做出來，而且這樣馬上就能省下大量需要人工來做的工作。這部分沒問題之後，我們再去做工作流程的部分；在這段期間，你們只要先用 email 去處理工作流程的工作就行了。」

他們同意了。這聽起來確實是個好主意。後來你猜怎麼樣？我把樣板功能做出來之後，他們也意識到，工作流程的部分並不是真的那麼重要。事實證明，對於許多不需要工作流程的其他網站來說，樣板的部分還是很有用的。所以我們根本沒去做工作流程的部分，省下了三個月的時間，後來我利用這些時間去增強樣板的功能，結果證明這樣反而幫助更大。

有些類型的客戶並不喜歡這樣的做法，因為他們並不想當「白老鼠」。通常會購買現成軟體的人，都不太想參與什麼大型的開發實驗；他們只想要那種能夠立刻滿足自己需求的東西。從客戶的角度來看，請客戶先提出所需的功能，再用最快的速度製作出來，這樣其實還不夠棒，因為對他們來說更棒的是，現成的產品就已經有所需的功能，馬上就可以使用，而且這種產品多半已經有深思熟慮與廣泛的使用性設計，在進入現實世界之前，也已經都做過 beta 測試了。如果你已經擁有（或想要擁有）大量的付費客戶，不要太過於頻繁發佈新版本，說不定反而是比較好的做法。

如果你把一個還沒有什麼功能的商業軟體發佈出去，只為了把它推到市場上，讓你可以「開始傾聽客戶的意見」，也許你就會聽到許多客戶說：「這個軟體沒什麼用處嘛！」而你或許也覺得這樣沒什麼問題。嘿！這只是 1.0 版而已。可是，如果你在四個月之後發佈 2.0 版，大家心裡可能就會想：「又是那個沒什麼用的軟體嗎？我真的要每四個月評估一次，看它有沒有變得更好嗎？！」事實上，過了五年之後，大家也許只記得自己在 1.0 版所留下的第一印象，這時候叫他們來重新評估，幾乎是不可能的事。你不妨去想想，可憐的 Marimba 公司後來的遭遇吧。在整個市場瘋狂炒作 Java 的時代，這家公司拿到了幾乎無限多的創投資金；公司創立之後，還吸引到了 Sun 公司 Java 團隊裡的主要開發者。這家公司的 CEO 是 Kim Polese，他的公關能力非常出色；她在推廣 Java 時，邀請 Danny Hillis 發表了許多場演講，大談 Java 如何成為人類進化的下一步；George Gilder 也寫了一堆熱情洋溢的文章，講述 Java 將如何徹底顛覆人類文明的本質。當時我們幾乎都快要相信，跟 Java 比起來，一神論只不過是曇花一現的現象而已。Polese 真的就是那麼厲害。因此，當 Marimba 公司推出 Castanet 這個產品時，關於它的各種炒作，也許比歷史上任何其他的產品都要多得多，不過開發者所花的時間，卻只有……四個月而已。我們全都下載了這個軟體，然後就發現，登登！它只顯示了一個已下載軟體的列表框。（你對只花四個月開發的軟體，還能有什麼期待呢？）大家都超級崩潰的。整個市場彌漫著濃厚的失望氣氛，化都化不開。六年之後，你再去問任何人 Castanet 是什麼，大家都會告訴你，它只會顯示已下載軟體的列表框而已。後來就算 Marimba 公司又花了六年的時間去寫程式碼，幾乎還是沒有人願意重新去評估這套軟體；我敢確定這東西現在一定變得相當酷了，但老實說，誰有時間去瞭解一下呢？我來跟你說個小祕密：在 CityDesk 2.0 發佈之前，我們的策略就是盡量避免大規模的公開宣傳活動。我們希望地球上的每一個人，對這個軟體的第一印象全都是來自 2.0 這個版本。在 2.0 版發佈之前，我們只會默默進行游擊式行銷，只要有注意到這個軟體的人，都會發現它是個非常出色的軟體，可以解決相當多的問題，不過，還是請各位再耐心等候一下，等我們把該做的事做完，這樣我們的歷史學家 Arnold Toynbee 才不會留下錯誤的第一印象，到後來還要再去重寫歷史。

對於大多數的商業軟體來說，整個產品週期包括設計、原型製作、整合、解決問題、執行完整的 alpha 和 beta 測試、建立文件等等，全部的過程大概需要六到九個月的時間。事實上，如果你每年都要發佈一次正式的版本，這樣你大概就只有三個月的時間，可用來開發新的程式碼。如果軟體每年都要升級一次，大概就不會有足夠多的新功能，而這樣的升級實在不合理。（以這方面來說，Corel 的 Photo-Paint 和 Intuit 的 QuickBooks 可說是特別離譜的例子；它們每年都有個新的「主要」版本，但實際上很少值得購買。）因此，現在有許多人都已經學乖了，實在沒必要每次都乖乖升級，有些版本跳過其實也沒關係。可是你絕對不希望你的客戶養成這樣的習慣。如果你把發佈時間延長至 15 或 18 個月，你就能有 6 個月的時間（而不是 3 個月）去做一些有價值的新功能，這樣才能讓你的版本升級更有吸引力。

那好，如果 15 個月這麼好，那 24 個月豈不是更好呢？也許吧。如果你是同類產品裡的主要領導廠商，也許就可以這麼做。例如 Photoshop 似乎就是如此。但是，有些應用程式一旦太久沒升級，大家就會開始期待，認為新版本隨時都有可能發佈，於是大家就會開始停止購買舊版軟體。這樣有可能就會導致軟體公司出現嚴重的現金流問題。而且，你的競爭對手當然也會緊追不捨，絕不會讓你這麼輕鬆過日子的。

如果是大型的平台軟體（例如作業系統、編譯器、Web 瀏覽器、DBMS 資料庫管理系統），開發過程中最困難的部分，就是必須與好幾千、甚至好幾百萬個現有的應用程式或硬體，維持住一定的相容性。每次 Windows 發佈新版本時，你應該很少聽到會有往前相容的問題。他們實現此一目標的唯一做法，就是進行大量瘋狂的測試，相較之下，巴拿馬運河工程簡直就像是個 DIY 專案的程度而已。Windows 每個主要版本之間，大概都間隔三年左右，期間所有的時間，幾乎全都是一些無聊的整合和測試階段，實際上並沒有太多時間可以去寫一些全新的功能。發佈新版本的頻率如果更加頻繁，根本就不切實際。這樣只會讓大家瘋掉而已。第三方軟體與硬體開發者如果必須針對大量的作業系統小改版進行測試，他們一定會直接叛逃。如果系統擁有好幾百萬個客戶，還有好幾百萬個整合點，盡量少發佈新版本才是比較好的做法。你也可以參考 Apache 的做法：在網路泡沫剛開始時發佈一個版本，然後在網路泡沫結束後再發佈另一個版本。真是太完美了。

如果你一直有進行大量的驗證與單元測試，而且一直都很仔細設計你的軟體，或許你就能達到一種相當不錯的程度，那就是任何一天每日重新構建的結果，在品質上幾乎都能達到可出貨的水準。這當然是個很值得努力的目標。就算你原本計畫三年後才發佈下一個版本，但市場的競爭格局有可能突然之間改變，屆時你或許就有非常充分的理由，一定要快速發佈臨時版本，以因應競爭對手的挑戰。如果你的老婆就快要生了，你這時候跑去拆開汽車引擎，絕對不是個好主意。比較保險的做法，就是先在旁邊把新引擎弄好，等新引擎確定沒問題了，再把它掛進車子裡，換掉原本的舊引擎吧。

不過，就算每天都能保持高品質的每日重新構建結果，也不能過於高估自己的應變能力。就算你永遠都保持在問題數量為零的狀態，一旦你想要把軟體發佈到現實世界，就一定要花八個禮拜以上的時間，去進行一些 Beta 測試，這樣才有機會找出各種相容性的問題，譬如在 Windows 95 上執行的問題，或者是系統使用了大字體才會出現的問題。

最後還有一個想法。如果你的軟體採用的是 Web 網路服務的形式（例如 eBay 或 PayPal），理論上來說並沒有什麼東西可以阻止你頻繁發佈小改版，但這有可能並不是最好的做法。請別忘了使用性（usability）的基本規則：如果應用程式的行為很符合使用者的**預期**，我們就可以說這個應用程式的使用性很好。如果你每個禮拜都在改東西，你的軟體或許就不是那麼可預測，這樣一來它的使用性就沒那麼好了。（而且你千萬不要以為，用一些煩人的提醒畫面，加上一段文字說「警告！UI 界面改變了！」這樣就可以解決問題。實際上沒有人會去讀那些東西的。）如果從使用性的角度來看，比較好的做法或許就是不要太過於頻繁發佈新版本；如果真的要發佈新版本，那就把大量的修改一次全都包含進來，這樣一來整個網站的視覺效果就會有很大的改變，大家一看到就會覺得很奇怪，直覺上就會知道有很多東西改變了，然後他們就會變得很謹慎，會特別去留意有哪些地方變得不一樣了。

34

駱駝與橡皮鴨

2004 年 12 月 15 日，星期三

你剛發佈最新版的照片整理軟體。然後你透過某些機制，讓大家得知這件事；至於是哪些機制，就留給各位讀者當作練習好了。也許是你正好有個很受歡迎的部落格。也許是 Walt Mossberg 在《華爾街日報》幫你寫了一篇讚不絕口的評論什麼的。

而你現在最大的問題，就是「我的軟體究竟應該賣多少錢？」你跑去問專家，他們好像也不知道。他們只會告訴你，「定價」這東西的坑很深、是個很暗黑的謎。軟體公司最大的錯誤就是價格定太低，結果賺不到足夠的錢，最後只能倒閉。另一個更大的錯誤，沒錯，甚至比最大的錯誤還要嚴重的，就是價格定太高，因為這樣他們就會找不到足夠的客戶，最後還是不得不倒閉。公司倒閉實在很糟糕，因為大家都會失業，只好去沃爾瑪做接待員，只能拿最低工資，還要整天被迫穿著人造纖維做的制服。

如果你比較喜歡穿純棉的制服，最好還是謹慎一點，設定好正確的價格吧。

不過，這個問題的答案真的很複雜。一開始我會先從一些經濟理論談起，然後再把整個理論撕爛；等我全部談完之後，你應該就知道更多關於定價的知識，不過你應該還是搞不清楚，你的軟體究竟應該收多少錢，而這恰好就是定價的本質。如果你實在懶得讀這篇文章，只要把你的軟體定價為 0.05 美元就行了；不過，如果是問題追蹤軟體，一定要把定價設為 3 千萬美元才行喲。

好啦。我剛才講到哪裡去了？

一些經濟理論

想像一下，假設你的軟體目前的售價為 199 美元。為什麼是 199 美元？呃……因為我總要有個起點吧。我們很快就會用到別的數字。現在我們姑且假設，你的軟體收費 199 美元，而你總共有 250 位客戶。

我先來把它畫成圖表好了：

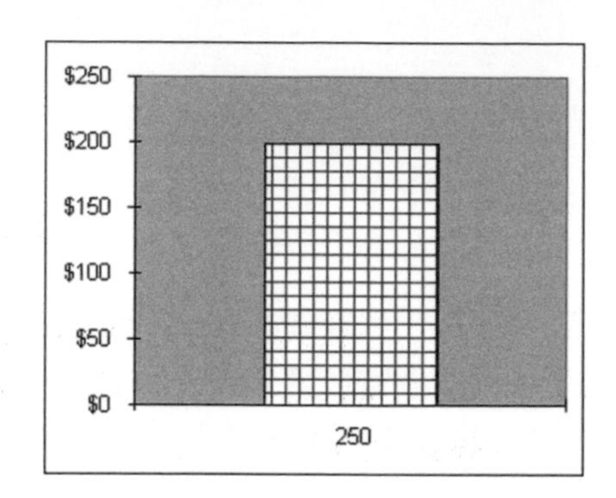

在我製作的這張小圖表裡可以看到，如果你賣 199 美元，就會有 250 人買你的軟體。（如你所見，經濟學家實在蠻詭異的，他們喜歡把銷售數量放在 x 軸，把價格放在 y 軸上。這感覺真的蠻奇怪的，就好像如果有 250 人買你的軟體，你的價格就一定是 199 美元似的！）

如果把價格提高到 249 美元會怎麼樣？

有一些原本願意支付 199 美元的人，可能會覺得 249 美元太貴了，所以他們就縮手不買了。

至於原本賣 199 美元時不會購買的那些人，價格變高當然更不會買了。

如果賣 199 美元時，會有 250 人購買，那我們就必須假設，如果賣 249 美元，購買的人應該不到 250 人。我們姑且隨便猜個數字，比如說，200 個人好了：

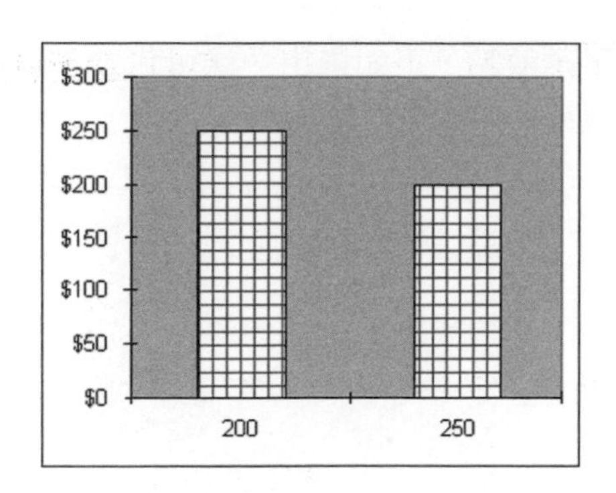

如果我們賣得便宜一點，會怎麼樣呢？比如說，賣 149 美元如何？這樣的話，原本願意用 199 美元購買的人，肯定願意用 149 美元來購買，而且說不定還有更多人認為 149 美元負擔得起，所以我們可以假設，149 美元的價格可以賣出 325 份軟體：

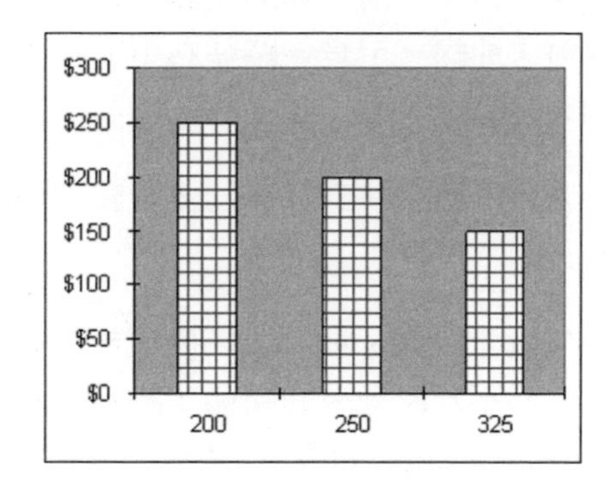

其餘依此類推：

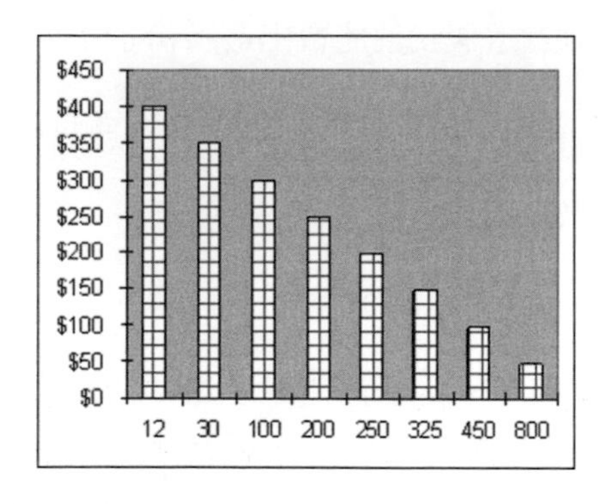

事實上，與其畫出一堆離散點，不如畫出一條可包含所有點的完整曲線，同時我會調整一下 x 軸，改用一個線性座標軸來表示：

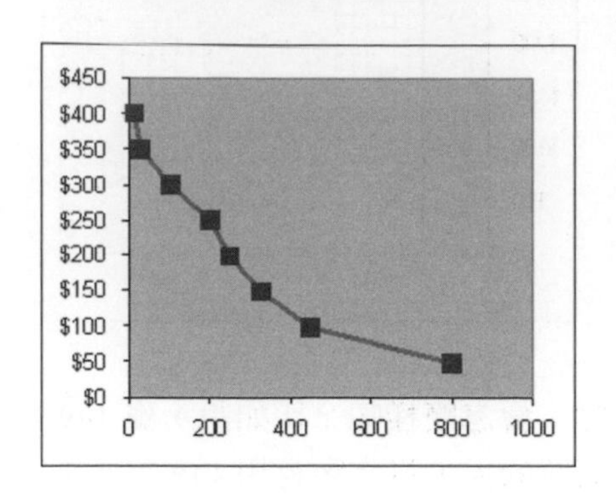

現在你只要告訴我 50 美元到 400 美元之間任何一個價格值，我就可以告訴你，會有多少人用你設定的價格來購買你的軟體。我們這裡所看到的就是一條經典的需求曲線，這條需求曲線一定是一路往右下方掉下去，因為你的價格越高，願意購買你軟體的人就越少。

這些數字當然不是絕對真實的數字。到目前為止，我只是想讓你認同一件事，那就是需求曲線會一路往右下方掉下去。

（雖然這裡是把購買者的數量放在 x 軸，然後把價格放在 y 軸上，但購買者的數量顯然是價格的函式，而不是反過來的關係；關於這點你如果覺得很困擾，請去找法國經濟學家 Augustin Cournot 吧。說不定他也有個部落格什麼的。）

你究竟應該設定成什麼價格呢？

「呃⋯⋯ 50 美元吧，因為這樣我就能賣出最多份了！」

不不不。你應該追求的並不是最大化的銷售數量，而是最大化的利潤。

我們就來計算一下利潤好了。

假設你每賣出一份軟體，就要用掉 35 美元的成本。

也許你為了開發這套軟體，一開始就花掉了 25 萬美元，不過那已經是沉沒成本（sunk cost）了。我們已經不在意了，因為不管你後來賣出 1000 份還是 0 份，那 25 萬美元都不會改變了。它已經沉沒了。親它一下，然後跟它說再見吧。你想定什麼價格就定吧，那 25 萬美元已經花掉了，不要再去想它了。

在目前這個點上，你所要擔心的是，每賣出一份軟體，需要耗費多少的成本。這其中也許包括運輸與處理的費用，或許還包括技術支援、銀行手續費、光碟複製與熱縮膜包裝費用等等。這裡姑且讓我蒙混過去，就讓我用 35 美元來做為銷售每一份軟體的成本好了。

現在可以拿出我們最好用的試算表軟體了：

	A	B	C	D	E
1	銷售數量	價格	成本	單位利潤	總利潤
2				（價格 - 成本）	（單位利潤 x 銷售數量）
3	12	$399	$35	$364	$4,368
4	30	$349	$35	$314	$9,420
5	100	$299	$35	$264	$26,400
6	200	$249	$35	$214	$42,800
7	250	$199	$35	$164	$41,000
8	325	$149	$35	$114	$37,050
9	450	$99	$35	$64	$28,800
10	800	$49	$35	$14	$11,200
11					

以下就是看懂這份試算表的方法。每一橫行就代表一種劇本。以第 3 行為例：如果我們把價格定為 399 美元，就可以賣出 12 份，每份的利潤則為 364 美元，所以總利潤為 4368 美元。

現在我們總算有點進展了！

這真的超酷的。我覺得我們馬上就可以解決「軟體應該賣多少錢」的問題了！我實在太激動了！

我之所以如此激動，是因為你只需要把價格與利潤畫成圖形，就可以得出一條漂亮的曲線，中間可以看到一個很大的駝峰！我們都知道駝峰代表什麼意思！一看到駝峰，就表示這裡有個局部最大值！當然囉，你或許會以為這是接下來會看到駱駝的意思。不過在這裡，它確實就是局部最大值的意思！

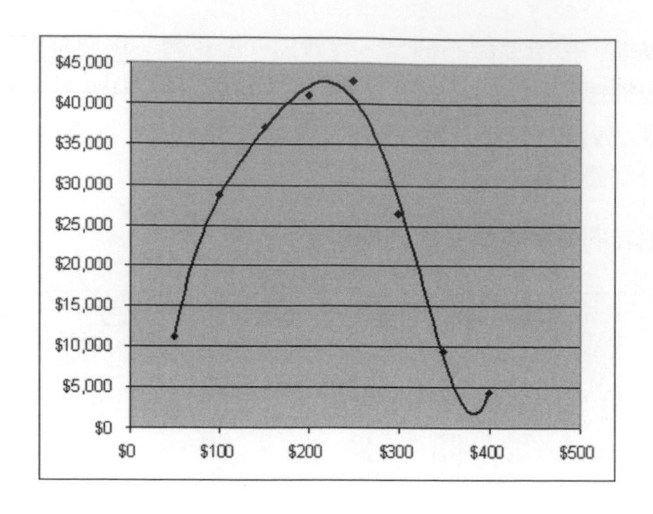

在這張圖表中，實際的資料是用小菱形來標示，然後我再用 Excel 在上面畫出一條漂亮的多項式趨勢線。接下來我要做的就是從駝峰的頂點往下畫一條線，找出我想要獲得最大利潤所應該收取的價格：

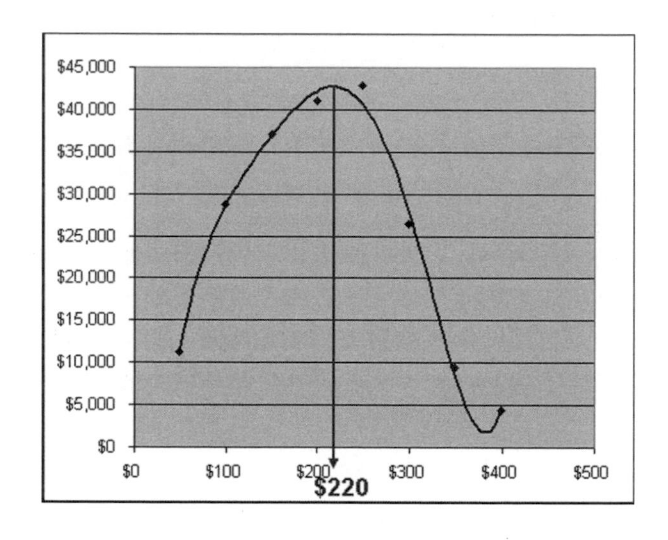

「多美好的一天呀！呀呼！讚啦！」我咯咯地笑了。我們找出最佳價格了，就是 220 美元，這就是你應該為你的軟體收取的價格。謝謝你撥空看到這裡。

咳咳。

謝謝你花了這麼多時間！這裡沒什麼好看的了！你可以離開了！

你還不想離開？

我知道了。

一些比較細心的讀者們也許有感覺，除了「220 美元」之外，我好像還有更多的東西想說。

嗯，也許吧。其實我還留了一個小螺絲沒鎖緊，如果你們想看的話，我現在就來把它鎖緊起來吧。準備好了嗎？來吧！

你可以看到，如果把價格定在 220 美元，我們就可以賣出 233 份軟體，總利潤為 43,105 美元，這樣一切都很好，沒有什麼問題，只是有件事讓我有點在意：這 233 個客人，其中有些人原本打算付更多的錢來買軟體（例如那 12 個願意花 399 美元的好心人），但我們還是只收 220 美元，所有人都一樣！

399 美元與 220 美元之間的差額，這 179 美元其實就是所謂的「消費者剩餘」（consumer surplus）。對於一些比較有錢的消費者來說，這就是他們購買商品時額外得到的價值；不過，他們就算沒得到這些額外的價值，其實也不會覺得很不高興。

這就有點像你原本預計花 70 美元去買一件新的美麗諾（merino）羊毛衣，你覺得 70 美元就很值得買了，結果你到了 Banana Republic（香蕉共和國）店裡，卻看到現在只要特價 50 美元！這麼一來，你就額外省下了 20 美元，而這些錢原本就算被 Banana Republic 的人賺走，你也是很甘願的！

哎呀呀！

這個問題讓一些優秀的資本家覺得很困擾。真是的，如果你原本願意多花錢，那好吧，就給我賺好了！我一定會好好利用這筆錢，去買一輛 SUV 休旅車、買一棟公寓、買一架 Mooney 的小飛機、買一艘豪華遊艇什麼的，資本家想買的東西可多了！

如果用經濟學家的術語來說，資本家就是很想要再取得這些「消費者剩餘」。

我們就來試試看吧。現在我們姑且不把定價設為 220 美元，而是去徵詢我們的每一位客戶，看看他們究竟是很有錢還是很缺錢。如果他們說自己很有錢，我們就跟他們收 349 美元。如果他們說自己很窮，我們就跟他們收 220 美元吧。

這樣的話，我們可以賺多少錢呢？回頭看一下 Excel 吧：

	A	B	C	D	E
1	客戶	價格	銷售數量	單位利潤	總利潤
2	有錢人	$349	42	$314	$13,188
3	窮人	$220	191	$185	$35,335
4				總計：	**$48,523**

注意銷售數量的部分：我們賣出的總數量一樣是 233 份，不過那些比較有錢、願意用 349 美元以上來購買軟體的 42 位顧客，全都改以 349 美元來購買我們的軟體。於是我們的利潤就上升了！一下子就從 43,000 美元提高到 48,000 美元左右！真是太棒了！

不管「消費者剩餘」是什麼，多給我來一點吧！

嗯，先等一下，這還沒完呢。賣完這 233 份之後，那些只願意花 99 美元的人也讓我覺得有點在意了。如果可以用 99 美元的價格，多賣幾份給那些傢伙，我就能再多賺到一些錢，畢竟我的邊際成本只有 35 美元呀。

有些客戶一看到 220 美元的價格，就會說「不了，謝謝」；如果我們針對這些客戶，用 99 美元的價格向他們兜售軟體，結果會怎麼樣呢？

之前我們提過，定價如果是 99 美元，就會有 450 位潛在客戶，不過其中有 233 位已經付了比較高的價格，至於剩下的 217 位額外的客戶，應該就是不願意付那麼高價格的人了：

	A	B	C	D	E
1	客戶	價格	銷售數量	單位利潤	總利潤
2	有錢人	$349	42	$314	$13,188
3	窮人	$220	191	$185	$35,335
4	只願意花 $99 的人	$99	217	$64	$13,888
5				總計：	**$62,411**

我的老天爺呀！這樣就可以把利潤拉高到 62,000 美元了耶！總之，就是多賺了兩萬美元，這可都是白花花的銀兩耶（不過以你看中的那艘遊艇來說，頭期款還有很長一段路要走呢）。其實這就是「市場區隔」的力量：根據客戶所願意支付的金額，把客戶區隔成不同客群，再從每個客戶身上提取出最大的消費者剩餘。市場區隔的做法，實在太神奇了！如果我們可以逐一去跟每一個客戶

談價錢，讓他們自己透露願意支付的最大金額是多少，然後再根據此金額向他們收費，這樣我們能賺多少錢呢？

	A	B	C	D
1	銷售數量	價格	單位利潤	總利潤
2	12	$ 399	364	$ 4,368
3	18	$ 349	314	$ 5,652
4	70	$ 299	264	$ 18,480
5	100	$ 249	214	$ 21,400
6	50	$ 199	164	$ 8,200
7	75	$ 149	114	$ 8,550
8	125	$ 99	64	$ 8,000
9	350	$ 49	14	$ 4,900
10			總計：	**$ 79,550**

太神奇了！將近 8 萬美元！這幾乎就是我們只用一個價格所得利潤的兩倍呀！擷取「消費者剩餘」顯然是個非常有利可圖的做法。就算有 350 個很討厭的人只願意花 49 美元買軟體，但他們還是為公司的利潤做出了一些貢獻。所有的客戶都很滿意，因為我們請他們支付的金額，都是他們自己願意支付的金額，我們並沒有敲詐任何人，對吧。

下面就是一些你或許很熟悉的市場區隔範例：

- 老年人折扣。因為老年人往往是靠「固定收入」生活，他們所願意支付的金額，通常會比還在工作的成年人更少一點。
- 比較便宜的平日下午場電影票（只有沒在上班的人，才會用得到）。
- 各種奇怪的機票價格。每一個人的機票，好像都是用不同的價格買到的。機票的祕密就是，出差的人都是向公司報帳，根本不在乎機票是多少錢；度假旅遊的人多半是自己花錢，如果機票太貴就不太想去了。航空公司當然沒辦法直接問你是不是去出差，因為這樣大家很快就會搞懂，只要撒個謊就能拿到比較便宜的機票。不過商務客幾乎都是在工作日出差，因為大家都很討厭在週末出遠門。所以航空公司會制定出某些策略，看你的行程有沒有跨過星期六的晚上；如果有的話，就會認定你大概不是商務旅行，這樣他們就會給你便宜很多的票價。

其實還有一些更微妙的市場區隔做法。你應該在報紙上看過那些雜貨商品優惠券吧！如果你記得把優惠卷剪下來，而且還記得把它帶去店裡，就可以用便宜 25 美分的價格買一盒汰漬（Tide）洗潔劑。呃……優惠券的麻煩之處，就在於必須把它剪下來、做好分類，還要記得拿出來用，而且只能根據優惠券選擇品牌，這整件事需要花很大的功夫；如果你願意去做這些事，就表示你應該願意去做每小時賺 7 美元的工作。

如果你已經退休了，只靠社會福利金過日子，每小時 7 美元聽起來還算不錯，所以你就會去蒐集優惠卷；但如果你是美林證券的一名股票分析師，年薪 1200 萬美元，你只要幫一些垃圾網路公司說點好話就能賺錢，每小時 7 美元的工作對你來說簡直就是個笑話，所以你絕不會去蒐集優惠券。拜託！你一個小時內就能對十家垃圾網路公司發出「買進」的建議耶！所以，優惠券根本就是消費商品公司為了收取兩種不同的價格，把市場有效區隔成兩大塊的一種做法。郵寄折扣卷與優惠券幾乎是相同的東西，不過還是有點差別，因為它會讓你洩露自家的地址，所以你未來很有可能會被直接推銷某些東西。

市場區隔還有很多其他的做法。你也可以用不同的品牌名稱（例如 Old Navy、Gap、Banana Republic 之類的）來行銷你的產品，讓有錢人知道要去 Banana 買衣服，而沒什麼錢的人自己就會去 Old Navy 買衣服。為了避免大家因為一時忘記而走錯店，Banana Republic 的店只會開在價值兩百萬美元公寓社區附近，而 Old Navy 的店則會開在火車站附近，因為你辛苦一整天之後，總會拖著疲憊的身軀，來到火車站搭車回紐澤西的家。

在軟體世界裡，你的產品總是可以製作出一個「專業版」和一個「家庭版」，兩者之間只有一些無關緊要的差別，不過你希望公司的採購人員（也就是那些不是花自己錢的人）只要一想到公司裡使用的是 Windows XP 家庭版就會覺得很尷尬，這樣他們就會購買「專業版」了。在公司裡使用「家庭版」？不知道為什麼，這種感覺就好像穿著睡衣上班似的！感覺好噁心呀！

快速技巧：如果你想嘗試採用市場區隔的做法，最好是給所有客戶提供折扣，而不要嘗試對某些客戶多收錢。沒有人喜歡被敲詐的感覺：大家寧可用 99 美元去購買標價 199 美元的商品，也不願意用 79 美元去買一個 59 美元就能買到的商品。理論上來說，人應該是理性的。79 美元顯然低於 99 美元。但實際上大家都很討厭被敲詐的感覺。大家寧願覺得自己買到了便宜貨，也不希望發現自己買貴了。

總之就是這樣。

到目前為止，應該都還算容易吧。

至於比較困難的部分，就是我剛才所說的一切，其實是有點錯誤的。

我們姑且倒過來看，客戶對市場區隔的做法有什麼感覺？大家其實都很不爽。大家都希望自己所付出的是公道的價格。大家都很不希望多付出額外的費用，只因為自己不夠聰明，沒有去找出那個神奇的優惠券折扣碼。航空業真的非常擅長做市場區隔，最後上飛機的每一個人，幾乎都是各自付出了不同的價格。結果大多數的人都覺得，自己並沒有得到最好的交易，大家也都不太喜歡航空公司。後來廉價航空（例如西南航空、捷藍航空等）出現之後，客戶對於那些多年來一直想多賺他們錢的傳統航空公司，幾乎都是毫無忠誠度可言。

如果某個很受歡迎的部落客有一天突然發現，你們家公司的高階印表機其實與便宜很多的低階印表機完全相同，只不過是把限速器關掉而已，那你們公司大概就只能求上帝保佑了。

所以，市場區隔雖然是擷取「消費者剩餘」很好用的工具，但也有可能對產品的長期形象造成重大的負面影響。有很多小型的軟體供應商，在取消各種優惠券、折扣、特價方案、多種版本與各種分層收費的做法之後，反而發現自己的營業額增加了，而且客戶對於價格的抱怨也大大減少了。不知道為什麼，如果大家都知道其他人也是付 100 美元，自己就會很甘願跟著付 100 美元，但如果知道有人用 78 美元的價格買到產品，自己就很不願意用 79 美元去買產品了。通用汽車甚至為此創立了一家汽車公司叫 Saturn，他們的原則就是提供絕對公道的價格，讓你完全不需要去討價還價。

就算你願意去處理這種公然的價格歧視對於商譽所導致的長期損害，想要實現市場區隔的做法也沒有那麼容易。首先，你的客戶只要一察覺到你在進行市場區隔，他們就會開始找漏洞：

- 經常出差的商務旅客，可以重新安排機票，讓行程涵蓋到週六夜。舉例來說，有個顧問住在匹茲堡，週一至週四則是在西雅圖工作，他可以先買一份從匹茲堡到西雅圖的來回機票，週日飛西雅圖、下下週五飛匹茲堡，然後再買一份從西雅圖到匹茲堡的來回機票，下週五飛匹茲堡、下週日飛西雅圖。兩次的行程都會涵蓋到週六夜，所以便宜很多，但是機票只需交錯使用，來回依然可以乘坐相同的航班。

- 針對學術界提供特別折扣？這樣一來，只要能與學術界拉上關係，全都會想盡辦法使用這個折扣。

- 如果你的客戶有機會相互交流，大家就會發現你給不同的人提供不同的價格，而到最後你就會發現，自己不得不給每個人提供最低的價格。尤其是大企業的採購人員，由於他們代表的是很有錢的客戶，理論上來說應該「很願意付出最高的價格」。但我們都知道公司都有專職的採購部門，主要的工作就是壓低價格。這些人會去參加各種研討會，學習如何幫公司爭取最優惠的價格。他們整天都在對著鏡子練習說：「不行哦。再算便宜一點吧。」你的銷售人員根本就拿他們沒辦法。

有些自以為聰明的軟體公司，會採用下面兩種市場區隔的做法，但這兩種做法其實都不是什麼好主意：

壞主意 #1：全公司授權（Site licenses）

說真的，這根本就是與市場區隔完全相反的做法。我有一些競爭對手採用了這樣的做法：他們會針對每一個小客戶個別收費，但同時又推出固定價格的「無人數限制」授權方案。這其實很瘋狂，因為你根本就是給最大的客戶提供最多的價格優惠，但這樣的客戶原本是最願意付給你最多錢的人。你真的希望 IBM 為他們 40 萬名員工購買你的軟體，卻只需支付給你 2,000 美元嗎？嗯？

你只要提供這種「無人數限制」授權方案，就等於是把龐大的消費者剩餘當作禮物，送給那些原本應該成為你公司的搖錢樹、對價格最不敏感的客戶。

壞主意 #2：根據「你有多少錢？」來定價

這就是那種 Oracle 前銷售人員所創立的軟體新創公司經常會使用的招式，你在他們的網站上，絕對找不到價格資訊。不管你多麼努力尋找價格資訊，終究還是只能找到一個表單，請你填入自己的姓名、地址、電話號碼和傳真號碼（也不知道為什麼要填傳真號碼，老實說他們根本不會傳真給你任何東西）。

這裡很明顯就是要讓推銷人員打電話給你，來搞清楚你付得起多少錢，然後再向你盡量多收一點錢。這真是完美的市場區隔做法呀！

問題是，這種做法其實不太管用。首先，低階買家只會直接離開。因為他們會認為，既然沒有列出價格，那就表示他們一定買不起。其次，那些不喜歡被銷售人員騷擾的人，也會直接離開。

更糟糕的是，一旦你傳達出一個訊息，讓大家覺得你的價格是可以談的，最後你想做的市場區隔，恐怕就只會得到相反的效果。其原因如下：那些原本願意讓你賺很多錢的公司，如果知道你的價格是可以談的，他們就會派出一群非常精明的採購人員。他們知道你的銷售人員一定很想多賺點佣金，也知道每個銷售人員都有配額，每一季的季末都會很渴望達成銷售目標（這樣銷售人員才能拿到佣金，公司也才能避免被創投或華爾街狠狠刮一頓）。因此，大客戶總是會等到每一季的最後一天，再去談出一個很離譜的好價錢，甚至還會利用某些奇怪的會計手法，讓公司可以在營業額上大做文章。

所以，千萬別做全公司授權，也別想靠著刺探客戶虛實而去調整產品的價格。

等一下，我還沒說完呢！

你真的想要讓利潤最大化嗎？我其實還有一些東西沒說。其實你並不一定非要最大化目前這個月的利潤。你真正應該在意的是，如何最大化一整段銷售期間（包括未來）所有的利潤。技術上來說，你真正要最大化的其實是所有的未來利潤流入淨現值（NPV）；而且你的現金儲備（cash reserve）絕不能低於零。

插播一下：什麼是淨現值（Net Present Value）？

今天的 100 美元，與一年後的 100 美元，哪一個比較值錢呢？

顯然是今天的 100 美元，因為你可以把它拿去投資債券，到了年底你就擁有 102.25 美元了。

因此，如果你想把一年之後的 100 美元拿來與今天的 100 美元進行比較，你就必須根據某個利率值，把一年後的 100 美元折算成今天的價值。舉例來說，如果利率為 2.25%，那麼一年後的 100 美元就會被折算成 97.80 美元，這就是一年後 100 美元相應的「淨現值」（NPV）。

如果是更遙遠的未來，一定會折更多。比如五年後的 100 美元，若按照同樣的利率來計算，折算之後今天只值 84 美元。這 84 美元就是五年後的 100 美元相應的淨現值。

你比較喜歡下面哪一種賺法？

選項一：未來三年分別賺 $5,000、$6,000、$7,000

選項二：未來三年分別賺 $4,000、$6,000、$10,000

選項二聽起來好像比較划算，即使未來所賺的錢經過折算之後也是如此。如果選擇第二個選項，感覺就好像在第一年投資 1,000 美元，然後在兩年之後收回 3,000 美元，這確實是個很不錯的投資！

我還要再提一件事，那就是軟體有三種定價方式：免費、便宜、昂貴：

1. 免費：例如開放原始碼等等。這部分與目前討論無關。沒有什麼好說的。繼續往下看吧。

2. 便宜：價格介於 10 美元到 1,000 美元之間，可以在沒有銷售人員的情況下，以很低的價格賣給很多的人。大多數給消費者和小型企業使用的熱縮膜軟體，都屬於這一類。

3. 昂貴：價格介於 75,000 美元到 100 萬美元之間，主要是賣給少數很有錢的大公司；軟體公司會透過一群精明的銷售團隊，連續進行六個月密集的 PowerPoint 簡報，只為了賣出一套軟體。甲骨文（Oracle）公司就是採用這樣的模型。

這三種定價方式，都是很有效的做法。

不過你有沒有注意到，這其中少了一段價格區間？好像沒有人把軟體的價格，設定在 1,000 美元到 75,000 美元之間。我來告訴你為什麼好了。如果你要收取的價格超過 1,000 美元，就必須先通過公司嚴格的審批流程。如果想購買你的軟體，就必須先編列預算。你必須得到採購經理和 CEO 的批准，而且還要做一些貨比三家的書面作業。因此，你必須派一個銷售人員去給客戶做簡報，期間還要負擔他的機票、高爾夫球證和在麗池卡爾登飯店裡看色情頻道的 19.95 美元。整體加總起來，一次成功的銷售平均成本大約就要 50,000 美元。如果你必須派銷售人員去客戶那邊，而你的產品卻只收不到 75,000 美元的價格，那你一定會賠錢。

好笑的是，大公司為了避免東西買貴的風險，所以紛紛做了很好的自我保護，但是他們這樣反而抬高了成本，使軟體價格一下子從 1,000 美元提高到 75,000 美元，而這其中的價差，正是為了跨越他們所設下的種種障礙，以確保他們的採購過程沒有問題。

你只要很快看一下 Fog Creek 的網站，就會發現我一直堅守在第二個陣營。為什麼呢？因為用比較便宜的價格銷售軟體，就可以馬上獲得數以千計的客戶，其中有小公司，也有大客戶。各種客戶都會用我的軟體，並推薦給他們的朋友使用。有些客戶逐漸成長之後，也會購買更多的授權。在這些客戶公司裡工作的人，如果跳槽到新的公司，也會向新公司推薦我的軟體。事實上，我很願意用這種比較低的價格，來換取基層的支持。我認為 FogBugz 的低廉價格本身就像是一種廣告投資；從長遠來看，我預計這樣應該會帶來好幾倍的回報。目前為止，這樣的做法確實很管用：在沒特別做行銷的情況下，FogBugz 的銷售額在三年內已成長 100% 以上，而且這完全是口耳相傳的效果，再加上原有客戶購買額外的授權所帶來的結果。

相較之下，你也可以參考 BEA 這家公司的情況。它是一家很大的公司。產品的價格也很高。只要看他們的價格，就知道幾乎沒有人用過他們的產品。沒有人大學一畢業就開始使用 BEA 的技術來創辦網路公司，因為大家在大學裡根本買不起 BEA 的技術。還有很多其他非常好的技術，也都是因為價格太高，註定乏人問津：Apple WebObjects 一開始就要賣 50,000 美元，結果根本沒有人用它來做為 Web 應用伺服器。不管它有多棒，誰在乎呢？根本就沒人用過呀！還有 Rational 公司所製造的產品也一樣。使用者想要取得他們的產品唯一的途徑，就是透過他們超昂貴的全方位銷售宣傳活動。以那樣的價格來說，推銷的對象其實是公司的主管，而不是技術人員。如果產品的行銷能力很強，實際的技術卻很糟糕，就算公司主管買了之後強迫大家使用，技術人員還是會積極抵制。我們有很多 FogBugz 的客戶，都曾經用很高的價格買了一些 Remedy、Rational 或 Mercury 的產品，花了超過 10 萬美元卻把軟體束之高閣，只因為那些軟體不夠好，實際上根本很難用。然後他們又花了好幾千美元買了 FogBugz，才發現這才是他們真正會使用的產品。Rational 公司的銷售人員可能會嘲笑我，因為我銀行裡只有 2 千美元，而他們卻有 10 萬美元。但我的客戶比他們多得多，而且大家都會真正使用我的產品，還會幫我到處介紹客人，而 Rational 的客戶卻只能（a）不去用自己花大錢買的軟體，或是（b）硬著頭皮去用卻難過得要命。不過，他們還是會在長 40 英呎的遊艇上嘲笑我，而我只能在浴缸裡玩橡皮鴨。就像我所說的，這三種定價方式都是很有效的做法。但是採用比較便宜的價格，就像是購買廣告一樣，可以說是對未來的一種投資。

好啦。

我講到哪裡去了？

哦對了，在我開始口沫橫飛之前，我其實是在分析推導需求曲線的邏輯。我在向你介紹需求曲線時，你可能很想問：「我怎麼知道大家願意付多少錢？」

你說得對。

那的確是個問題。

實際上，你根本無法找出真正的需求曲線。

你也許可以針對某一群人，直接去詢問大家，不過大家有可能會亂講。有些人之所以亂講，是為了炫耀自己多麼慷慨、多麼有錢：「對呀對呀，我會去買《紐約放電俏姊妹》（New York Minute）電影裡那條 400 美元的牛仔褲耶！」有些人選擇亂說，則是因為他們真的很想買你的東西，但他們認為如果跟你說個比較低的數字，你也許就會賣他們便宜一點：「部落格軟體？嗯。我頂多只會出個 38 美分吧。」

然後隔天你又去問另一群人，這群人裡第一個講話的男生，其實正在暗戀同一群人裡另一個漂亮的女生，他想給那個女生留下好印象，就開始談論起他的車花了多少錢什麼的，結果搞得這一整群人，每個人心裡想的全都是一些很大的數字。再隔一天，你趁休息時間請大家喝星巴克，然後你去上廁所時，大家聊起了一杯咖啡 4 美元的話題；後來你再詢問大家願意付多少錢時，大家心裡都只想著要節儉一點才行。

最後，你終於讓整群人都同意，你的軟體價值應該是每個月 25 美元，然後你再問大家，願意為永久授權付多少錢，結果大家都認為，不應該超過 100 美元。大家真的是很不會算數呀。

你可能也會跑去問一些飛機設計師，問他們會支付多少錢，結果發現他們認為 99 美元就是最高的價格了；這群飛機設計師經常都在使用每月花費 3,000 美元的軟體，自己卻完全不知情，只因為那些軟體都是別人在負責採購的。

所以，當你真正去詢問大家願意為某個東西付多少錢時，你每天都會得到不同的答案——真的是非常截然不同的答案。事實上，如果你想知道大家願意為某個東西付多少錢，唯一的方法就是把它拿出來賣，然後再看有多少人真的會去買。

然後，你就可以嘗試調整不同的價格，來衡量價格敏感度，並嘗試推導出需求曲線；不過，你大概要累積 1 百萬名客戶，而且還要絕對可以保證，客戶 A 絕不會發現你給客戶 B 提供了更低的價格，否則你就無法得到真正具有統計意義的結果了。

大家總有一種強烈的傾向，認為針對大量的群眾所進行的實驗結果，應該會像高中實驗室所進行的實驗一樣成功，但只要是嘗試過對人類進行實驗的人，都知道最後的結果肯定會有很大的變異，同樣的結果根本就不會重複出現，如果你想讓自己對結果更有信心，唯一的辦法就是小心避免重複做同樣的實驗。

而且，實際上你甚至無法確定，需求曲線是否一定會往右下方一路掉下去。

我們假設需求曲線一定會往右下方一路掉下去，唯一的原因就是因為我們假設「如果 Freddy 願意用 130 美元購買一雙運動鞋，他當然願意用 20 美元去購買同一雙運動鞋。」這真的是正確的嗎？哈！如果 Freddy 是一個美國青少年，那就很有問題了！美國青少年寧死也不願意去穿 20 美元的運動鞋。要他們穿那樣的運動鞋？一雙只要 20 美元？在學校裡穿？對他們來說，那簡直就是一種酷刑呀。

我可不是在開玩笑：價格本身是會傳達出某種訊息的。在我住的地方，我記得看一場電影要 11 美元。不過，曾經出現一家電影院，每部電影只要 3 美元。有人去過嗎？我想應該沒有吧。因為那肯定是個只會播垃圾電影的爛地方。竟然有人膽敢用這種方式，讓消費者搞清楚哪些電影真的很垃圾，現在這些人全都穿上「20 公斤的水泥鞋」，被沉入到紐約東河的河底了啦。

你看，大家往往會相信一分錢一分貨的道理。有一次我需要大量的硬碟空間，於是投資了一些據稱是由 Porsche 先生親自設計的廉價硬碟，每 GB 的價格只要大約 1 美元。後來不到六個月，四個硬碟全都壞掉了。上個禮拜，我改用希捷（Seagate）的 Cheetah SCSI 硬碟來做替換，每 GB 的成本大約是 4 美元，因為自從四年前我創立 Fog Creek 公司以來，一直都在使用這個品牌的硬碟，至今沒出現過任何故障。這就是所謂「一分錢一分貨」的經驗。

「一分錢一分貨」的例子實在太多了，因此搞不清楚的消費者通常都會認為，比較貴的產品一定比較好。想買咖啡機嗎？想買一台真正好用的咖啡機嗎？你有兩個選擇。你可以到圖書館查看當期的《消費者報告》期刊，也可以直接去 Williams-Sonoma 買店裡最貴的咖啡機。

你在設定價格時，其實就是在傳達某種訊息。如果你的競爭對手把軟體的價格設定在 100 美元到 500 美元之間，然後你決定把自家產品的價格，設定在這個範圍的正中央，用 300 美元的價格來銷售，那你認為自己所要傳達給客戶的是什麼樣的訊息呢？你這樣做等於是在告訴大家，你認為自家的軟體是「呃……只是個中階產品」。我有個更好的主意：價格設為 1,350 美元吧。這樣一來，你的客戶就會想：「哦，老兄，這東西賣這麼貴，肯定是極好的產品！」

不過大家還是不會買，因為美國運通（AMEX）公司專用信用卡的刷卡上限，就是 500 美元。

真是太慘了。

你對定價的瞭解越多，知道的好像就越少。

關於這個話題，我已經嘮叨 5,000 多字，但我真心覺得我們並沒有任何進展。

有時候，去當個計程車司機好像還比較簡單一點，畢竟價格是有法律規定的。或者去賣糖也不錯。沒錯，就是普通的糖。至少，這樣還有點甜頭可以嘗。

如果你還是不知道該怎麼辦，那就聽聽我的建議吧，我在好幾頁之前一開始就說過了：把你的軟體價格設定為 0.05 美元就對了。不過如果是問題追蹤軟體，正確的價格則是 3 千萬美元。感謝你撥出寶貴的時間，如果你讀過本章之後，更搞不懂如何為軟體定價，那我也只能跟你說聲抱歉囉。

IX 軟體的修訂

35

五個為什麼

2008年1月22日，星期二

2008年1月10日凌晨3點30分，一陣刺耳的鳴叫聲驚醒了我們正在布魯克林家中熟睡的系統管理員Michael Gorsuch。這是一則簡訊，來自我們的網路監控軟體Nagios，警告他有東西出問題了。

他翻身下床，不小心撞到了（也驚醒了）家裡的狗；狗兒原本在自己的狗床上睡得正香，現在牠氣嘟嘟的，搖搖晃晃走到了走廊，就在地板上撒了一泡尿，然後又跑回床上睡覺了。於此同時，Michael來到另一個房間登入他的電腦，發現在曼哈頓市中心所運行的三個資料中心，其中有一個無法透過網際網路來進行存取。

這次出問題的資料中心，就坐落於曼哈頓市中心一棟安全的建築，屬於PEER 1所運營的大型設施。它有備用的發電機、還有足夠用好幾天的柴油燃料，以及一排又一排的電池，發電機啟動時可以讓整個裝置多運行好幾分鐘。它有龐大的空調系統，還有多個高速網路連結，以及那種「能把事情做對」、非常腳踏實地的工程師，他們總是能以一種看似無聊而單調、但非常有條不紊的方式來處理事情，而不會用一些華而不實、酷炫時髦的招式來做事，所以一切都相當可靠。

像PEER 1這種等級的網路供應商，都非常喜歡用「服務級別協定」（SLA；Service Level Agreement）來保證其服務的正常運行時間。典型的SLA可能會宣稱有「99.99%的正常運行時間」。我們可以來計算一下，地球公轉一年為525,949分鐘（如果用一年365天來計算，則是525,600分鐘），所以，這也就相當於每年可以有 52.59 分鐘的停機時間。如果停機時間超過這個長度，SLA 通常就會祭出某種懲罰，但老實說，通常都是很微不足道的懲罰……比如說，你可以根據停機的時間長度，拿回相應的費用。我記得有次我們從 T1 供應商那裡拿回大約 10 美元，但那兩天的網路中斷實際上讓我們損失了好幾千美元。相對來說，SLA 那微不足道的罰款根本沒什麼意義；這樣的罰款實在太低了，因此有很多網路供應商幹脆直接宣稱，他們的正常運行時間可達到 100%。

不到十分鐘，所有的東西全都恢復正常，於是 Michael 就跑回去睡覺了。

可是到了凌晨 5:00 左右，又出問題了。這次 Michael 直接致電給位於溫哥華的 PEER 1 網路營運中心（NOC；Network Operations Center）。他們開始做調查，進行了一些測試，卻沒有發現任何問題；到了早上 5 點 30 分，一切似乎又恢復了正常，不過這時 Michael 已經變成像是不小心跑進氣球工廠裡的刺猬一樣，整個人開始緊張了起來。

早上 6 點 15 分，紐約的網站整個斷線了。PEER 1 從他們那邊根本找不出任何的問題。Michael 穿好了衣服，就搭地鐵去了曼哈頓。伺服器似乎是正常的。PEER 1 的網路連接也是正常的。問題就出在網路的 switch 交換器上。Michael 把交換器暫時從網路移出，然後把我們的路由器直接連到 PEER 1 的路由器，這樣就能連上網路了。

我們在美國地區大多數的客戶，一早進到辦公室上班時，應該一切都沒問題。我們在歐洲地區的一些客戶，則已經開始用 email 向我們投訴了。Michael 花了一些時間進行事後分析，才發現這問題其實是交換器裡的一個簡單配置問題。交換器可以用很多種不同的速度（10、100 或 1,000 Mb/s）來進行通訊。這台發生故障的交換器，就是設定為自動協商模式。這通常都是有效的設定方式，但實際上卻不一定總是如此，例如在 1 月 10 日的一大早，它就發生故障了。

Michael 其實知道這個設定有可能會出問題，但他在安裝交換器時忘了手動設定速度，所以交換器依然是採用原廠默認的自動協商模式，而當時這個設定似乎也沒什麼問題。直到後來出了問題，我們才知道它並沒有那麼可靠。

Michael 有點不開心。他給我發了一封電子郵件：

> 我知道我們官方並沒有正式提供 *SLA* 這樣的東西，但是我希望我們（至少）要定義出一個內部用的 *SLA*。我可以用它來衡量我自己、（之後）也可以用來衡量整個系統管理員團隊，做為一種有沒有達到業務總體目標的衡量方式。我之前已經有在寫這樣的計畫了，不過一直都沒有很急，但是有鑑於今天早上的一團混亂，所以我想把進度加快一點。
>
> *SLA* 通常是用「正常運行時間」來定義，因此我們應該針對我們的「雲端版」（*On Demand*）服務定義出相應的「正常運行時間」。一旦做出明確的定義，就可以轉為政策，然後再轉換成一組「監控／回報」的腳本，定期進行審查，看我們有沒有做到「言行一致」。

真是個好主意！

不過 SLA 這東西本身有一些問題。其中最大的問題就是，如果中斷的情況非常罕見，它就沒什麼統計意義了。如果沒記錯的話，自從我們六個月前開始導入 FogBugz「雲端版」以來，總共遇到了兩次計畫外的停機事件（包括這次）。只有一次是我們自己的錯。大多數運行良好的線上服務，每年總會遇到兩次、甚至三次中斷的情況。由於資料點實在太少，中斷時間的長度就變得很重要；但這又是另一個變異性很大的東西，因為這整件事情的重點，忽然間就會變成「一個人究竟要花多長的時間，才能來到設備旁邊，去更換掉損壞的零件。」如果想達到真正極高的正常運行時間，你就不能等人跑去更換掉故障的零件。你甚至不能等人去搞清楚哪裡出了問題：你一定要事先考慮到每一種可能出錯的情況，而這幾乎是不可能的事。真正致命的往往都是那種意想不到的意外，而不是那種意料之中的問題。

因此，真正極高的可用性（availability）就會變得極其昂貴。大家都聽過那種「六個九」的可用性（也就是 99.9999% 的正常運行時間），那也就表示每年的停機時間不能超過 30 秒。這真的是有點荒謬。就算是那種宣稱價值好幾百萬美元、保留超多餘裕的超大型「六個九」系統，還是有可能讓大家突然有一天一覺醒來（雖然我不知道是哪一天，但絕對會有這麼一天），突然遇到某一件極不尋常的事件，讓整個系統以一種完全出乎意料的方式出錯，比如三枚 EMP 電磁脈衝炸彈分別在每個資料中心爆炸，然後大家就只能抱著頭去面對 14 天的停機時間了。

你也可以這樣想：如果這套「六個九」的系統，只不過很神秘地掛掉了一次，讓你花了一個小時找出原因並加以修復，呃……這樣你就把接下來一整個世紀的停機時間預算全都用光了。即使是像 AT&T 長途電話服務這種最出名的可靠系統，也曾遇過長時間中斷的事故（6 小時，發生在 1991 年），結果一下子就讓他們降級到相當尷尬的三個九……但 AT&T 的長途電話服務已經是大家公認的「電信級」服務，可說是「正常運行時間」的黃金標準了。

想讓網路服務維持不斷線，總會遇到「黑天鵝」的問題。這個術語是 Nassim Taleb 發明的，定義如下（`www.edge.org/3rd_culture/taleb04/taleb_indexx.html`）：「黑天鵝指的是一種異常的情況，一種完全超乎正常預期範圍以外的事件。」幾乎所有網路中斷事件，都是意想不到的意外：也就是機率極低的異常意外。它往往是那種極少發生的事件，甚至運用「MTBF 平均故障間隔時間」這類的常規統計方法，也沒有什麼意義。例如像「紐奧爾良發生災難性洪水」這樣的事件，計算出「平均間隔時間」這樣的東西，究竟有什麼意義呢？

就算可以衡量出每一年停機的分鐘數，也無法預測出下一年的停機分鐘數。這件事就讓我想起現今的民航業：美國國家運輸安全委員會（NTSB）在消除各種常見墜機原因方面實在做得非常出色，以至於如今他們所要調查的每一起民航事故，似乎都是非常瘋狂、只出現一次的黑天鵝異常事件。

「極度不可靠」的服務級別感覺非常愚蠢，停機事件總會一而再再而三發生；「極度可靠」的服務級別，每年都要花好幾百萬美元，設法多爭取額外一分鐘的正常運行時間；而在這兩者之間，應該有一個甜蜜點，代表所有可事先預期的意外都已經被妥善處理了。單一硬碟故障（這是可預期的情況）應該不至於造成停機的問題。單一 DNS 伺服器故障（這也是可預期的情況）應該也不至於造成停機。但意想不到的意外，就有可能造成停機問題。這真的就是我們所能期待最好的結果了。

為了能做到這個最佳的甜蜜點，我們向豐田創辦人豐田佐吉借鑒了一個想法。他稱之為「五個為什麼」。每當出現問題時，你就要一遍又一遍詢問為什麼，直到找出根本原因為止。這樣你才能解決根本上的問題，而不只是處理表面上的症狀而已。

因為這很符合我們「用兩種做法來解決所有問題」的想法，所以我們決定開始使用「五個為什麼」的做法。下面就是 Michael 想出來的五個為什麼：

我們與紐約的 PEER 1 連線斷掉了。

- 為什麼？——我們的交換器好像把連接埠切到了有問題的狀態。
- 為什麼？——與 PEER 1 網路營運中心討論之後，我們推測很可能是網速 / 雙工不匹配所致。
- 為什麼？——交換器介面被設為自動協商，而不是手動設定。
- 為什麼？——我們很清楚會有這樣的問題，而且很多年前就知道了。但我們並沒有針對正式環境的交換器設定，定出書面標準與驗證流程。
- 為什麼？——大家都認為一般文件應該是系統管理員不在時，營運團隊其他成員可以去查閱的東西，但其實這件事應該要變成檢查項目才對。

「如果我們在部署交換器之前有先制定好書面標準，而且隨後也有去檢查我們有沒有照著標準做事，這樣的中斷事件就不會發生了。」Michael 寫道：「就算發生一次中斷事件，書面標準還是可以藉此機會進行適當的更新調整。」

經過內部討論之後，大家都同意，我們真正需要的是一個可持續改進的流程，而不是強加上一個統計上毫無意義的衡量做法，還天真地希望只要去衡量這些無意義的東西，就能讓狀況變得更好。我們並沒有為我們的客戶定出 SLA 這樣的東西，而是去建立一個部落格，然後在部落格裡隨時記錄每次中斷的情況，並提供完整的事後分析，詢問五個為什麼，找出根本的原因，然後再告訴客戶我們做了哪些事，以防止未來出現同樣的問題。以這次來說，我們做出的改變就是在我們的內部文件裡，把正式環境下所有的操作程序詳細的檢查項目全都制定清楚了。

我們的客戶可以去查看部落格，瞭解導致問題的原因，還有我們做了哪些改善措施，希望這樣可以讓大家看到品質穩定提高的證據。

與此同時，如果客戶覺得自己受到此次服務中斷的影響，我們的客服人員也會針對個別客戶給予補償。我們會讓客戶自己決定補償多少（最多一整個月），因為實際上並不是每個客戶都有注意到服務中斷的情況，更別說受到服務中斷的影響了。我希望這樣的系統做法可以提高我們的可靠性，讓我們將來所遇到的服務中斷情況，只剩下那種極其意外的黑天鵝事件。

補充說明：對了，我們想再多僱用一個系統管理員，這樣一來 Michael 就不必成為那個唯一要在半夜裡醒來的人了。

36
設好你的優先順序

2005 年 10 月 12 日，星期三

現在我們差不多也該結束 FogBugz 4.0 的工作，準備投身到 5.0 的開發工作了。我們剛剛發佈了一個大型服務包（service pack），修復了非常多其實沒什麼人會遇到的小問題（也許還引入了幾個沒什麼人會遇到的小問題）；所以，現在差不多也該開始準備添加一些真正的新功能了。

當我們開始準備進行新版的開發工作時，我們發現改進的想法真的是超級多，簡直足以佔用 1,700 名程式設計師好幾十年的時間。遺憾的是，我們只有三個程式設計師，而且我們很希望明年秋天就可以發佈新版，所以，一定要先排好優先順序才行。

在我開始談如何判斷各個功能的優先順序之前，我先來告訴你兩種千萬不要急著優先去做的事情。

第一種：如果你發現自己之所以會去實作某個功能，只是因為你答應過某客戶要做這個功能，此時你的腦中就應該亮起紅色的危險燈號。如果你去做某些事只是為了某個客戶，這要不就是你的銷售人員喜歡招惹麻煩，要不就是你正在滑向危險的顧問軟體領域。顧問軟體本身沒什麼問題；往這個領域一路滑過去其實還蠻舒服的，不過它的利潤肯定沒有熱縮膜軟體那麼好。

熱縮膜軟體是一種「客戶只能選擇接受或放棄」的軟體開發模型。你先把軟體開發出來，再用熱縮膜包起來，然後客戶就只能選擇買或不買而已。客戶根本沒辦法跟你說：「你只要多實作出一個功能，我就會買。」客戶沒辦法打電話給你，跟你說他們想要什麼功能。就像你也沒辦法打電話給微軟，跟他們說：「嘿，我很喜歡你們 Excel 裡的 BAHTTEXT 函式，可以把數字轉成泰語文字，不過我其實比較需要這個函式的英語版。如果你們實作出那個函式，我就會去買你們的 Excel。」實際上如果你跑去打電話給微軟，就會聽到他們對你說：

> 「感謝您致電微軟。如果您要使用特定的四位數廣告碼，請按 *1*。如果您需要所有微軟產品的技術支援，請按 *2*。關於微軟預售產品授權或程式相關資訊，請按 *3*。如果您有認識的微軟員工並想與他通話，請按 *4*。如果想要重聽，請按米字鍵。」

注意到了嗎？這裡並沒有「如果您想在購買之前，商量一下我們的產品還可以再添加哪些功能，請按 5」這樣的選項。

客製化開發是一個充滿不確定性的世界，客戶會告訴你要做哪些東西，然後你會問「你們確定嗎？」，他們會說確定，於是你就做出一個很漂亮的規格然後再問「這就是你們想要的嗎？」，他們還是會說對，接下來你就可以讓他們用白紙黑字（或是用他們的鮮血）在規格上簽名，他們也照做了，最後你打造出他們所批准的東西，既迅速又準確，可是當他們看到之後，竟然全都嚇呆了，還一臉很震驚的樣子；接下來你就只好在剩餘的時間裡，仔細研究你的 E&O 保險（錯誤與疏漏保險）會不會支付你捲入訴訟的法律費用，還是只能夠幫你支付和解的費用。如果你真的很幸運，也許客戶只會面無表情給你一抹微笑，然後再把你的程式收進抽屜裡，再也不去使用它，也不會再回你電話了。

顧問軟體好像就介於熱縮膜軟體與客製化軟體之間；在製作顧問軟體的時候，你總是假裝自己好像在做熱縮膜軟體，但其實你是在做客製化開發工作。以下就是常見的顧問軟體工作方式：

1. 你是一家製鞋公司裡負責寫程式的奴隸，然後
2. 你們這家公司需要擦鞋軟體，所以
3. 你用 VB 3.0 開發出擦鞋軟體，其中用到了一些 JavaScript、Franz Lisp 和 FileMaker 資料庫，資料庫是在一部老舊的 Mac 上運行，網路連接則會用到 AppleScript，然後

4. 每個人都認為這是個很棒的點子，所以，你開始夢想自己可以創辦出一家軟體公司，也許有機會成為下一個比爾蓋茲，或者是下一個 Larry Ellison（Oracle 共同創始人）。
5. 你向你的老公司買下了 ShoeShiner 1.0 的權利，並取得創投資金，創辦了你自己的 ShoeShiner 公司，主要是銷售擦鞋軟體，不過
6. 你的 Beta 測試人員一直無法讓這個軟體正常運作，因為這個軟體會用到 AppleScript，而且 IP 地址寫死在原始程式碼中，因此你又花了整整一個月，才把軟體安裝到每一個客戶的網站中，然後
7. 你發現很難找到新的客戶，因為安裝成本很高，所以你的軟體非常昂貴，而且安裝時需要能跑 System 7 的老式麥金塔 IIci，你的客戶必須到 eBay 的電腦博物館裡才能買到這種老電腦，所以你的創投開始緊張了起來。
8. 銷售人員開始感到極大的壓力。
9. 你的銷售人員發現，有一個潛在客戶並不需要擦鞋軟體，他真正需要的是熨褲子軟體，然後
10. 銷售人員不愧是銷售人員，竟然賣出了價值 10 萬美元的熨褲子軟體。
11. 現在你只好花六個月的時間，為這個客戶寫一個「只有一個客戶會用到」的「熨褲子模組」。
12. 沒有其他的客戶需要這個模組，所以，到頭來，
13. 其實你只是花了一整年時間，花光了創投資金，最後變成一家褲子公司裡負責寫程式的奴隸；再轉回到 1。

真是夠了，我一定要強烈建議各位，盡可能堅持留在熱縮膜軟體的世界。因為對於熱縮膜軟體來說，每多一個客戶並不會多出額外的邊際成本，所以基本上你可以一遍又一遍銷售同樣的東西，賺取更多的利潤。不僅如此，你還可以進一步調低價格，因為你可以把開發成本分攤給更多的客戶，而調低價格這件事又能讓你得到更多的客戶，因為後來就有更多人突然發現你的軟體變便宜了，所以也更值得購買了，而你的日子也就變得更甜蜜、更美好了。

因此，如果你發現自己只是因為答應某個客戶而去實作某個功能，你就是正在滑向顧問軟體和客製化開發的領域；如果你確實很喜歡這樣的話，這的確是個很好的領域，但是這個領域真的不會有現成商業軟體那種極高的獲利潛力。

我並不是說，你不應該去聽取客戶的意見。我個人認為，微軟真的應該為我們這些還沒融入全球經濟、也沒學過泰語，到現在還在用其他貨幣開支票的人，認真考慮去實作出 BAHTTEXT 函式的另一個版本。事實上，如果你真的認為分配開發資源的最佳方式，就是讓你最大的客戶提出最想要的功能，你當然可以這樣做；不過你很快就會發現，有錢的大客戶想要的功能，與大眾市場想要的功能並不相同；你為了處理泰銖貨幣所新增的功能，其實並不能真正幫助你把 Excel 更順利賣給亞利桑那州 Scottsdale 的健康水療中心，事實上你這樣只是讓你的推銷人員利用你的開發者，去完成個人佣金最大化的唯一目標而已。

這絕對不是成為下一個比爾蓋茲的有效做法。

接著我還要再告訴你，判斷應該去實作哪些功能時，千萬別急著去做的第二種事情。千萬不要只因為「遲早都要做」，就急著去做那件事。「遲早都要做」並不足以成為馬上去做的好理由。我來解釋一下好了。

在 Fog Creek 公司營運的第一年，有一次我正在做一些文件歸檔的工作，突然發現我的藍色文件夾用完了。

我自己有一套歸檔系統。藍色文件夾放的是客戶的文件。褐色的文件夾則是放員工的文件。紅色文件夾放的是收據。其他的東西則是放在黃色的文件夾裡。我需要一個藍色文件夾，可是已經用完了。

於是我對自己說：「管他的呢，反正我終究還是需要藍色文件夾，不如現在就去大賣場買一些回來吧。」

這當然是個很浪費時間的安排。

事實上，後來我思考這件事才意識到，很長一段時間以來，我一直都在做一些蠢事，只因為我認為「遲早都要做，不如現在就去做」。

我會用這個當作藉口，跑去給花園除草、修補牆上的洞、整理 MSDN 的光碟片（按顏色、語言與編號排列）等等，但是其實我更應該去寫程式或推銷軟體，因為一家新創公司真正需要做的，就只有這兩件事而已。

換句話說，我發現自己假裝所有「遲早都要做」的工作全都同等重要，因此，既然「遲早都要做」，按照什麼順序去做都可以！啊哈！

老實說，我只是在拖延而已。

我應該怎麼做才對呢？好吧，身為一個創業者，我應該要克服「文件夾的顏色一定都要是正確的」這樣的執迷。其實這樣做並沒有什麼差別。你根本不必用不同的顏色，來區分不同的文件。

哦，還有那些 MSDN 的光碟片是嗎？全丟進一個大箱子吧。太完美了。

更重要的是，我意識到「重要性」並不是只有重要和不重要兩種而已，實際上可以區分成不同的程度。重不重要有各種不同的程度，如果你每件事都想做，最後你就會發現，什麼事都做不到。

所以，如果你想把事情做好，你一定要在任何時間點都很明白，什麼才是**現在**最重要的事情，如果你不立刻去做那件事，你就無法用最快的速度取得進展。

慢慢地，我逐漸擺脫了拖延的傾向。我會故意不去做一些不太重要的事情，來達到這個目標。保險公司有個脾氣很好的女士，兩個月以來一直纏著我，想要取得一些資料以更新我們的保單，結果一直到她第五十次詢問我，並嚴厲警告我說我們的保險將在三天後過期，她才好不容易取得她所要的資料。我倒覺得這是件好事。我逐漸認為，辦公桌隨時保持清潔，實際上很可能表示你的效率並不高。

不過，這想法有點讓人尷尬就是了。

總之，不要只因為銷售人員無意間答應某個客戶，就跑去做某個功能，也不要因為「遲早都要做」，就先去做一些不重要但蠻有趣的功能。

話說回來，我們還是回頭來看看如何幫 FogBugz 5.0 選出優先要做的功能吧。以下就是我們一開始排出優先順序的做法。

首先，我會拿一堆 5×8 的卡片，然後在每張卡片上寫下一個功能。然後我會把整個團隊集合起來。以我的經驗來說，最多可以同時把二十個人全找進同一個房間裡；如果想盡可能多取得一些不同的觀點，這倒是個很不錯的做法：其中可以包含程式設計師、設計人員、與客戶溝通的人、銷售人員、管理人員、文件作者與測試人員，甚至也可以把客戶拉進來。

我也會要求每個人，先把自己對功能的想法列成一個列表，然後帶到會議中。會議的第一個階段就是非常快速看過每一個功能，然後確保我們對於各種功能都有個非常粗略的理解，而且每一個功能都會有一張卡片。

在這個階段，我們的想法是，不要去討論任何功能的優點，也不去對功能進行設計，甚至不要去討論功能本身：只要先對它有個模糊、粗略的想法就行了。FogBugz 5.0 其中有一些功能是這樣的：

- 個性化首頁
- 無痛軟體時程
- 追蹤計費時間
- 針對問題進行分叉
- （另外 46 個功能……）

全都是一些很模糊的東西。別忘了，此時我們並不需要知道每個功能如何進行實作，或是牽涉到什麼東西，因為我們唯一的目標，就是得出一個粗略的優先順序，可以用來做為開始進行開發的基礎。這樣一來，我們就得到了一個大約包含 50 個重要功能的列表。

到了第二個階段，我們就會介紹所有的功能，然後每個人都要對每個功能進行投票：只要快速判斷「贊成」或「反對」即可。完全不需要進行討論，其他什麼事也不做：只針對每一個功能，快速做出「贊成」或「反對」的判斷即可。結果大約有 14 個功能，並沒有得到太多的支持。我會把那些只得到一兩票的功能全部丟掉，只留下了 36 個有潛力的功能。

接下來我們會針對每一個功能，用 1 到 10 的數字，設定各個功能相應的成本，其中 1 代表的是能夠快速完成的功能，10 則代表大型的怪物功能。在這個階段最重要的是，一定要記住我們的目標，並不是排出功能的時程，而是要區分出小功能、中功能、大功能。我們會先逐一瀏覽每一個功能，要求開發者標識出「小」、「中」、「大」三種等級。就算不知道某功能要花多久的時間去做，應該還是很容易可以看得出來，「針對問題進行分叉」應該是個「小」功能，而「個性化首頁」這個很含糊的功能，應該是個「大」功能才對。根據大家在成本估計上的共識，加上我自己的判斷，接下來我們就可以針對每一個功能，定出相應的成本價格了：

	成本：
個性化首頁	$10
無痛軟體時程	$4
追蹤計費時間	$5
針對問題進行分叉	$1

再次強調，這裡確實很潦草，也不是那麼準確，不過倒也無所謂。現在並不是在制定時程：只是想要確定優先順序而已。唯一需要大致上保持正確的東西，就是你大概要有個模糊的概念，可以在大約相同的時間內，完成兩個中功能或一個大功能或十個小功能。**不必很準確也沒關係**。

下一步就是要製作出一個列表，其中包含全部 36 個功能以及相應的「成本」。團隊裡每個人都可以拿到這份列表，然後手中各有 50 美元可以分配。大家都可以隨心所欲分配這些錢，不過每一個人都只有這 50 美元可以用。如果想要的話，也可以只買半個功能，或是多買兩份相同的功能。如果你真的非常喜歡「追蹤計費時間」這個功能，可以花 10 美元或 15 美元來買；如果只是有一點喜歡，也可以只花 1 美元，並期待還有足夠多的其他人來資助這個功能。

接下來，我們就可以把每個人在每個功能上所投入的錢全部加起來：

	成本：	消費：
個性化首頁	$10	$12
無痛軟體時程	$4	$6
追蹤計費時間	$5	$5
針對問題進行分叉	$1	$3

最後我再把大家消費的金額除以成本：

	成本：	消費：	
個性化首頁	$10	$12	1.2
無痛軟體時程	$4	$6	1.5
追蹤計費時間	$5	$5	1.0
針對問題進行分叉	$1	$3	3.0

接著再按照這個數字排序，以找出最受歡迎的功能：

	成本：	消費：	
針對問題進行分叉	$1	$3	3.0
無痛軟體時程	$4	$6	1.5
個性化首頁	$10	$12	1.2
追蹤計費時間	$5	$5	1.0

登登！這就是你最後可能想要做的所有功能列表，大體上已按照大家心裡認為哪些功能最重要的想法，進行過粗略的排序。

現在你可以開始進行微調了。你可以把一些隸屬於同類的功能放在一起，舉例來說，製作軟體時程可以讓計費時間更容易追蹤，所以我們也許可以兩個功能都做，也可以兩個都不做。有時查看一下這個優先順序列表，就會發現有一些地方很明顯有問題。如果這樣的話，直接修改就好了！沒什麼東西是絕對不能改的。甚至到了開發階段，優先順序都還是可以隨時改變的呢！

不過最讓我驚訝的是，我們所製作出來的最終列表，確實是 FogBugz 5.0 一個非常好的功能優先順序列表，它確實可以反映出我們對各個功能相對優先順序的集體共識。

我們手上有了這份優先順序列表，或多或少就可以開始照順序來進行工作了，一直到大約 3 月左右，我們就會停止再添加新功能，然後開始進入整合與測試的階段。我們會在實作功能之前，針對每一個（不是那麼顯而易見的）功能，寫出相應的規格。

（在「BDUF 設計優先 / Agile 敏捷開發」選美大賽裡那些喋喋不休的記分員，現在已經被徹底搞糊塗了：「你的這一票是要投給 BDUF 設計優先的做法嗎？還是要投給 Agile 敏捷開發的做法呢？你到底想怎樣呀？難道你就不能選邊站嗎？！」）

這整個計畫的過程，大概需要耗時三個小時。

如果你非常幸運，公司有很好的條件，可以讓你比較頻繁去發佈軟體的小改版（請參見第 33 章），你還是應該按照列表裡的優先順序，去製作每一個功能，不過你也可以隨時停下來，頻繁發佈最新的小改版。頻繁發佈的好處就是，你可以根據實際客戶的回饋意見，定期去重新排列這個優先順序列表；只不過，並非每個產品都能有這樣的條件，可以去做這麼奢侈的安排就是了。

這就是 Mike Conte 在規劃 Excel 5 的那段期間裡教會我的系統做法；就算整個會議室裡有好幾十個人，整個過程大概也只需要花幾個小時而已。更酷的是，我們沒有時間去做的功能，大概有 50% 都是非常愚蠢的功能，而 Excel 正因為沒有那些功能，反而變得更棒了。

這個做法也許並不完美，不過我告訴你，這絕對比你跑去大賣場買藍色文件夾好太多了。

索引

※ 提醒您：由於翻譯書排版的關係，部分索引名詞的對應頁碼會和實際頁碼有一頁之差。

數字

A

B

C

D

E

F

G

H

I

J

K

L

M

N

O

P

Q

R

S

T

U

W

Z

約耳再談軟體

作　　者：Joel Spolsky
譯　　者：藍子軒
企劃編輯：蔡彤孟
文字編輯：江雅鈴
設計裝幀：張寶莉
發 行 人：廖文良

發 行 所：碁峰資訊股份有限公司
地　　址：台北市南港區三重路 66 號 7 樓之 6
電　　話：(02)2788-2408
傳　　真：(02)8192-4433
網　　站：www.gotop.com.tw
書　　號：ACV046100
版　　次：2023 年 09 月初版
建議售價：NT$580

國家圖書館出版品預行編目資料

約耳再談軟體　/ Joel Spolsky 原著；藍子軒譯. -- 初版. -- 臺北市：
碁峰資訊, 2023.09
面；　公分
ISBN 978-626-324-610-2(平裝)
1.CST：軟體研發
312.2　　112012975

讀者服務

- 感謝您購買碁峰圖書，如果您對本書的內容或表達上有不清楚的地方或其他建議，請至碁峰網站：「聯絡我們」\「圖書問題」留下您所購買之書籍及問題。(請註明購買書籍之書號及書名，以及問題頁數，以便能儘快為您處理）
http://www.gotop.com.tw

- 售後服務僅限書籍本身內容，若是軟、硬體問題，請您直接與軟體廠商聯絡。

- 若於購買書籍後發現有破損、缺頁、裝訂錯誤之問題，請直接將書寄回更換，並註明您的姓名、連絡電話及地址，將有專人與您連絡補寄商品。